U0323858

高等教育"十三五"规划教材

# 计算机信息基础与程序设计

主　编　周　塔
副主编　潘兴广

中国矿业大学出版社

## 内 容 简 介

本书主要内容包括计算机信息技术、VC++程序设计基本概述、数据类型与表达式、流程控制语句、数组、函数、结构体与链表、类和对象、继承与多态性、友元与运算符重载、上机实践以及考试辅导。

本书作者所在课题组对全国计算机等级考试和江苏省计算机等级考试进行了多年研究,也取得了丰硕成果。对于即将参加全国或江苏省计算机等级考试的学生而言,此书将助您事半功倍。

**图书在版编目(C I P)数据**

计算机信息基础与程序设计/周塔主编. —徐州:中国
矿业大学出版社,2018.8
　　ISBN 978 - 7 - 5646 - 4051 - 4

　　Ⅰ. ①计… Ⅱ. ①周… Ⅲ. ①电子计算机②程序设计

Ⅳ. ①TP3

　　中国版本图书馆 CIP 数据核字(2018)第 166868 号

| | |
|---|---|
| **书　　名** | 计算机信息基础与程序设计 |
| **主　　编** | 周　塔 |
| **责任编辑** | 王美柱 |
| **出版发行** | 中国矿业大学出版社有限责任公司 |
| | (江苏省徐州市解放南路　邮编 221008) |
| **营销热线** | (0516)83885307　83884995 |
| **出版服务** | (0516)83885767　83884920 |
| **网　　址** | http://www.cumtp.com　**E-mail**:cumtpvip@cumtp.com |
| **印　　刷** | 江苏淮阴新华印刷厂 |
| **开　　本** | 787×1092　1/16　**印张** 24　**字数** 614 千字 |
| **版次印次** | 2018 年 8 月第 1 版　2018 年 8 月第 1 次印刷 |
| **定　　价** | 39.80 元 |

(图书出现印装质量问题,本社负责调换)

# 前　言

　　本书是《计算机信息基础》与《计算机 VC++实践教程》的配套教材,其编写目的是为进一步巩固和加强学生对计算机信息基础和 C++程序设计基本理论和基本知识的学习、理解与掌握,提高学生对程序设计的学习认识以及提高其动手操作能力。

　　计算机程序设计语言,其学习过程大致可分为以下几个阶段:

　　(1) 熟悉程序设计语言的基本语法和概念;

　　(2) 研读教材中的经典例题,包括其中的经典算法;

　　(3) 动手模仿例题编写程序;

　　(4) 在模仿的基础上不断提高分析问题、解决问题和编程实现的能力。

　　本教材每章包括主要知识点、知识点梳理、历年真题演练、过关强化题、上机实践、算法设计及对应源代码等。每章的内容归纳紧凑,方便学生复习和强化。本书以条目化的形式列出了每个章节学生应掌握的知识点。同时有针对性地选择了具有代表性的典型例题,帮助学生理解和掌握 VC++程序设计的基本方法。历年真题演练和过关强化题主要是由教师自主设计的习题和以往等级考试中经常出现的题目组成。上机实践部分主要从具体实际解决问题的角度出发,引导学生如何应用所学知识进行计算机编程。算法设计及对应源代码部分对每部分所学的重要算法进行归纳和总结,便于学生学习和提高。

　　本书由江苏科技大学(张家港)电气与信息工程学院计算机教研室周塔老师担任主编,本书在编写过程中,参考了业已出版的书籍和网络资料,在此,对这些书籍的作者以及提供网络资料的同仁表示由衷的感谢。此外,编写工作还得到了江苏科技大学张家港校区、苏州理工学院以及贵州民族大学计算机教研室领导的关心和大力支持,还要特别感谢张家港校区计算机科学与工程学院计算机基础教研室诸位同仁和学校教材中心给予的帮助,特别是刘永良、张其亮、王勇、杨平乐、黄霞、孙娜、刘广峰、李佳、朱凯旋、于静、梁燕等老师提出的宝贵意见,同时张家港校区 2015 级软件工程专业的部分学生也参与到书稿程序的调试过程中,他们是王思凡、张志凤、徐超、陈奕丰等。还有很多给予帮助,但受限于篇幅不能一一提名的同仁和朋友,在此一并表示感谢!

　　由于编者水平所限,编写时间仓促,错漏之处在所难免,恳请读者及同行不吝赐教。

编　者

2018 年 05 月

# 目　录

# 第一章　计算机信息技术基础

## 一、信息技术的基本概念及其发展

【主要知识点】

（1）信息技术、信息处理系统、微电子技术、通信技术和计算机技术的基本概念。

（2）信息化的基本含义、信息化建设的内容及信息化指标体系。

【知识点梳理】

（1）现代信息技术的主要特征是以数字技术为基础，以计算机及其软件为核心，采用电子技术进行信息的收集、传递、加工和存储。

信息处理：是指信息收集加工，存储，传递，施用。

信息处理系统：是指用于扶助人们进行信息获取、传递等综合使用各种信息技术的系统。

（2）微电子技术的核心：集成电路（分小、中、大、超大规模 PC 机）；

特点：体积小，重量轻，可靠性高；

未来发展：晶体管已经逼近其物理极限，纳米芯片技术。

IC 卡：

① 存储器卡：电话卡、水电卡、医疗卡等。

② CPU 卡：SIM 卡等。

（3）对载波进行调制所使用的设备叫作调制器。

低成本传输信息采用多路复用技术（时分多路复用 TDM，频分多路复用 FDM 和波分多路复用 WDM）。

（4）通信的三要素：信源、信宿、信道。

（5）数字通信的性能指标：

① 信道带宽。

② 数据传输速率。

③ 误码率：规定时间内出错数据占被传输数据总数的比例。

④ 端端延迟：数据从信源到信宿所花费的时间。

（6）利用微波进行远距离通信的方式：

① 地面微波接力通信。

② 卫星通信（用人造地球卫星作中继站）。

③ 对流层散射通信。

（7）激光、红外线、微波、无线电波：特点是建设费低，容量大，其中激光和红外线受一定地域范围限制。

① 微波:极高频率的电磁波,可用于电话及电视图像。

② 双绞线:成本低,误码率高。

③ 同轴电缆:传输特性和屏蔽特性良好,成本高。

④ 光缆:损耗小,通信距离长。

(8) 移动通信:

① 第一代:模拟技术。传统的有线载波电话,广播。有线载波通信:发信端频率调制,收信端信号滤波。

② 第二代:话音和低速数据业务 GPRS。

③ 第三代:3G 高质量的多媒体通信。

(9) 比特:是组成数字信息的最小单位,用 b 表示。

字节用 B 表示,1 B=8 b;

千字节:1 KB=1024 B;

逻辑乘,也称"与","AND",运算规则:$1 \wedge 1=1,1 \wedge 0=0$;

逻辑加,也称"或","OR",运算规则:$1 \vee 1=1,1 \vee 0=1$;

取反,也称"非","NOT",运算规则:$NOT\ 0=1,NOT\ 1=0$。

(10) 进制转换:

① 十进制数转换为二进制数:对于整数部分,用被除数反复除以 2,除第一次外,每次除以 2 均取前一次商的整数部分作被除数并依次记下每次的余数。另外,所得到的商的最后一位余数是所求二进制数的最高位。对于小数部分,采用连续乘以基数 2,并依次取出整数部分,直至结果的小数部分为 0 为止。故该法称"乘基取整法"。

② 二进制数转换为十进制数:二进制数第 0 位的权值是 2 的 0 次方,第 1 位的权值是 2 的 1 次方……

设有一个二进制数:0110 0100,转换为十进制为:

下面是竖式:

0110 0100 换算成十进制

第 0 位 $0 * 2^0=0$

第 1 位 $0 * 2^1=0$

第 2 位 $1 * 2^2=4$

第 3 位 $0 * 2^3=0$

第 4 位 $0 * 2^4=0$

第 5 位 $1 * 2^5=32$

第 6 位 $1 * 2^6=64$

第 7 位 $0 * 2^7=0$

公式:第 N 位 $2^N$

------

100

用横式计算为:

$0 * 2^0+0 * 2^1+1 * 2^2+0 * 2^3+0 * 2^4+1 * 2^5+1 * 2^6+0 * 2^7=100$

0 乘以多少都是 0,所以也可以直接跳过值为 0 的位:

$1*2^2+1*2^5+1*2^6=100$

③ 十进制数转换为八进制数：十进制数转换成八进制的方法，和转换为二进制的方法类似，唯一变化：除数由 2 变成 8。

例如，将十进制数 120 转换成八进制数。

具体表示过程如下：

| 被除数 | 计算过程 | 商 | 余数 |
| --- | --- | --- | --- |
| 120 | 120/8 | 15 | 0 |
| 15 | 15/8 | 1 | 7 |
| 1 | 1/8 | 0 | 1 |

十进制数 120 转换为八进制数，结果为：170。

④ 八进制数转换为十进制数：八进制就是逢 8 进 1。八进制数采用 0～7 这 8 个数来表达一个数。八进制数第 0 位的权值为 8 的 0 次方，第 1 位权值为 8 的 1 次方，第 2 位权值为 8 的 2 次方……

设有一个八进制数：1507，转换为十进制数为：

用竖式表示：

第 0 位 $7*8^0=7$

第 1 位 $0*8^1=0$

第 2 位 $5*8^2=320$

第 3 位 $1*8^3=512$

————————

839

同样，也可以用横式直接计算：

$7*8^0+0*8^1+5*8^2+1*8^3=839$

结果是，八进制数 1507 转换成十进制数为 839。

⑤ 十进制数转换为十六进制数：十进制数转换成十六进制的方法，和转换为二进制的方法类似，唯一变化：除数由 2 变成 16。

同样是十进制数 120，转换成十六进制则为：

| 被除数 | 计算过程 | 商 | 余数 |
| --- | --- | --- | --- |
| 120 | 120/16 | 7 | 8 |
| 7 | 7/16 | 0 | 7 |

十进制数 120 转换为十六进制数，结果为：78。

⑥ 十六进制数转换为十进制数：十六进制就是逢 16 进 1，但只有 0～9 这 10 个数字，所以用 A，B，C，D，E，F 这 6 个字母来分别表示 10，11，12，13，14，15。

十六进制数的第 0 位的权值为 16 的 0 次方，第 1 位权值为 16 的 1 次方，第 2 位的权值为 16 的 2 次方……

所以，在第 N（N 从 0 开始）位上，如果是数 X（X 大于等于 0，并且 X 小于等于 15，即 F），则表示的大小为 X*16 的 N 次方。

例如，将一个十六进制数 2AF5，换算成十进制数。

用竖式计算：

第 0 位：$5 * 16^0 = 5$

第 1 位：$F * 16^1 = 240$

第 2 位：$A * 16^2 = 2560$

第 3 位：$2 * 16^3 = 8192$

_____

10997

用横式计算就是：

$5 * 16^0 + F * 16^1 + A * 16^2 + 2 * 16^3 = 10997$

⑦ 二进制数转换为八进制数：

例如，将二进制数 11001.101 转换为八进制数。

整数部分：从后往前每三位一组，缺位处用 0 填补，然后按十进制方法进行转化，则有：

001=1

011=3

然后将结果按从下往上的顺序书写就是：31，那么 31 就是 11001 的八进制形式。

小数部分：从前往后每三位一组，缺位处用 0 填补，然后按十进制方法进行转化，则有：

101=5

然后将结果部分按从上往下的顺序书写就是：0.5，那么 0.5 就是 0.101 的八进制形式。

所以：$(11001.101)_2 = (31.5)_8$。

⑧ 八进制数转换为二进制数：

例如，将八进制数 31.5 转换成二进制数。

整数部分：从后往前每一位按十进制转化方式转化为三位二进制数，缺位处用 0 补充，则有：

1=001

3=11

然后将结果按从下往上的顺序书写就是：11001，那么 11001 就是八进制数 31 的二进制形式。

小数部分：从前往后每一位按十进制转化方式转化为三位二进制数，缺位处用 0 补充，则有：

5→101

然后将结果按从下往上的顺序书写就是：0.101，那么 0.101 就是八进制数 0.5 的二进制形式。

所以：$(31.5)_8 = (11001.101)_2$。

⑨ 十六进制转换为二进制数：

二进制和十六进制的互相转换比较重要。不过这两者的转换却不用计算，每个 C,C++ 程序员都能做到看见二进制数，直接就能转换为十六进制数，反之亦然。

首先来看一个二进制数：1111，它是多少呢？

你可能还要这样计算：$1 * 2^0 + 1 * 2^1 + 1 * 2^2 + 1 * 2^3 = 1 * 1 + 1 * 2 + 1 * 4 + 1 * 8 = 15$。

然而，由于 1111 才 4 位，所以必须直接记住它每一位的权值，并且是从高位往低位记：

8、4、2、1。即,最高位的权值为 $2^3=8$,然后依次是 $2^2=4,2^1=2,2^0=1$。

记住 8、4、2、1,对于任意一个 4 位的二进制数,我们都可以很快算出它对应的十进制值。

下面列出四位二进制数×××所有可能的值:

| 仅四位的二进制数 | 快速计算方法 | 十进制值 | 十六进制值 |
|---|---|---|---|
| 1111 | 8+4+2+1 | 15 | F |
| 1110 | 8+4+2+0 | 14 | E |
| 1101 | 8+4+0+1 | 13 | D |
| 1100 | 8+4+0+0 | 12 | C |
| 1011 | 8+0+2+1 | 11 | B |
| 1010 | 8+0+2+0 | 10 | A |
| 1001 | 8+0+0+1 | 9 | 9 |
| …… | | | |
| 0001 | 0+0+0+1 | 1 | 1 |
| 0000 | 0+0+0+0 | 0 | 0 |

二进制数要转换为十六进制,就是以 4 位一段,分别转换为十六进制。

如:

二进制数　　　1111 1101 1010 0101 1001 1011

对应的十六进制数　F　D　A　5　9　B

反过来,当我们看到 FD 时,如何迅速将它转换为二进制数呢?

先转换 F:

看到 F,我们需知道它是 15,然后 15 如何用 8、4、2、1 凑呢?应该是 8+4+2+1,所以四位全为 1:1111。

接着转换 D:

看到 D,知道它是 13,13 如何用 8、4、2、1 凑呢?应该是:8+4+1,即:1101。

所以,FD 转换为二进制数为:1111 1101。

由于十六进制转换成二进制相当直接,所以,当需要将一个十进制数转换成二进制数时,也可以先转换成十六进制,然后再转换成二进制。

比如,十进制数 1234 转换成二进制数,如果要一直除以 2,直接得到二进制数,需要计算较多次数。所以可以先除以 16,得到十六进制数:

| 被除数 | 计算过程 | 商 | 余数 |
|---|---|---|---|
| 1234 | 1234/16 | 77 | 2 |
| 77 | 77/16 | 4 | 13(D) |
| 4 | 4/16 | 0 | 4 |

结果十六进制为:4D2。

然后可直接写出 4D2 的二进制形式:0100 1101 0010。

其中对应关系为:

0100→4

1101→D

0010→2

同样,如果一个二进制数很长,需要将它转换成十进制数时,除了前面学过的方法外,还可以先将这个二进制转换成十六进制,然后再转换为十进制。

例如,一个整型类型的二进制数:

01101101 11100101 10101111 00011011

按四位一组转换为 16 进制: 6D E5 AF 1B

再转换为十进制:$6*16^7+D*16^6+E*16^5+5*16^4+A*16^3+F*16^2+1*16^1+B*16^0=$ 1843769115。

⑩ 负数的进制转换:

负数的进制转换稍微有些不同。

先把负数写为其补码形式,然后再根据二进制转换成其他进制的方法进行。

例:要求把-9 转换为八进制形式。则有:

-9 的补码为 1111 1111 1111 0111。从后往前三位一划,不足三位的加 0:

111→7

110→6

111→7

111→7

111→7

001→1

然后将结果按从下往上的顺序书写就是:177767,那么 177767 就是十进制数-9 的八进制形式。

⑪ 负 R 进制:

公式为:

$N=(d^m d^{m-1} \cdots d^1 d^0)-R$

$=d^m*(-R)^m+d^{m-1}*(-R)^{m-1}+\cdots+d^1*(-R)^1+d^0*(-R)^0$

例:$15=1*(-2)^4+0*(-2)^3+0*(-2)^2+1*(-2)^1+1*(-2)^0$

$=10011(-2)$

其实转化成任意进制都是一样的。

方法举例:首先将-617 用补码表示出来,然后再转换成八进制和十六进制(补码)即可。

注:二进制补码要用 16 位。

正确答案:$(-617)_{10}=(176627)_8=(FD97)_{16}$

负数十进制转换成八进制或十六进制方法:

如:$(-12)_{10}=(\quad)_8=(\quad)_{16}$

第一步:转换成二进制

1000 0000 0000 1100

第二步:补码,取反加 1

注意:取反时符号位不变!

1111 1111 1111 0100

第三步:转换成八进制是三位一结合:$(177764)_8$

转换成十六进制是四位一组:$(FFF4)_{16}$

【历年真题演练】

(1) 在下列有关集成电路的叙述中,错误的是_____。

A. 集成电路的规模是根据其所包含的电子元件数目来进行划分的

B. 大规模集成电路一般以功能部件和子系统为集成对象

C. 现代集成电路使用的半导体材料主要是硅

D. 集成电路技术发展很快,至 2005 年初已达到线宽 $0.001~\mu m$ 的工艺水平

(2) 在下列有关通信技术的叙述中,错误的是_____。

A. 电视节目的传输目前采用的还都是模拟传输技术

B. 模拟信号调制的方法有 3 种:调幅、调频和调相

C. 数字信号不经过调制就在信道上直接进行传输,称为"基带传输"

D. 用户使用 MODEM 通过电话线上网时,采用的是数字调制技术

(3) 所谓的"变号操作",是指将一个整数变成绝对值相同但是符号相反的另一个整数。假设使用补码表示的 8 位整数 X=10010101,经过变号操作后,结果为_____。

A. 01101010　　　　　　　　　　B. 00010101

C. 11101010　　　　　　　　　　D. 01101011

(4) 微电子技术是信息技术领域的关键技术,它以集成电路(IC)为核心。在下列有关叙述中,错误的是_____。

A. 目前 IC 芯片(如 CPU 芯片)的集成度可达数千万个电子元件

B. Moore 定律指出,单块 IC 的集成度平均每半年翻一番

C. 从原料熔炼到最终产品包装,IC 的制造工序繁多,工艺复杂,技术难度非常高

D. 非接触式 IC 卡采用电磁感应方式无线传输数据,所以又称为射频卡或感应卡

(5) 下列有关通信中使用的传输介质的叙述中,错误的是_____。

A. 计算机局域网中大多使用无屏蔽双绞线,其无中继有效传输距离大约 100 m

B. 同轴电缆可用于传输电视信号

C. 光纤价格高,一般不在校园网和企业网中使用

D. 微波的波长很短,适合于长距离、大容量无线通信

(6) 二进制数 $(1010)_2$ 与十六进制数 $(B2)_{16}$ 相加,结果为_____。

A. $(273)_8$　　　　　　　　　　B. $(274)_8$

C. $(314)_8$　　　　　　　　　　D. $(313)_8$

(7) 下面关于比特的叙述中,错误的是_____。

A. 比特是组成数字信息的最小单位

B. 比特只有"0"和"1"两个符号

C. 比特既可以表示数值和文字,也可以表示图像和声音

D. 比特"1"总是大于比特"0"

(8) 下列有关集成电路的叙述中,错误的是_____。

A. 现代集成电路使用的半导体材料主要是硅

B. 大规模集成电路一般以功能部件、子系统为集成对象

C. 我国第 2 代居民身份证中包含有 IC 芯片

D. 目前超大规模集成电路中晶体管的基本线条已小到 1 纳米左右

(9) 下列有关通信技术的叙述中，错误的是_____。

A. 通信的基本任务是传递信息，因而至少需由信源、信宿和信道组成

B. 通信可分为模拟通信和数字通信，计算机网络属于模拟通信

C. 在通信系统中，采用多路复用技术的目的主要是提高传输线路利用率

D. 学校的计算机机房一般采用 5 类无屏蔽双绞线作为局域网的传输介质

(10) 下列有关微电子技术与集成电路的叙述中，错误的是_____。

A. 微电子技术是以集成电路为核心的技术

B. 集成度是指单个集成电路所含电子元件的数目

C. Moore 定律指出，单个集成电路的集成度平均每 18～24 个月翻一番

D. IC 卡仅有存储器和处理器，卡中不可能存储有软件

(11) 下列有关通信技术的叙述中，错误的是_____。

A. 目前无线电广播主要还是采用模拟通信技术

B. 数字传输技术最早是被长途电话系统采用的

C. 数字通信系统的信道带宽就是指数据的实际传输速率（简称"数据速率"）

D. 局域网中广泛使用的双绞线即可以传输数字信号，也可以传输模拟信号

(12) 信息技术指的是用来扩展人们信息器官功能，协助人们更有效地进行信息处理的一类技术。下列有关信息技术的叙述中，错误的是_____。

A. 现代信息技术的主要特征之一是以数字技术和电子技术为基础

B. 遥感遥测技术、自动控制技术等均属于现代信息技术

C. 微电子技术是信息技术领域的关键技术，它以集成电路为核心

D. 利用磁带、光盘、电话、传真等进行信息传递均属于现代通信

(13) 二进制数 10111000 和 11001010 进行逻辑"与"运算，结果再与 10100110 进行逻辑"或"运算，最终结果的十六进制形式_____。

A. A2                     B. DE

C. AE                     D. 95

(14) 下列有关于现代信息技术的一些叙述中，正确的是_____。

A. 集成电路是 20 世纪 90 年代初出现的，它的出现直接导致了微型计算机的诞生

B. 集成电路的集成度越来越高，目前集成度最高的已包含几百万个电子元件

C. 目前所有的数字通信均不再需要使用调制解调技术和载波技术

D. 光纤主要用于数字通信，它采用数字波分多路复用技术以增大信道容量

(15) 最大的 10 位无符号二进制整数转化成八进制数是_____。

A. 1023                   B. 1777

C. 1000                   D. 1024

## 二、计算机硬件基础知识

【主要知识点】

(1) 计算机的逻辑结构及各组成部分的功能，CPU 的基本结构，指令和指令系统的

概念。

（2）PC 机的物理组成，常用的微处理器产品及其主要性能。

（3）PC 机主板、内存、I/O 总线与接口等主要部件的结构及其功能。

（4）常用 I/O 设备的类型、作用、基本工作原理，常用外存的类型、性能、特点、基本工作原理。

【知识点梳理】

（1）计算机硬件的发展受到所使用电子元器件的极大影响，因此最近几十年来，集成电路技术发展很快。根据摩尔定律（Moore Law），在过去几十年以及在可预测的未来几年，单块集成电路的集成度平均每 24～36 个月翻一番。

（2）分类：

按内部逻辑结构：16 位机、32 位机、64 位机。

按性能、用途分为巨型机、大型（企业）机、小型（部门）机、个人计算机（服务器不是个人计算机，工作站可以是个人计算机）。

（3）微处理器：MP，通常只使用单片大规模集成电路制成，具有运算和控制功能的部件，主频主要决定其性能指标。

（4）嵌入式计算机：（微控制器）内嵌在其他设备中的计算机，如数码相机、汽车、手机。

嵌入式计算机特点：满足实时信息处理，最小化存储容量，最小化功耗，适应恶劣条件下的需求。

（5）计算机原理：

根据冯·诺伊曼提出的储存程序控制原理进行工作。

CPU 包括：① 寄存器组；② 运算器：数据来自寄存器，结果也回寄存器保存；进行算术运算和逻辑运算；③ 控制器：CPU 的指挥中心。

指令寄存器：保存当前正在执行的指令，通过译码器解释该指令的含义，控制运算器的操作，记录 CPU 的内部状态。

指令译码部件：用于分析指令操作码需要执行什么操作。

指令包括：操作码和操作数（地址）。

性能指标：

① 字长：CPU 定点运算器的宽度，地址码的长度决定了 CPU 的可访问存储器最大空间，现在大多数 32 位。

② 主频。

③ 总线速度。

④ 高速缓存（cache）（外存）的容量与结构：cache 中的数据是主存很小一部分内容的映射（副本）。

⑤ 指令系统。

⑥ 逻辑结构。

每一种 CPU 都有自己独特的一组指令。

CPU 的指令系统：它所能执行的全部指令。

可装入多个 CPU 成为并行处理。

通常采用向下兼容的方式来开发新的处理器。

Pentium4 处理器的主频大约为 1.5 GHz,地址线数目是 36 位。有些相互兼容,有些并不兼容。

(6) 主机:主板上安装了 CPU、内存、总线、I/O 控制器,它们是 PC 机的核心。

主板:随着集成电路的发展,许多扩充卡的功能可以部分或全部集成在主板上的 PCI 插槽(声卡等),而显示卡的专用插槽为 AGP 插槽。

(7) CMOS 存储器:存储硬件参数,系统日期和时间,可修改,需要用电池供电,可以设置开机密码。

(8) 芯片组:决定了主板上所能安装的内存最大容量、速度及可使用的内存条类型。

(9) BIOS:

① 加电自检程序。

② 系统自举程序:读出引导程序并装入内存,然后将控制权交给引导程序(由于 ROM 固化了 BIOS,才能完成)。

③ CMOS 设置程序。

④ 基本外围设备的驱动程序。

(10) 存储器的存取时间(快到慢)依次为:

寄存器、cache 存储器、主存储器(RAM ROM)(毫秒级)、外存储器后备存储器(光盘)。

(11) 内存:

RAM(随机存储器):断电后信息都将丢失。

ROM(只读存储器):永久保存信息。

(12) I/O:

没有 I/O 设备,计算机就无法与外界交换信息。

主机上用于连接 I/O 设备的各种接口叫作 I/O 接口。

I/O 接口:串行接口只能一位一位传输数据。

I/O 总线:总线带宽(MB/s)=数据线宽度/8 * 总线工作频率(MHz) * 每个总线周期的传输次数。

(13) 常见 I/O 设备接口:

PS/2 　　　　鼠标、键盘

IDE 　　　　软驱

USB 　　　　存储 U 盘

IEEE1394 　相机、摄像机

SATA 　　　硬盘、光驱

(14) 鼠标器:鼠标移动的距离和方向分别转作脉冲信号输入计算机。

分为:机械式、光电式、光机式。

多用 PS/2 接口,为 6 针;也用 USB。

分辨率性能指标单位为 dpi。

(15) 扫描仪:用于光电转换的器件[CCD(电荷耦合器件)]。

(16) 数码相机:性能指标(CCD 像素)。

存储器大多采用快擦除/flash 存储器。

(17) 显示器:

CRT 显像管:红、绿、蓝三种基色。

LCD 液晶显示器:工作电压低辐射小、体积小。

21 英寸显示器的 21 英寸是指对角线长度。

性能参数:

① 显示屏屏幕比例一般为 4∶3。

② 显示屏分辨率一般为水平 * 垂直。

③ 刷新频率:每秒更新的次数。

④ 可显示颜色数目:RGB 分别用 8 位表示则就有 $2^{24}$ 种颜色。

⑤ 辐射和环保。

显示控制器(显示卡)只有配置了合适的显示存储器才能使芯片性能完全发挥出来(接口北桥芯片提供)。

显示存储器:存储显示屏上的所有存储信息都被预先保存在显示存储器中,在显示控制器的控制下送到屏幕上显示。

(18) 打印机:

① 针式打印机:目前票据打印使用,能多层套打。

② 激光打印机:多用并行或 USB 接口,高速激光打印机采用 SCSI 接口。

性能指标:打印精度、速度、色彩数目、成本。

(19) 外存:

① 软盘:写保护处有一块可移动的翼片,移动翼片,露出写保护口,信息就无法记录到盘片上,因此写保护。

常见的软盘为每面 80 个磁道,每个磁道有 18 个扇区,每个扇区容量 512 字节,有两个面,总容量为 1.44 MB。

② 硬盘:通过磁层的磁化来记录数据,通过将数据暂存在一个速度快得多的缓冲区来提高它与主机交换数据的速度,就是硬盘的高速缓存(cache)。其原理是存储器访问局部性,适合用作 cache 的存储器芯片是 SRAM。

数据参数定位:磁头号、柱面号、扇区号。

SRAM:存储器芯片用作高速缓冲存储器。主要性能指标:容量;平均存取时间;缓冲容量;数据传输速率。由于硬盘的内部传输速率小于外部传输速率,所以内部传输速率高低是影响硬盘速率的决定性因素。

③ 移动存储器:优点是容量大,兼容性好(Windows me 以上操作系统都不用安装驱动程序),速度快,体积小,安全可靠(防震)。

④ 光盘:

CD-ROM:只读式光盘;

CD-R:可记录式光盘,写入后不允许修改,但允许反复读出;

CD-RW(rewritable):可改写,可改写 1000~2000 次;

DVD:可单层,可双层,道间距是 CD 的一半。

【历年真题演练】

(1) 下列关于指令和指令系统的叙述中,错误的是_____。

A. 指令是构成程序的基本单元,它用来规定计算机执行什么操作

B. 指令由操作码和操作数组成,操作数的个数由操作码决定

C. Intel 公司 Pentium 系列的各种微处理器,其指令完全不同

D. Pentium 处理器的指令系统包含数以百万计不同指令

(2) 下列关于 BIOS 和 CMOS 存储器的叙述中,错误的是_____。

A. BIOS 是 PC 机中软件最基本的部分,包含 POST 程序、CMOS 设置程序、系统自举程序

B. BIOS 存放在 ROM 存储器中,通常称为 BIOS 芯片,该存储器是非易失性的

C. CMOS 中存放基本输入输出设备的驱动程序和一些硬件参数,如硬盘数目、类型等

D. CMOS 存储器是易失性的,在关机时由主板的电池供电

(3) PC 机的机箱外边常有很多接口,用来连接外部设备。下列接口中,不在机箱外面的是_____。

　　A. IEEE 1394　　　B. PS/2　　　　C. IDE　　　　D. USB

(4) 下列关于 PC 机常见的输入输出设备叙述中,错误的是_____。

A. 台式 PC 机的键盘一般有 100 多个键,其接口可以是 AT 接口、PS/2 接口或 USB 接口

B. 鼠标器可以控制屏幕上鼠标箭头的移动,与其作用类似的设备还有操纵杆和触摸屏等

C. 扫描仪的主要性能指标包括分辨率、色彩深度和扫描幅面等

D. 数码相机的成像芯片主要有 CCD 和 CMOS 两种,CCD 主要用于低像素的普及型相机

(5) 下列有关 CPU 的叙述中,错误的是_____。

A. CPU 的主要组成部分有运算器、控制器和寄存器组

B. CPU 的主要功能是执行指令,不同类型 CPU 的指令系统通常有所不同

C. 为了加快运算速度,CPU 中可包含多个算术逻辑部件(ALU)

D. 目前 PC 机所有的 CPU 芯片均为 Intel 公司的产品

(6) PC 机在加电启动过程中会运行 POST 程序、引导程序、系统自举程序等。若在启动过程中,用户按某一热键(通常是 Del 键)则可以启动 CMOS 设置程序。这些程序运行的顺序是_____。

　　A. POST 程序→CMOS 设置程序→系统自举程序→引导程序

　　B. POST 程序→引导程序→系统自举程序→CMOS 设置程序

　　C. CMOS 设置程序→系统自举程序→引导程序→POST 程序

　　D. POST 程序→CMOS 设置程序→引导程序→系统自举程序

(7) 目前 PC 机一般都有 USB 和 FireWire 接口,用于连接各种外部设备,下列关于这两种接口的叙述中,错误的是_____。

　　A. USB 是一种串行接口,可以连接键盘、鼠标器、U 盘、数码相机等多种设备

　　B. FireWire 是一种并行接口,通常用于连接需要高速传输大量数据的设备(如音视频设备)

　　C. USB 2.0 的数据传输速率是 USB 1.0 的数十倍

　　D. 一个 USB 接口上可以连接不同的设备

(8) 下列有关 PC 机外存储器的叙述中,错误的是_____。

　　A. 1.44 MB 软盘的每一面有 80 个磁道,每个磁道分为 18 个扇区,每个扇区 512 字节

　　B. 硬盘的主要性能指标之一是平均存取时间,它与硬盘的转速(rpm)有很大关系

C. U 盘的缺点是：U 盘均无写保护功能，且不能起到引导操作系统的作用

D. CD-R 是目前常用的可记录式光盘，但其刻录的数据不能修改

（9）下面是关于 PC 机主存储器的一些叙述，其中正确的是_____。

A. 主存储器是一种动态随机存取存储器（RAM）

B. 主存储器的基本编址单位是字（即 32 个二进位）

C. 目前市场上销售的 PC 机，其内存容量可达数十 GB

D. 所有 PC 机的内存条都是通用的，可以互换

（10）现行 PC 机中，IDE（或 SATA）接口标准主要用于_____。

A. 打印机与主机的连接　　　　　　　　B. 显示器与主机的连接

C. 声卡与主机的连接　　　　　　　　　D. 硬盘与主机的连接

（11）下列有关 PC 机的 CPU、内存和主板的叙述中，正确的是_____。

A. 大多数 PC 机只存一块 CPU 芯片，即使是"双核"CPU 也是一块芯片

B. 所有 Pentium 系列微机的内存条相同，仅有速度和容量大小之分

C. 主板上芯片组的作用是提供存储器控制功能，I/O 控制与芯片组无关

D. 主板上 CMOS 芯片用于存储 CMOS 设置程序和一些软硬件设置信息

（12）下列有关目前 PC 机辅助存储器的叙述中，错误的是_____。

A. 硬盘的容量越来越大，这是因为硬盘中磁盘碟片的数目越来越多

B. 硬盘的内部传输速率一般小于外部传输速率

C. U 盘采用 Flash 存储器技术，属于半导体存储器

D. 目前常见 COMBO 光驱是一种将 CD-RW 和 DVD-ROM 组合在一起的光驱

（13）CPU 的运算速度与许多因素有关，下面哪些是提高 CPU 速度的有效措施_____。

① 增加 CPU 中寄存器的数目

② 提高 CPU 的主频

③ 增加 CPU 中高速缓存（cache）的容量

④ 优化 BIOS 的设计

A. ①，③和④　　　　　　　　　　　　B. ①，②和③

C. ①和④　　　　　　　　　　　　　　D. ②，③和④

（14）下面是 PC 机常用的 4 种外设接口，其中键盘、鼠标、数码相机和移动硬盘等均能连接的接口是_____。

A. RS-232　　　　　　B. IEEE-1394　　　　C. USB　　　　D. IDE

（15）下列有关 PC 机外部设备的叙述中，错误的是_____。

A. 扫描仪的工作过程主要基于光电转换原理，分辨率是其重要性能指标之一

B. 制作 3～5 英寸的照片（图片），数码相机的 CCD 像素必须在 600 万以上

C. 集成显卡（指集成在主板上的显卡）的显示控制器主要集成在芯片组中

D. 存折和票据的打印，目前主要是采用针式打印机

（16）下列有关 PC 机辅助存储器的叙述中，错误的是_____。

A. 硬盘的盘片转动速度特别快，目前一般为每秒数千转

B. 近年来使用的串行 ATA（SATA）接口硬盘，其传输速率比采用 IDE 接口的要快

C. 目前移动硬盘大多采用 USB 2.0 接口,其传输速率可达每秒数十兆字节

D. 40 倍速的 CD-ROM 驱动器的速率可达 6 MB/s 左右

(17) 计算机的性能在很大程度上是由 CPU 决定的。下列有关 CPU 结构和原理的叙述中,错误的是_____。

A. 目前 PC 机所使用的 CPU 均是 Intel 公司的产品

B. 从逻辑组成上看,CPU 主要由寄存器组、运算器和控制器等部分组成

C. 目前 CPU 中运算部件 ALU 有多个,每个 ALU 均可以独立完成运算

D. 不同 CPU 能执行的指令有所不同,但同一系列 CPU 产品通常是"向下兼容"

(18) 下列有关目前 PC 机主板及其组件的叙述中,正确的是_____。

A. 主板的物理尺度没有标准,通常不同品牌的主板采用不同的尺寸

B. 主板上的 BIOS 芯片是一种 RAM 芯片,因而其存储的信息是可以随时刷新的

C. 主板上的存储器控制和 I/O 控制器功能大多集成在芯片组内

D. 主板上的 CMOS 芯片是一种非易失性存储器,其存储的信息永远不会丢失

(19) 下列有关 PC 机硬盘存储器的叙述中,错误的是_____。

A. 硬盘上的数据块要用柱面号、扇形区和磁头号这三个参数来定位

B. 目前硬盘一般都含有 DRAM 芯片构成的高速缓存(cache)

C. 目前硬盘与主机的接口大多数为串行 ATA 接口

D. 硬盘容量的增加主要是靠碟片数增加,目前硬盘一般均有数十个碟片组成

(20) 下列有关 PC 机 I/O 总线和接口的叙述中,错误的是_____。

A. 可用于连接键盘或鼠标器的 PS/2 接口是一种并行数据传输接口

B. USB 2.0 接口的数据传输速率可达每秒几十 MB

C. 通过 USB 集线器,USB 接口连接设备数最多可达 100 多个

D. 目前数字视频设备常用 IEEE-1394 接口与主机连接

(21) 下列有关目前 PC 机 CPU 的叙述中错误的是_____。

A. CPU 芯片主要由 Intel 公司和 AMD 公司提供

B. "双核"是指 PC 机主板上含有两个独立的 CPU 芯片

C. Pentium 4 微处理器的指令系统由数百条指令组成

D. Pentium 4 微处理器中包含一定容量的 cache 存储器

(22) 下列有关当前 PC 机主板和内存的叙述中,正确的是_____。

A. 主板上的 BIOS 芯片是一种只读存储器,其内容不可在线改写

B. 绝大多数主板上仅有一个内存插座,因此 PC 机只能安装一根内存条

C. 内存条的存储器芯片属于 SRAM(静态随机存取存储器)

D. 目前内存条的存取时间大多在几纳秒到十几纳秒之间

(23) 下列有关当前 PC 机主板和内存的叙述中,正确的是_____。

A. 硬盘的内部传输速率远远大于外部传输速率

B. 对于光盘刻录机来说,其刻录信息的速度一般小于读取信息的速度

C. 使用 USB 2.0 接口的移动硬盘,其数据传输速率大约为每秒数百兆赫

D. CD-ROM 的数据传输速率一般比 USB 2.0 还快

(24) 下列 PC 机 I/O 接口中,数据传输速率最快的是_____。

A. USB 2.0　　　　B. IEEE-1394　　C. IrDA(红外)　D. SATA

## 三、数字媒体基础知识

【主要知识点】

(1) 二进制、十六进制的概念,不同进制数的表示、转换及其运算。

(2) 数值信息的编码表示,常用的字符集(如 ASCII、GB 2312、GBK、Unicode、GB 18030 等)及其特点。

(3) 文本的类型、特点,输入/输出方式和常用的处理软件,图形、图像、声音、视频等数字媒体信息的获取手段,常用的压缩编码标准和文件格式,以及一些计算公式,如图像和声音的压缩计算公式等。

【知识点梳理】

(1) 文本的处理过程:文本准备、编辑、处理、存储与传输、展现。

(2) ASCII 码:一个字节存放,多出的最高位通常用 0 表示,有 128 个不同字符,可显示的字符用十六进制(21～7E)表示。扩充 ASCII 码:最高位为 1,各地区使用,十进制表示的范围为 128～255。

(3) 汉字编码:GB 2312 区号和位号,从 33 开始编号,最高位为 1,其中机内码按汉语拼音排列。GBK 包括繁体和多种字体。BIG 5 编码在港台地区使用(与其他不兼容)。GB 18030 发布与国际标准 UCS 接轨,所有字符都有,仅编码不同。与 GB 2312,GBK 保持向下兼容。GB 2312 是我国颁布的第一个汉字信息编码的国家标准。一位汉字标点占 2 位。

汉字输出: 根据机内码在字库中进行查找,找到该汉字的字形描述信息。

印刷体汉字识别:将印刷或打印在纸上的中西文字输入计算机并经过识别转换为编码表示的一种技术,也叫汉字 OCR。

① 文本　　　　简单文本,记事本后缀名:. txt。

　　　　　　　丰富格式文本,写字板、Word、Front Page、HTML、XML。

　　　　　　　为编辑的文档设置密码时,在选项对话框中设置。

　　　　　　　Web 文档的基本形式:静态文档、动态文档、主动文档。

　　　　　　　选中段落时,三击鼠标段前,即可选中。

② 超文本　　　起点,链源(HTML 称为锚);

　　　　　　　目的,链宿;

　　　　　　　写字板、Word、Front Page 都可以使用。

③ 文本展现　　对文本格式描述进行解释;

　　　　　　　生成字符、图、表的映像;

　　　　　　　传输到显示器打印或输出。

(4) 图像:从现实世界获取。

数字化过程:扫描、分色(分解成三个基色)、取样(测量亮度值)、量化(量度值进行 A/D 转换)。

图像的表示方法:每个取样点是组成取样图像的基本单位,称之为像素。

　　　　　　　像素深度:像素所有颜色分量的二进制位数之和。

若分量为 4、4、4，则像素深度为 12，最大颜色数目为 $2^{12}$。

黑白图像或灰度图像只有 1 个位平面（矩阵），彩色有 3 个。

图像数据量=图像水平分辨率 * 垂直分辨率 * 像素深度/8（单位：字节）。

图像的分辨率：也称为图像的大小。

图像压缩：压缩倍数大小，重建图像质量，算法复杂程度。

JPEG 适合处理各种连续色调的彩色或灰度图像，算法适中，大多为有损压缩。

GIF：支持透明背景，可显示渐进功能。

无损压缩：BNP，TIF，GIF。

常用图像格式：BMP（无损压缩，静态图像文件在网上大量使用，通用）；

TIF（扫描仪和桌面）；

GIF（网页）；

JPEG（数码相机）。

（5）计算机图形：

建模：人们进行景物描述的过程。

几何模型（用基本的几何元素）。

过程模型或算法模型（找出生成规律）。

图像绘制（合成）：建立景物模型后，根据模型在显示屏幕上生成用户可见的有真实感的该景物图像过程。

应用：CAD，CAM，地形图，动画。

矢量绘图（计算机合成图像）软件：CorelDraw、Illustrator、FreeHand、Microsoft Visio。

（6）数字声音：

声音的数字化：取样（语音 8 kHz、音乐 40 kHz），量化（模数转换），编码。

数字化声音变为模拟信号：解码、D/A 转换、插值。

声音的获取设备：麦克风和声卡。

波形声音的码率=取样频率 * 量化位数 * 声道数（kb/s）。

CD 高保真全频带立体声：44.1 * 16 * 2=1141.2 kb/s。

压缩编码标准：MPEG-1 layer1：数字盒式录音带；

MPEG-1 layer2：DAB（数字音频广播）、VCD；

MPEG-1 layer3：MP3。

波形声音的编辑：录制、编辑、效果处理、格式转换、播放。

合成声音：合成语音（计算机读人话）、TTS 文语转换（test-to-speech）。

乐谱：MIDI 音乐描述语言表示、MIDI 使用音乐合成器合成的音乐。

（7）数字视频：

PAL 制式的彩电信号、亮度信号 Y、色度信号 UV，可与 RGB 互换。

视频的信号数字化：电视机中的模拟视频信号经过彩色空间转换 YUB 与 RGB 互换，与计算机显卡产生的图像叠加。

（8）视频压缩编码：

MPEG-1 VCD（可播放立体声），数码相机。

MPEG-2 DVD,数字卫星电视,数字有线电视,120 mm 单面单层 DVD 容量 4.7 GB。
MPEG-4 交互式多媒体 MP4,DVD。

Windows 平台上使用的 AVI 音像格式,它在计算机获取、编辑和视频上被广泛使用,存放的为压缩视频数据,对压缩方法没有限制。

(9) 计算机动画:Animator Pro,3D StudioMax。

(10) 数字电视:数字电视接收机也可用传统模拟电视机接收机加数字机顶盒或可接收数字电视的 PC 机。

(11) VOD:视频点播,为了支持视频直播或视频点播,采用流媒体技术。

【历年真题演练】

(1) 若计算机内存中连续 2 个字节的内容其十六进制形式为 34 和 64,则它们不可能是_____。

　A. 2 个西文字符的 ASCII 　　　　　B. 1 个 16 位数字
　C. 1 个汉字的机内码 　　　　　　　D. 图像中一个或两个像素的编码

(2) 在汉字文本展现过程中,汉字字形的生成是关键。下列有关汉字字形和字库的叙述中,错误的是_____。

　A. 字库是同一字体的所有字符(基于某字符集)的形状描述信息的集合
　B. Windows 系统中的 TrueType 字库所采用的字形描述方法是轮廓描述
　C. 对于同一字体来说,无论其字形是粗体、斜体还是常规,均调用同一字库
　D. 只要两台 PC 机是采用同样的操作系统,则其字库完全相同

(3) 颜色空间是指彩色图像所使用的颜色描述方法,也叫颜色模型。在下列颜色模型中,液晶显示器采用的是_____。

　A. CMYK 　　　　B. RGB 　　　　C. HSB 　　　　D. YUV

(4) 下列有关数字波形声音、声卡及其压缩编码的叙述中,错误的是_____。

　A. 声音信号的数字化过程包括取样、量化和编码等步骤
　B. 数字信号处理(DSP)是声卡的核心部件,它在完成声音的编码、解码和编辑操作中起着重要作用
　C. 波形声音的主要参数包括取样频率、量化位数、声道数目等
　D. MP3 音乐是一种采用 MPEG-3 标准进行压缩编码的高质量数字音乐

(5) 设有一段文本由基本 ASCII 字符和 GB 2312 字符集中的汉字组成,其代码为 B0 A1 57 69 6E D6 D0 CE C4 B0 E6,则在这段文本中含有_____。

　A. 1 个汉字和 9 个西文字符 　　　　B. 2 个汉字和 7 个西文字符
　C. 3 个汉字和 5 个西文字符 　　　　D. 4 个汉字和 3 个西文字符

(6) 目前 PC 机使用的字符集及其编码标准有多种,20 多年来我国也颁布了多个汉字编码标准。在下列汉字编码标准中,不支持简体汉字的是_____。

　A. GB 2312 　　　B. GBK 　　　C. BIG 5 　　　D. GB 18030

(7) 下列有关数字图像的压缩编码和图像文件格式的叙述中,错误的是_____。

　A. 图像压缩的出发点是图像中的数据相关性很强,且人眼的视觉有一定的局限性
　B. 压缩编码方法的优劣主要是看压缩倍数、重建图像的质量和压缩算法的复杂度等
　C. JPEG 图像的压缩倍数是可以控制的,且大多为无损压缩

D. GIF 格式的图像能够支持透明背景,且具有在屏幕上渐进显示的功能

(8) 下列有关 MIDI 音乐的叙述中,错误的是_____。

A. MIDI 是一种音乐描述语言,它规定了乐谱的数字表示方法

B. MIDI 音乐的文件扩展名为".mid"或".midi"

C. MIDI 音乐可以使用 Windows 中的媒体播放器等软件进行播放

D. 播放 MIDI 音乐时,声音是通过音箱合成出来的

(9) 下面是关于我国汉字编码标准的叙述,其中正确的是_____。

A. Unicode 是我国最新发布的也是收字最多的汉字编码国家标准

B. 不同字型(如宋体、楷体等)的同一个汉字在计算机中的内码不同

C. 在 GB 18030 汉字编码标准中,共有 2 万多个汉字

D. GB 18030 与 GB 2312、GBK 汉字编码标准不能兼容

(10) 数字图像的文件格式有多种,下列哪一种图像文件能够在网页上发布且可具有动画效果_____。

    A. BMP        B. GIF        C. JPEG        D. TIF

(11) 声卡是获取数字声音的重要设备,下列有关声卡的叙述中,错误的是_____。

A. 声卡既负责声音的数字化(输入),也负责声音的重建(输出)

B. 声卡既处理波形声音,也负责 MIDI 音乐的合成

C. 声卡中的数字信号处理器(DSP)在完成数字声音编码、解码及编辑操作中起着重要的作用

D. 因为声卡非常复杂,所以它们都被做成独立的 PCI 插卡形式

(12) 彩色图像所使用的颜色描述方法称为颜色模型。显示器使用的颜色模型为 RGB 三基色模型,PAL 制式的电视系统在传输图像时所使用的颜色模型为_____。

    A. YUV        B. HSB        C. CMYK        D. RGB

(13) 国际标准化组织(ISO)将世界各国和地区使用的主要文字符号进行统一编码的方案称为_____。

    A. UCS/Unicode    B. GB 2312      C. GBK        D. GB 18030

(14) 存放一幅 $1024 * 768$ 像素的未经压缩的真彩色(24 位)图像,大约需要_____字节的存储空间?

    A. $1024 * 768 * 24$    B. $1024 * 768 * 3$    C. $1024 * 768 * 2$    D. $1024 * 768 * 12$

(15) 对带宽为 300~3400 Hz 的语音,若采样频率为 8 kHz,量化位素为 8 位且为单声道,则未压缩时的码率约为_____。

    A. 64 kb/s       B. 64 kB/s       C. 128 kb/s      D. 128 kB/s

(16) 彩色图像所使用的颜色描述方法称为颜色模型。在下列颜色模型中,主要用于彩色喷墨打印机的是_____。

    A. YUV        B. HSB        C. CMYK        D. RGB

(17) 若内存中相邻 2 个字节的内容为十六进制 7451,则它们不可能是_____。

A. 2 个西文字母的 ASCII 码        B. 1 个汉字的机内码

C. 1 个 16 位整数        D. 一条指令的组成部分

(18) 以下关于汉字编码标准的叙述中,错误的是_____。

A. Unicode 和 GB 18030 中的汉字编码是相同的

B. GB 18030 汉字编码标准兼容 GBK 标准和 GB 2312 标准

C. 台湾地区使用的汉字编码标准主要是 BIG 5

D. GB 18030 编码标准收录的汉字数目超过 2 万个

(19) 不同的图像文件格式往往具有不同的特性。有一种格式具有图像颜色数目不多，数据量不大，能实现累进显示，支持透明背景和动画效果，适合在网页上使用等特性，这种图像文件格式是_____。

A. TIF　　　　　　B. GIF　　　　　　C. BMP　　　　　　D. JPEG

(20) 某计算机系统中，西文使用标准 ASCII 码，汉字采用 GB 2312 编码。设有一段纯文本，其机内码为 CB F5 D0 B4 50 CA C7 D6 B8，则在这段文本中含有_____。

A. 2 个汉字和 1 个西文字符　　　　　　B. 4 个汉字和 2 个西文字符

C. 8 个汉字和 2 个西文字符　　　　　　D. 4 个汉字和 1 个西文字符

(21) 以下关于汉字编码标准的叙述中，错误的是_____。

A. GB 2312 标准中所有汉字的机内码均用双字节表示

B. 台湾地区使用的汉字编码 BIG 5 收录的是繁体字

C. GB 18030 汉字编码标准收录的汉字在 GB 2312 标准中一定能找到

D. GB 18030 汉字编码标准既能与 UCS(Unicode)接轨，又能保护已有中文信息资源

(22) 若波形声音未进行压缩时的码率为 64 kb/s，已知取样频率为 8 kHz，量化位数为 8，那么它的声道数是_____。

A. 1　　　　　　　B. 2　　　　　　　C. 4　　　　　　　D. 8

## 四、计算机软件基础知识

【主要知识点】

(1) 软件的概念、分类及其作用，操作系统的功能、分类、常用产品及其特点。

(2) 程序设计语言的基本成分、结构、特点，程序设计语言处理系统的类型及其基本工作方式。

(3) 算法与数据结构的基本概念，计算机病毒的概念和防治手段。

【知识点梳理】

(1) 程序：告诉计算机做什么的指令。

(2) 软件：有价值的程序包括程序（为主体）及其相关文档、数据。

(3) 计算机软件技术：研制和开发计算机软件所需技术的总称。包括软件工程技术、程序设计技术、软件工具环境技术、系统软件技术、数据库技术、网络软件技术与实际工作相关的软件技术。除软件工程技术外，最重要的核心技术是数据库系统的设计技术。

(4) 数据：程序所处理的对象和处理后所得到的结果。

(5) 存储管理：

虚拟存储技术：由物理内存(RAM)和硬盘上的虚拟内存组成。

页面调度：最近最少使用(LRU)。

文档：与程序开发、维护及操作有关的资料(设计报告、维护手册等)。有三种形式：静态

文档、动态文档和主动文档。

(6) 软件特性：不可见、适用性、依附性、复杂性、无磨损性、易复制性、不断演变性、有限责任性、脆弱性。

系统软件：有效地使用计算机系统、给应用软件开发与运行提供支持、能为用户管理与使用计算机提供方便的一类软件。如 BIOS、Windows 程序语言设计。最重要的 OS：操作系统(OS)。

应用软件：① 通用应用软件：文字处理软件、信息检索软件、游戏软件；② 定制应用软件。

两者关系：应用软件调用操作系统的功能。

(7) 操作系统：程序模块的集合，运行在计算机系统的底层，组织管理计算机的软硬件资源，合理安排工作流程。

作用：资源调度和分配，主要功能：处理、存储、文件管理，提供友善的人机界面[图形用户界面(GUI)]，为应用程序的开发和运行提供一个高效率的平台。

UNIX 树型目录结构的文件系统作为基础，可移植性好(90％用 C 语言编写)，可伸缩性和互操作性强，网络通信能力强。

(8) 多任务处理：为提高 CPU 的利用率，支持若干个程序同时运行。

接受用户信息的窗口，活动窗口，前台任务。

不管前台或后台任务都能分配到 CPU 的使用权，宏观上同时进行。

实际任何时刻，只有一个任务正在被执行。

(9) 存储管理：虚拟存储技术。

(10) 文件管理：文件类型、系统文件、隐藏文件(资源管理器设置为不显示时，不在文件表里列出)、存档文件、只读文件。

磁盘为文件分配存储空间时，分配单位不是磁盘的物理扇区，是簇。

磁盘的数据区中存储某个文件数据时，分配给它的若干个簇在 FAT 表中形成一个数字链。文件说明信息和内容分开有效。

(11) 程序设计主要内容：算法和数据结构。

算法：至少产生一个结果。

程序设计语言：机器语言，计算机指令系统难于修改，不使用。汇编语言，用汇编符号来代替其指令以及木马程序。高级语言：面向过程语言有 ForTRAN、BASIC、C；面向对象语言有 VB、C++、JAVA。

程序设计语言基本成分：

数据成分：描述数据对象，说明数据类型(指针、数组、自定义)和数据结构。

运算成分：算术表达式，逻辑表达式，用来描述程序中对数据的处理。

控制成分：顺序；条件选择结构；重复结构。

传输成分：I/O 语句。

程序设计语言处理系统可将程序语言处理成计算机可执行的语言。

翻译程序：汇编程序(汇编语言到机器语言)；解释程序：源程序的语句的执行顺序逐条翻译，算法简单，效率低；编译程序：将高级语言转换成汇编语言，能高效运行。

(12) 算法：软件的主体是程序，程序的核心是算法。

开发计算机应用的核心内容：研究实际应用问题的算法并将其在计算机上实现编写程序时必须首先考虑如何描述问题的对象(数据结构)、如何设计算法。

基本要求：确定性、有穷性、能行性、输出。

需要考虑的问题：算法设计(确定算法)；算法表示(如何表示算法)；算法的复杂性分析(如何使算法更有效)。执行算法所要占用的计算机资源(时间,空间)。算法是否容易理解,是否容易调试。

(13) 数据结构：

数据的存储结构实质：它的逻辑结构在计算机存储器上的实现(映像)。

数据结构分为：顺序结构和链表结构。

【历年真题演练】

(1) 下列关于 Windows 操作系统中多任务处理的叙述中,正确的是_____。

A. 用户如果只启动一个应用程序,该程序就可以自始至终独占 CPU 资源

B. 由于 CPU 中有多个执行部件可同时执行多项指令,所以才能同时执行多个任务的处理

C. 从微观上看,前台任务和后台任务能同时得到 CPU 的响应

D. Windows 操作系统在执行 32 位应用程序时,采用的是按时间片轮转的调度方法

(2) 下列关于程序设计语言及其处理系统的叙述中,错误的是_____。

A. 汇编语言同机器语言一样,均是面向机器指令系统的,其程序的可移植性差

B. 汇编语言是指由汇编语言编写的程序

C. 高级语言在一定程度上与机器无关

D. 目前大多数应用程序是用高级语言编写,由编译程序处理后生成的可执行程序

(3) 下列关于 Windows 98/XP 操作系统的存储管理功能的叙述中,错误的是_____。

A. 存储管理的功能主要包括内存的发配与回收、共享和保护、自动扩充(虚存的实现)等

B. 系统将程序(及其数据)划分成固定大小的页面,以页面为单位进行内存的分配和调度

C. 虚拟存储器采用的页面调度算法是"先进先出"(FIFO)算法

D. 在 Windows 98 和 Windows XP 中,虚拟内存其实就是一个磁盘文件,即"交换文件"

(4) 人们常说"软件的主体是程序,程序的核心是算法"。下列有关程序、算法和数据结构的叙述中,错误的是_____。

A. 程序是用程序设计语言对解题对象和解题步骤进行的一种描述

B. 算法和数据结构是设计与编写程序时首先要考虑的两个重要方面

C. 算法是问题求解规则的一种过程描述,它必须有输入,但可以没有输出

D. 数据结构主要是研究数据的逻辑结构、存储结构以及在这些数据上定义的运算

(5) 下面有关 Windows 操作系统(95 以后版本)的叙述中,错误的是_____。

A. Windows 操作系统支持系统中多个任务的并发执行

B. 利用 Windows 附件"系统工具"中的"系统信息"可以查看内存的工作情况

C. 系统规定文件名最多由 128 个字符组成

D. Vista 是 Microsoft 公司推出的 Windows XP 操作系统的后继版本

(6) 算法设计是编写程序的基础,下列关于算法的叙述中,正确的是_____。

A. 算法必须产生正确的结果　　　　　B. 算法必须具有确定性

C. 算法可以没有输出　　　　　　　　D. 算法的表示必须使计算机能理解

(7) 下列有关商品软件、共享软件、自由软件及其版权的叙述中,错误的是_____。

A. 通常用户需要付费才能得到商品软件的合法使用权

B. 共享软件是一种"买前免费试用"的具有版权的软件

C. 自由软件允许用户随意拷贝,但不允许修改其源代码和自由传播

D. 软件许可证确定了用户对软件的使用方式,扩大了版权法给予用户的权利

(8) 下面有关 Windows 操作系统多任务处理的叙述中,正确的是_____。

A. 用户如果只启动一个应用程序工作(如使用 Word 写作),则该程序自始至终独占 CPU

B. 由于 CPU 具有多个执行部件,所以操作系统才能同时进行多个任务的处理

C. 前台任务和后台任务都能得到 CPU 的响应

D. 处理器调度程序根据各个应用程序运行所需要的时间多少来确定时间片的长短

(9) 从算法需要占用的计算机资源角度分析其优劣时,应考虑的两个主要方面是_____。

A. 空间代价和时间代价　　　　　　　B. 正确性和简明性

C. 可读性和开放性　　　　　　　　　D. 数据复杂性和程序复杂性

(10) 下列有关 PC 机软件的叙述中,错误的是_____。

A. 任何软件都具有版权,因此均不能随意复制和使用

B. 软件由程序及相关的数据和文档组成

C. 数据库管理系统属于系统软件

D. Outlook Expree 属于应用软件

(11) 操作系统产品有许多种。下列软件中,不属于系统产品类型的是_____。

A. UNIX　　　　　　　　　　　　　B. Linux

C. Access 2000　　　　　　　　　　D. Windows Server 2003

(12) 下列有关 Windows 操作系统的叙述中,错误的是_____。

A. Windows 操作系统采用图形用户界面

B. Windows XP 操作系统分为家庭版、专业版、平板 PC 版等多种版本

C. 在 Windows XP 环境下,用户可以通过"任务管理器"查看 CPU 的使用率

D. 在 Windows XP 中,作为虚拟内存使用的交换文件的文件名是 Win 386.swp

(13) 下列有关算法和数据结构的叙述中,错误的是_____。

A. 算法描述解决问题的步骤,数据结构描述求解问题的对象

B. 算法应具有确定性、有穷性和能行性

C. 数据结构研究的内容包括数据的逻辑结构和存储结构,与数据的运算无关

D. 精心选择和设计的数据结构可以提高算法的时间效率和空间效率

(14) 计算机软件可以分为商品软件、共享软件和自由软件。下列相关叙述中,错误的

是_____。

　　A．通常用户需要付费才能得到商品软件的使用权,但这类软件的升级总是免费的

　　B．共享软件通常是一种"买前免费试用"的具有版权的软件

　　C．自由软件的原则通常是用户可以共享,并允许拷贝和自由传播

　　D．软件许可证是一种法律合同,它确定了用户对软件的使用权限

　　(15)人们通常将计算机软件划分为系统软件和应用软件。下列软件中,不属于应用软件的是_____。

　　A．AutoCAD　　　　　　　　　　　B．MSN

　　C．Oracle　　　　　　　　　　　　D．Windows Media Player

　　(16)下列有关 Windows 98/2000/XP 操作系统的叙述中,错误的是_____。

　　A．系统采用并发多任务方式支持多个任务在计算机中同时执行

　　B．系统总是将一定的硬盘空间作为虚拟内存来使用

　　C．文件(夹)名的长度可达 200 多个字符

　　D．硬盘、光盘、U 盘等均使用 FAT 文件系统

　　(17)下列有关于算法和数据结构的叙述中错误的是_____。

　　A．算法通常是用于解决某一个特定问题,且算法必须有输入和输出

　　B．算法的表示可以有多种形式,流程图和伪代码都是常用的算法表示方法

　　C．常用的数据结构有集合结构、线形结构、树形结构和网状结构

　　D．数组的存储结构是一种顺序结构

## 五、计算机网络与因特网基础知识

【主要知识点】

　　(1)计算机网络的组成与分类,数据通信的基本概念和常用技术,局域网的特点、组成、常见类型和常用设备,广域网的接入技术。

　　(2)因特网的发展、组成、TCP/IP 协议,主机地址与域名系统、接入方式、网络服务及其基本工作原理,HTML 文档的基本格式,WEB 文档的常见形式及其特点,影响网络安全的主要因素及其常用防范措施。

【知识点梳理】

　　(1)网络工作模式:

　　对等(peer-to-peer)模式、客户端/服务器模式(C/S 模式)。

　　(2)网络操作系统:Windows 2000 及以上版本、UNIX、Linux(源代码开放)。

　　(3)局域网:

　　设备互连结构:星型网、环形网、总线网(任何结点故障,都不会使整个系统瘫痪)。

　　中继器:将信号整型放大,在网络协议的物理层。

　　网桥:将两个同类局域网互连。

　　网卡:具有全球唯一的地址码,该网卡结点的 MAC 地址。通过传输介质把结点计算机与网络连接起来。

　　传输介质:以以太网集线器(总线式、交换式)为中心构成,数据以帧为单位传输。

总线式:负责数据帧的分发,起中继器的作用。

交换式:星型,每个结点独享一定带宽。

可将信号放大,均使用网卡,有唯一的 48 位(6 字节)的 MAC 地址,网卡识别 MAC 地址,采用广播方式进行通信(一个发,其余都可收)。一般采用的传输介质:双绞线。

为避免冲突采用 CSMA/CD 的方法。

FDDI、环形(双环型)网:均是用光纤将许多结点环接起来,依次获得对环路的访问权,高可靠性。

MAC 地址和帧格式与以太网不同,需网关或路由器。

无线局域网:采用无线电波通信。

广域网:电话网连接,用调制解调器把数字信号调制成模拟音频信号专线,费用取决于线路的容量和跨越的距离,大多数租用电信局的专线。

虚拟专网,采用隧道技术加密,在公用骨干网基础上构建自己逻辑上的专用网络,效果同专线一样。

公用数据网,采用分组交换技术。我国采用 X.25(公用电话线)。

(4) 分组交换:

以包为单位进行传输。

分组交换机:一种专用计算机,连接计算机(较慢)和另一个交换机。

地址:[3,5]表示:3 号包交换机 5 号端口。

路由器:连接异构网络的基本设备(一种分组交换机),下一站仅依赖于目的地址。

默认路由:为消除重复的路由采用的代替项。优点是线路利用率高,整个网络用来缓冲,重要数据优先传递。缺点是延时较长。

(5) TCP/IP 协议系列:

TCP 传输控制协议,IP 网络互连协议,最核心的协议。

应用层:简单电子邮件传送协议 SMTP、Web 浏览器 HTTP 超文本传输协议。

传输层:大部分使用 TCP、UDP,不保证传输的可靠性,如传输音频和视频数据。

网络互连层:规定编制方案和数据包格式。

网络接口和硬件层:规定怎样与不同网络接口。

(6) IP 地址:

IP 地址用 4 个字节表示,包括网络号(主机所从属的物理网络编号)和主机号(主机在物理网络中的编号)。

A 类地址:二进制最高位为 0(x<128);

B 类地址:二进制最高位为 10(128<x<192);

C 类地址:二进制最高位为 110(192<x<224);

D 类地址:二进制最高位为 1110;

E 类地址:备用,二进制最高位为 1111。

IP 地址=类型号+网络号+主机号。

字节所表示的十进制数必须小于等于 255。

通常用 4 个十进制数表示,每个对应着字节。

主机号全为 0,整个网络,不能用作 IP 地址。

主机号全为 1,全部主机,不能用作 IP 地址。

域名:从小到大排列,它是因特网中主机的符号名。

DNS:把域名翻译成 IP 地址的软件称为域名系统。

一台主机只能有一个 IP 地址,和 IP 地址对应的域名可以有多个。

(7) 因特网接入:

① ADSL:接受信息远多于发送信息。传输介质为普通电话线;安装:配置 ADSL MODEM 双绞线连接网卡。

② 电缆:传输介质为同轴电缆;Cable MODEM 将频带分为:数字信号上传(下传)和电视节目下传;不足之处是,传输速率不够稳定。

③ 光纤入网:传输介质为光纤。

因特网服务:E-mail 电子邮件;MIME 协议:增加说明信息;SMTP:简单邮件传输协议。

POP3:向收信人提出收信请求。错误:接收新邮件时,若邮箱已满,则将最早的删除。

WWW URL:资源定位器,标识每个信息的位置。

http://主机域名或 IP 地址/文件路径/文件名。

FTP(远程文件传输协议):把网络上一台计算机中的文件移动或拷贝到另外一台计算机上,但某公司发现软件有误,就可让任何用户使用 Anonymous 登陆。

telnet:远程登录。

(8) 计算机病毒:

防火墙:位于子网和它所连接的网络之间,确保信息合法。

病毒是蓄意编制具有寄生性和自我复制能力的计算机程序,凡是软件能作用到的计算机资源(有时硬件)都能被破坏。

数字签名:附加在消息上并随着消息一起传送的一串代码,与普通签名一样,使对方相信消息的真实性(RASA 公共钥匙加密,一般认为须 1024 位)。

【历年真题演练】

(1) 网卡(包括集成在主板上的网卡)是计算机连网的必要设备之一。下列有关网卡的叙述中,错误的是_____。

A. 局域网中的每一台计算机中都必须有网卡

B. 一台计算机只能有一块网卡

C. 以太网和 FDDI 网的网卡不同,不能交换使用

D. 网卡借助于无线和无线电波与网络连接

(2) 互连网中的 IP 地址可以分为 A～E 五类,且具有规定的格式。如果 IP 地址的主机号部分的每一位均为 0,该地址一般作为_____。

A. 网络中主服务器的 IP 地址　　　　B. 网络地址,用来表示一个物理网络

C. 备用的主机地址　　　　　　　　D. 直接广播地址

(3) 以太网是使用最广泛的一种局域网。以下关于以太网的叙述中,正确的是_____。

① 总线式以太网任何时候网上只有一个结点发送信息

② 网上某一结点发送信息时,每一帧信息都必须包含发送结点的 IP 地址和接收结点的 IP 地址

③ 以太网的数据传输速率通常为 10～100 Mb/s

④ 可以使用集线器或交换机组建以太网,每个结点通过网卡和网线(或无线电波)与之连接

A. ①和②
B. ②和③
C. ①,③和④
D. ①,②和④

(4) 通常所说的 TCP/IP 协议是指一个由上百个协议组成的协议系列。下列协议中,用于发送电子邮件的应用协议是_____。

A. SMTP
B. FTP
C. HTTP
D. UDP

(5) 下列关于局域网的叙述中,错误的是_____。

A. 光纤分布式数字接口网(FDDI)常用于构造局域网的主干部分

B. 采用红外线或者无线电波进行数据通信,可以构造无线局域网

C. 两个或多个局域网可以进行互连

D. 所有的局域网均为以太网

(6) 下列有关 IP 地址、域名和 URL 的叙述中,错误的是_____。

A. 目前互连网中 IP 地址大多数使用 4 个字节(32 个二进位)表示

B. 使用 C 类 IP 地址的网络规模最大,一个 C 类物理网络可以拥有上千万台主机

C. 一台主机通常只能有一个 IP 地址,但可以有多个域名

D. URL 用来标识 WWW 网中的每一个信息资源,不同的信息资源对应不同的 URL

(7) TCP/IP 协议栈的应用层包括了各种高层协议,其中用于实现网络主机域名到 IP 地址映射的是_____。

A. DNS
B. SMTP
C. FTP
D. Telnet

(8) ADSL 是一种宽带接入技术,在线路两端加装 ADSL Modem 即可实现连网。下面关于 ADSL 的叙述中,错误的是_____。

A. 它利用普通铜质电话线作为传输介质,成本较低

B. 在上网的同时,还可以接听和拨打电话,几乎互不影响

C. 从实现的技术上来看,数据的上传速度比数据的下载速度快

D. 利用 ADSL 技术上网的用户,其 PC 机必须安装以太网卡

(9) 因特网使用 TCP/IP 协议实现全球范围的计算机网络互连,连接在因特网上的每一台主机都有一个 IP 地址。下面不能作为 IP 地址的是_____。

A. 120.34.0.18
B. 201.256.39.68
C. 21.18.33.48
D. 37.250.68.0

(10) 常用局域网有以太网、FDDI 网等,下面的叙述中错误的是_____。

A. 总线式以太网采用带冲突检测载波侦听多路访问(CSMA/CD)方法进行通信

B. FDDI 网和以太网可以直接进行互连

C. 交换式集线器比总线式集线器具有更高的性能,它能提高整个网络的带宽

D. FDDI 网采用光纤双环结构,具有高可靠性和数据传输的保密性

(11) 某用户在 WWW 浏览器地址栏内键入一个 URL"http://www.zdxy.cn/index.htm",其中的"/index.htm"代表_____。

A. 协议类型
B. 主机域名

C. 路径及文件名                  D. 用户名

（12）交换式以太网与总线式以太网在技术上有许多相同之处，下面叙述中错误的是_____。

  A. 使用的传输介质相同            B. 网络拓扑结构相同

  C. 传输的信息帧格式相同         D. 使用的网卡相同

（13）接入因特网的每台计算机的 IP 地址_____。

  A. 由与该计算机直接连接的交换机及其端口决定

  B. 由该计算机中网卡的生产厂家设定

  C. 由网络管理员或因特网服务提供商(ISP)分配

  D. 由用户自定

（14）以下关于局域网和广域网的叙述中，正确的是_____。

  A. 广域网只是比局域网覆盖的地域广，它们所采用的技术是完全相同的

  B. 局域网中的每个结点都有一个唯一的物理地址，称为介质访问地址(MAC 地址)

  C. 现阶段家庭用户的 PC 机只能通过电话线接入网络

  D. 单位或个人组建的网络都是局域网，国家或国际组织建设的网络才是广域网

（15）目前在网络互连中用得最广泛的是 TCP/IP 协议。事实上，TCP/IP 是一个协议系列，它已经包含了 100 多个协议。在 TCP/IP 协议中，远程登录使用的协议是_____。

  A. TELNET       B. FTP        C. HTTP        D. UDP

（16）关于电子邮件服务，下列叙述中错误的是_____。

  A. 网络中必须有邮件服务器用来运行邮件服务器软件

  B. 用户发出的邮件会暂时存放在邮件服务器中

  C. 用户上网时可以向邮件服务器发出接收邮件的请求

  D. 发邮件者和收邮件者如果同时在线，则可不通过邮件服务器而直接通信

（17）常用局域网有以太网、FDDI 网等类型。下面的相关叙述中，错误的是_____。

  A. 总线式以太网采用带冲突检测的载波侦听多路访问(CSMA/CD)方法进行通信

  B. 以太网交换机比集线器具有更高的性能，它能提高整个网络的带宽

  C. FDDI 网通常采用光纤双环结构，具有高可靠性和数据传输的保密性

  D. FDDI 网的 MAC 地址和帧格式与以太网相同，因此这两种局域网可以直接互连

（18）路由器用于连接多个异构的计算机网络。下列是一些有关网络中路由器与 IP 地址的叙述，其中正确的是_____。

  A. 路由器不能有 IP 地址

  B. 路由器可不分配 IP 地址

  C. 路由器只需要分配一个 IP 地址

  D. 路由器应分配两个或两个以上的 IP 地址

（19）下列关于利用有线电视网和电缆调制解调技术(Cable Modem)接入互连网的优点的叙述中，错误的是_____。

  A. 每个用户独享带宽且速率稳定      B. 无须拨号

  C. 不占用电话线                 D. 可永久连接

（20）Web 浏览器和 Web 服务器都遵循_____协议，该协议定义了浏览器和服务器

的网页请求格式及应答格式。

    A. TCP           B. HTTP           C. UDP           D. FTP

（21）下列有关网络信息安全的叙述中，正确的是_____。

    A. 只要加密技术的强度足够高，就能保证数据不被非法窃取

    B. 访问控制的任务是对每个文件或信息资源规定各个（类）用户对它的操作权限

    C. 硬件加密的效果一定比软件加密好

    D. 根据人的生理特征进行身份鉴别的方式在单机环境下无效

（22）因特网的 IP 地址由三个部分组成，从左至右分别代表_____。

    A. 网络号、主机号和类型号           B. 类型号、网络号和主机号

    C. 网络号、类型号和主机号           D. 主机号、网络号和类型好

（23）下列有关 ADSL 技术及利用该技术接入因特网的叙述中，错误的是_____。

    A. 从理论上讲，其上传速度与下载速度相同

    B. 一条电话线上可同时接听/拨打电话进行数据传输

    C. 利用 ADSL 技术进行数据传输时，有效传输距离可达几千米

    D. 目前利用 ADSL 技术上网的计算机一般需要使用以太网网卡

（24）人们往往会用"我用的是 10 M 宽带上网"来说明自己计算机连网的性能，这里的"10 M"指的是数据通信中的_____指标。

    A. 最高数据传输速率           B. 平均数据传输速率

    C. 每分钟数据流量           D. 每分钟 IP 数据包的数目

（25）计算机局域网按拓扑结构进行分类，可分为环型、星型和_____型等。

    A. 电路交换           B. 以太           C. 总线           D. 对等

（26）网络信息安全主要涉及数据的完整性、可用性、机密性等问题。保证数据的完整性就是_____。

    A. 保证传送的数据信息不被第三方监视和窃取

    B. 保证传送方的真实身份

    C. 保证传送的数据信息不被修改

    D. 保证发送方不能抵赖曾经发送过某数据信息

## 六、信息系统与数据库基础知识

【主要知识点】

信息系统的基本结构、主要结构、发展趋势，数据模型与关系数据库的概念，软件工程的概念，信息系统的开发方法。

【知识点梳理】

（1）信息系统类型（深度）：

业务处理系统；

管理业务系统 $\begin{cases} 面向操作层 \\ 面向管理层 \end{cases}$

企业资源计划 ERP；

制造资源计划系统 MRPⅡ；

ERP 在 MRP 基础上增加了许多新功能。

辅助技术系统：CAD(设计)，CAM(制造)，CAPP(工艺)，CNC(数字控制)。

(2) 两种制造业信息系统(CIMS)：

① 办公信息系统 OA，信息检索系统，搜索引擎。② 信息分析系统、决策系统(DDS)，专家系统包括语音识别系统。

电子商务：企业与客户 B-C；企业之间 B-B。

按使用网络类型分类：基于 EDI；基于 Internet；基于 Intranet/Extranet。

数字图书馆 D-Lib，收藏对象是数字化信息，但数字化收藏加上各类信息处理工具并不等于构成 D-Lib。

信息系统的核心和基础：数据库(DB)技术。

【历年真题演练】

(1) 在信息系统的结构化生命周期开发方法中，绘制 E-R 图属于_____阶段的工作。

A. 系统规划　　　　　　　　　　B. 系统分析

C. 系统设计　　　　　　　　　　D. 系统实施

(2) 从信息处理的深度来区分，信息系统可分为业务信息处理系统、信息检索系统、信息分析系统和专家系统。下列相关叙述中，错误的是_____。

A. 业务信息处理系统是采用计算机进行日常业务处理的信息系统

B. 信息检索系统就是指因特网上提供的各种搜索引擎，可以供各类用户免费使用

C. 决策支持系统是一种常见的信息分析系统

D. 专家系统可模仿人类专家的思维活动，通过推理与判断来求解问题

(3) 制造业信息系统是一个复杂的信息系统，它可分为辅助技术系统和管理业务系统两大类。下列缩写中，不属于计算机辅助技术系统的是_____。

A. CAD　　　　　B. CAPP　　　　　C. CEO　　　　　D. CAM

(4) 在信息系统的结构化生命周期开发方法中，具体的程序编写属于_____阶段的工作。

A. 系统规划　　　B. 系统分析　　　C. 系统设计　　　D. 系统实施

(5) 从信息处理的深度来区分信息系统，可分为业务处理系统、信息检索系统和信息分析系统等。下列几种信息系统中，不属于业务处理系统的是_____。

A. DSS　　　　　B. CAI　　　　　C. CAM　　　　　D. OA

(6) 下列有关信息系统开发、管理及其数据库设计的叙述中，错误的是_____。

A. 常用的信息系统开发方法可分为结构化生命周期方法、原型法、面向对象方法和 CASE 方法等

B. 在系统分析中常常使用结构化分析方法，并用数据流程图和数据字典来表达数据和处理数据过程的关系

C. 系统设计分为概念结构设计、逻辑结构设计和物理结构设计，通常用 E-R 模型作为描述逻辑结构的工具

D. 从信息系统开发过程来看，程序编码、编译、连接、测试等属于系统实施阶段的工作

## 七、PC 机操作使用的基本技能

【主要知识点】

（1）PC 机硬件和常用软件的安装与调试，辅助存储器、键盘、打印机等常用外部设备的使用与维护。

（2）Windows 操作系统的基本功能及其操作。

（3）Internet Explorer 浏览器和 Outlook Express 电子邮件服务软件的基本功能及操作，Word、Excel、PowerPoint 软件的基本功能及操作。

【操作注意事项】

Word：

（1）对段落设置，包括段落标记。

（2）同时设置图片高度、宽度时，去掉纵横比复选框。

（3）对所有某字格式转换时，用查找替换，修改的是替换后的格式。

（4）保存时不需输后缀。

（5）在 Word 编辑窗口中不可同时选定多个不连续的段落。

Excel：

（1）将 txt 文件转换为 excel 格式时，用数据中的获得外部数据，导入，分隔符号对应空格。

（2）用填充柄时，用英文状态输入 $B$20，表示不变。

（3）增强性图元文件，用编辑中的选择性粘贴。

（4）饼图，得数据标志选项可选百分比。

（5）筛选使用自动筛选，根据条件进行改变，用格式中的条件格式。

FrontPage：

（1）在框架属性中，在需要时显示滚动条。

（2）背景音乐、背景图片在网页属性中。

（3）动态 HTML：格式中。

PowerPoint：

（1）配色方案在幻灯片设计中。

（2）要加超链接，幻灯片放映中的动作按钮。

（3）隐藏幻灯片也在幻灯片放映中。

【历年真题演练】

（1）下列有关中文版 Windows 98/2000/XP 操作系统功能与操作的叙述中，错误的是_____。

A. 默认情况下，按"Ctrl+空格键"组合键可实现在某一种汉字输入法与英文输入法之间的切换

B. 按"Alt+PrtSc"组合键可以将当前整个屏幕以图像的形式复制到剪贴板

C. 利用"剪切"操作不能删除文件和文件夹

D. 用户可以设置回收站的大小，且可以为多个逻辑硬盘分别设置回收站

（2）下列有关 Microsoft Word 97/2000/2003 功能和操作的叙述中,错误的是_____。

A. 在同一个文档中,每页的纸张大小只能设置为相同

B. 具有统计当前被编辑文档的页数、段落数、行数和字数的功能

C. 利用"绘图"工具栏绘制的图形一般属于矢量图形

D. 在文档中可以插入视频、MIDI 序列等非文字信息

（3）下列有关 Microsoft Excel 97/2000/2003 功能和操作的叙述中,错误的是_____。

A. 进行数据排序时,最多可以依据 3 个关键字

B. Excel 工作表可以另存为网页文件

C. 在默认情况下,数值型数据右对齐、字符型数据左对齐

D. 在默认情况下,若用户在某单元格中输入"3/2"(引号不是输入的字符),则显示 1.5

（4）下列有关 Microsoft PowerPoint 97/2000/2003 功能和操作的叙述中,错误的是_____。

A. Word 文档可以分别设置打开文件时的密码和修改文件时的密码

B. 页边距的计量单位可以设置为磅、英寸和厘米等

C. 可以将选中的英文统一设置为小写或大写,或词首字母大写,或句首字母大写等

D. 利用工具栏上的"格式刷",可以复制字体的格式,但不能复制段落的格式

（5）下列有关 Microsoft PowerPoint 97/2000/2003 功能和操作的叙述中,错误的是_____。

A. Powerpoint 文件可以另存为网页文件

B. 演示文稿可以按讲义方式打印,且一张纸可以打印多达 6 或 9 张投影片

C. 演示文稿的放映方式可以设置为循环放映

D. 演示文稿中可以插入声音文件,但不可以录制旁白

（6）下列有关 Microsoft Word 2000/2003(中文版)功能的叙述中,错误的是_____。

A. 起始页的页码可以不为 1

B. 利用菜单命令,可更改所选英文文本的大小写

C. 利用菜单命令"字数统计",可以统计出当前文档的行数和段落数

D. 表格中的数据不可排序,也不能利用公式进行统计计算

（7）下列有关 Microsoft PowerPoint 2000/2003(中文版)功能的叙述中,错误的是_____。

A. 可通过"另存为"操作,将每张幻灯片保存为一个图片文件

B. 幻灯片的大小是固定的,用户不可以对其进行设置

C. 在排练计时的基础上,可以将幻灯片设置为循环放映

D. 可以对字体进行替换,例如将幻灯片中的"宋体"替换为"楷体"

（8）下列有关 Microsoft Excel 2000(中文版)功能的叙述中,错误的是_____。

A. 可以将 Excel 工作簿或选定的工作表另存为网页文件(.htm)

B. 对数据清单进行排序时,最多可以选择 5 个关键字

C. 通过设置,可以实现在某单元格中输入数据后按回车键,光标自动移动到上边一单

元格或左边一单元格

  D. 在工作表中可以插入"艺术字"

（9）下列有关 Microsoft FrontPage 2000（中文版）功能的叙叙中，错误的是_____。

  A. 执行菜单命令"新建"时，可以选择是新建网页还是新建站点

  B. 用户可以对框架网页的框架进行拆分和删除

  C. 如同 Microsoft Word 中的表格，用户可以在网页中手绘表格或插入表格

  D. 系统提供了"绘图"工具栏，便于用户在网页中绘图

# 第二章　Visual C++程序设计

## 第一节　Visual C++程序设计入门

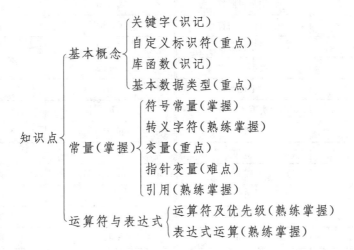

## 一、基本概念

**【知识点梳理】**

特别提示：VC++程序设计中源代码所用符号集：大、小写的英文字母：A～Z,a～z；数字字符：0～9；其他字符（共 32 个）：～、!、#、%、^、&、*、(、)、-、_（下划线）、+、=、|、\、{、}、[、]、:、;、"、'、<、>、,、.、?、/、空格、制表符（TAB 键产生的字符）、换行符（Enter 键所产生的字符），键盘上除去 3 个字符：`、@、$，其余可显示字符在程序代码中都能用。

1. 关键字

关键字是指 VC++中用于表示特定含义的固定词汇。见表 2-1。

2. 自定义标识符的命名规则

(1) 第一个字符不能是数字。

(2) 由字母、数字、下划线组成的非关键字的字符序列。

3. 编写程序时需注意的事项

(1) 程序中分为多行注释'/ * 与 * /'和单行注释'//'这两种。

(2) 程序一般包含'#include<iostream. h>'这一输入输出编译预处理指令。

(3) VC++的程序中只有一个主函数 main。

(4) 对于 VC++的编译器而言，一个语句可以写成若干行，当然一行也可以写成若干个语句，但一般而言都是一行写一个语句。

(5) VC++编译器中严格区分大小写。

表 2-1                VC++主要关键字表

| 关键字 | 类型 | 关键字 | 类型 |
|---|---|---|---|
| void | 类型说明符 | return | 语句 |
| char | 类型说明符 | case | 标号 |
| int | 类型说明符 | default | 标号 |
| float | 类型说明符 | auto | 说明符 |
| double | 类型说明符 | static | 说明符 |
| long | 类型说明符 | register | 说明符 |
| short | 类型说明符 | extern | 说明符 |
| const | 类型说明符 | typedef | 说明符 |
| struct | 类型说明符 | signed | 说明符 |
| union | 类型说明符 | unsigned | 说明符 |
| enum | 类型说明符 | this | 说明符 |
| class | 类型说明符 | inline | 说明符 |
| if | 语句 | operator | 说明符 |
| else | 语句 | virtual | 说明符 |
| switch | 语句 | private | 访问说明符 |
| while | 语句 | protected | 访问说明符 |
| do | 语句 | public | 访问说明符 |
| for | 语句 | friend | 访问说明符 |
| break | 语句 | delete | 运算符 |
| continue | 语句 | new | 运算符 |

### 4. 库函数

库函数是指 VC++已提供的函数,它们包含在各个头文件中,需用预处理将相应的头文件包含进来才能使用,见表 2-2。

表 2-2                常用库函数

| 函数原型 | 功能 | 要包含的头文件 |
|---|---|---|
| int abs(int x) | 求整数的绝对值 | math. h |
| float fabs(float x) | 求实数的绝对值 | math. h |
| double sqrt(double x) | 求平方根 | math. h |
| double exp(double x) | 求 $e^x$ | math. h |
| double pow(double x,double y) | 求 $x^y$ | math. h |
| char * strcpy(char * p1,char * p2) | 字符串拷贝 | string. h |
| char * strcat(char * p1,char * p2) | 字符串连接 | string. h |
| int strcmp(char * p1,char * p2) | 字符串比较 | string. h |
| int strlen(const char * p) | 求字符串长度 | string. h |

续表 2-2

| 函数原型 | 功能 | 要包含的头文件 |
|---|---|---|
| void abort(void) | 终止程序的执行 | stdlib. h |
| void exit(int) | 终止程序的执行 | stdlib. h |
| int rand(void) | 产生一个随机数 | stdlib. h |
| setw(int) | 设置输出项宽度 | iomanip. h |
| cin. get(char) | 输入一个字符(包括空格) | iostream. h |
| cin. getline(char * p,int ) | 输入一行字符 | iostream. h |

5. 数据类型

分为基本数据类型与自定义数据类型,基本数据类型见表 2-3,自定义数据类型见表 2-4。

表 2-3　　　　　　　　　　　　　　**基本数据类型**

| 类型 | 名称 | 占用字节数 | 取值范围 |
|---|---|---|---|
| void | 无值型 | 0 | |
| char | 字符型 | 1 | $-128 \sim 127$ |
| signed char | 有符号字符型 | 1 | $-128 \sim 127$ |
| unsigned char | 无符号字符型 | 1 | $0 \sim 255$ |
| short int | 短整型 | 2 | $-32767 \sim 32767$ |
| signed short int | 有符号短整型 | 2 | $-32767 \sim 32767$ |
| unsigned short int | 无符号短整型 | 2 | $0 \sim 65535$ |
| int | 整型 | 4 | $-2^{31} \sim (2^{31}-1)$ |
| signed int | 有符号整型 | 4 | $-2^{31} \sim (2^{31}-1)$ |
| unsigned int | 无符号整型 | 4 | $0 \sim (2^{32}-1)$ |
| long int | 长整型 | 4 | $-2^{31} \sim (2^{31}-1)$ |
| signed long int | 有符号长整型 | 4 | $-2^{31} \sim (2^{31}-1)$ |
| unsigned long int | 无符号长整型 | 4 | $0 \sim (2^{32}-1)$ |
| float | 单精度实型 | 4 | $-10^{38} \sim 10^{38}$ |
| double | 双精度实型 | 8 | $-10^{308} \sim 10^{308}$ |
| long double | 双精度长实型 | 8 | $-10^{308} \sim 10^{308}$ |

表 2-4　　　　　　　　　　　　　　**自定义数据类型**

| 类型 | 名称 | 示例 |
|---|---|---|
| type[] | 数组 | int a[10]={1,2,3}; |
| type * | 指针 | float x=5, * p=&x; |
| type& | 引用 | int a=3; int &m=a; |
| void | 空类型 | void main(void) { } |

| 类型 | 名称 | 示例 |
|------|------|------|
| struct | 结构 | struct stu{int num; char name[10];}; |
| union | 联合 | union stu{int num; double score;}; |
| enum | 枚举 | enum stu{one ,two,three}; |
| class | 类 | class stu{int num; char name[10];public:sut();}; |

## 二、常量与变量

【知识点梳理】

1. 常量

常量分为字符型常量、转义字符、字符串常量和符号常量。

（1）十进制、八进制、十六进制、指数法表示数的输入输出格式。见表 2-5。

表 2-5　　　　　　　　　　不同进制数输入输出格式

| 格式（设有 int i,j; float x;） | 含　　义 |
|------|------|
| cin>>i>>dec>>j;<br>cout<<i<<'\t'<<j<<endl; | 输入、输出的整型变量 i 和 j 为十进制数 |
| cin>>hex>>i>>j;<br>cout<<hex<<i<<'\t'<<j<<endl; | 输入、输出的整型变量 i 和 j 为十六进制数 |
| cin>>oct>>i>>j;<br>cout<<oct<<i<<'\t'<<j<<endl; | 输入、输出的整型变量 i 和 j 为八进制数 |
| cout. setf(ios:;scientific ,ios:;fixed);<br>cout<<x<<endl; | 按指数格式输出实型变量 x 的值 |

特别提示：用指数法表示的数，在 E 或 e 的前面必须有数字，且在其后必须是整数。

（2）字符型常量是用单引号引起来的单个字符。如：'c'、'1'、'-'等。在计算机内部是以它们的 ASCII 码表示。

（3）转义字符一般是用来表示一些不能直接从键盘输入的符号，也可以表示一般字符。如：'\n'表示换行，'\''表示输出单引号符，常用转义字符见表 2-6。

表 2-6　　　　　　　　　　常用转义字符

| 字符形式 | 功能或用途 |
|------|------|
| \a | 响铃 |
| \b | 退格 |
| \f | 换页 |
| \n | 换行 |
| \r | 回车符 |

续表 2-6

| 字符形式 | 功能或用途 |
|---|---|
| \t | 水平制表符(Tab 分键) |
| \v | 纵向制表符 |
| \\ | 输出反斜杠符 |
| \' | 输出单引号符 |
| \" | 输出单双号符 |
| \ddd | 输出 1 到 3 位八进制数所代表的字符 |
| \xdd | 输出 1 到 2 位十六进制数所代表的字符 |

(4) 字符串常量是用双引号引起来的若干个字符。字符串常量在内存中按顺序逐个存放字符的 ASCII 码值,并在最后自动存放一个表示字符串结束标志的字符'\0'。

(5) 符号常量有 const 定义和♯define 说明两种。如:const int MIN=111;则 MIN 是常量,值为 111。如♯define A 123

2. 变量

变量说明的语法格式:数据类型 变量名 1,变量名 2,…,变量名 n;

使用变量要注意以下几点:

(1) 变量要先定义,后使用。

(2) 输入数据时,多个数据之间要用空格、制表符(TAB 键产生的字符)、换行符(Enter 键产生的字符)等分隔符分隔。

(3) 输出时,字符串不变,变量输出其值。

(4) 可用语句 cout. setf(ios::fixed);设置小数位输出格式。

3. 指针与指针变量

指针是一个地址常量。指针变量是存储地址的变量。其说明方法是在变量名前加"∗"。如:

int ∗ q;　　　　　　　　　　//说明了一个指向整型变量的指针变量 q

其中变量名 q 前的"∗"为一标志。

可用地址运算符"&"求一个变量的地址。"&"是一个单目运算符。如:

int c=10;int ∗ q=&c;

还可用取内容运算符"∗"求一个内存地址中存储的值,称为指针的内容。"∗"也是一个单目运算符。如:

cout<<c<<'\t'<< ∗ q;　　　　　　//输出为 10 10

4. 引用

引用是给一个已定义的变量起一个别名,两变量共享同一个内存空间。如:

int m=5;int &n=m;

其中"&"为引用运算符。执行语句 cout<<n<<endl;后,输出的值为 5。

### 三、运算符与表达式

【知识点梳理】

1. 运算符及优先级

(1) 自增(++)与自减(−−)运算符。它们的运算又分为前置与后置两种。

前置运算:先将变量的值加 1(或减 1),再将变量参与运算。

后置运算:先将变量参与运算,再将变量的值加 1(或减 1)。

例:a=1,b=++a,c=a++,则 a=3,b=2,c=2。

(2) 除法(/)运算符。若两个操作数都是整型,则结果也是整型。若有一个是实型,则结果是实型。

例:/的用法:9/5 的结果为 1,9.0/5 的结果为 1.8。

(3) 求模(%)运算符。要求操作数必须都是整型数,结果是两个整型数相除后的余数。

例:%的用法:9%5 的结果为 4。

(4) 关系(<、<=、>、>=、==)运算符。关系运算符中除大于、小于是单个符号表示外,其余都是用两个连在一起的符号表示。尤其是等于关系运算符(==)一定不要用错。

例:a==b=1;其他的和数学中的运用类似!

(5) 逻辑(!=、&&、||)运算符。逻辑表达式运算时编译器会自动优化,但有时会产生副作用。

例:!=的用法:a=1,b=2. a!=b;&& 的用法为:表达式 1&& 表达式 2,只有当两者都为 true,才会输出 true;||的用法:表达式 1||表达式 2,两者有一个为 true,结果就为 true。

(6) 复合赋值运算符。包括:+=、−=、∗=、/=、%=等。

例:+=的用法:a+=3 相当于 a=a+3;−=的用法:a−=3 相当于 a=a−3;∗=的用法:a∗=3 相当于 a=a∗3;/=的用法:a/=3 相当于 a=a/3;%=的用法:a%=3 相当于 a=a%3。

(7) 逗号(,)运算符。逗号表达式的计算方法是:按先后顺序依次计算各个表达式的值,最后一个表达式的值作为整个逗号表达式的值。逗号运算符在所有运算符中优先级最低。

例:a=1,b=2,c=(a,b),则 c=2。

(8) sizeof()运算符。sizeof()运算符是一元运算符,它用于计算某一操作数类型在内存中所占的字节数。

例:sizeof(int)是 4。

(9) ?:运算符。这是一个三目运算符,用于条件运算。

例:a=1,b=2,c=(a>b)? a:b;结果:c=2。

特别提示:除法与求模运算符的第 2 个操作数不能为零。

2. 表达式

表达式是由变量、常量、运算符、函数、圆括号等按一定规则组成的式子。一个变量、一个常量、一次函数调用都是表达式。

表达式的求值要根据运算符的意义、优先级、结合性以及类型转换约定共同决定。见表2-7。

**表 2-7**　　　　　　　　　　　**运算符的意义、优先级、结合性**

| 优先级 | 运算符 | 含　义 | 目数 | 结合性 |
|---|---|---|---|---|
| 1 | :: | 类域 | 2 | 左结合 |
| | ( ) | 圆括号 | | |
| | [ ] | 下标运算符 | | |
| | -> | 指向结构体成员运算符 | | |
| | . | 结构体成员运算符 | | |
| | & | 引用运算符 | 1 | 右结合 |
| 2 | ! | 逻辑非运算符 | 1 | 右结合 |
| | ++ | 自增运算符 | | |
| | -- | 自减运算符 | | |
| | - | 取负运算符 | | |
| | + | 取正运算符 | | |
| | (类型) | 类型转换运算符 | | |
| | * | 指针运算符 | | |
| | & | 地址运算符 | | |
| | sizeof | 数据类型长度运算符 | | |
| | new | 分配存储单元 | | |
| | delete | 释放存储单元 | | |
| 3 | * | 乘法运算符 | 2 | 左结合 |
| | / | 除法运算符 | | |
| | % | 求模运算符 | | |
| 4 | + | 加法运算符 | 2 | 左结合 |
| | - | 减法运算符 | | |
| 6 | <、<=、>、>= | 小于、小于等于、大于、大于等于运算符 | 2 | 左结合 |
| 7 | == | 相等运算符 | 2 | 左结合 |
| | != | 不相等运算符 | | |
| 11 | && | 逻辑与运算符 | 2 | 左结合 |
| 12 | \|\| | 逻辑或运算符 | 2 | 左结合 |
| 13 | ?： | 条件运算符 | 3 | 右结合 |
| 14 | =、+=、-=、 *=、/=、%= | 赋值运算符 | 2 | 右结合 |
| 15 | , | 逗号运算符 | 2 | 左结合 |

3. 数据类型转换

数据类型转换分为自动转换和强制转换。自动转换基本原则是将低类型数据转换为高类型数据(图 2-1)。强制转换语法格式为：

(数据类型)表达式　　　或　　　数据类型(表达式)

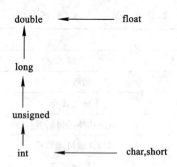

图 2-1　类型自动转换

【典型例题讲解】

【例 1】　设有：int a=1 b=2 c=3;执行语句：b=(a+c,a+++c)后,a,b,c 的值分别为_____、_____、_____。

分析：(1) 小括号(a+c,a+++c)中是一个逗号表达式,后一项 a+++c 的值作为整个括号的值赋给左边的变量 b。

(2) 根据运算符的优先级,++运算符为 2 级,+运算符为 4 级,故++运算符高于+运算符。因此,a+++c 相当于 a++ +c。而 a++是后置运算,故先将 a+c 的值 4 赋给变量 b,然后再将 a 的值加 1,使 a 的值为 2。整个运算 c 的值没有变化,仍为 3。

答案：2　4　3

【例 2】　已知 int m=5, * q=&m;输出指针 q 的内容为_____。

A. cout<<&q
B. cout<< * q
C. cout<<long(&q)
D. cout<<q

分析：答案 A 以十六进制形式输出了指针 q 的地址值;答案 B 输出了指针 q 内容,即变量 a 的值 5;答案 C 以类型 long 进行强制转换成十进制形式输出了指针 q 地址值。答案 D 输出了指针 pa 本身的值,即变量 a 的地址。

答案：B

【例 3】　数学式 $\sqrt{\dfrac{x^2+y^2}{xy}}$ 在 VC++程序中正确的表达式为_____。

A. sqrt(x * x+y * y)/x * y
B. SQRT(x * x+y * y)/x * y
C. sqrt((x * x+y * y)/(x * y))
D. SQRT((x * x+y * y)/(x * y))

分析：因为在 VC++中区分大小写,所以 B,D 不对,而运算符 * 和/的优先级相同。所以 A 不对。

答案：C

【例 4】　设有变量说明 int m=10;则执行语句 m+=m * =m-=m/=m;后,m 的值为_____。

A. 12
B. 0
C. 16
D. 8

分析：由于+=、* =、-=、/=的优先级相同,所以依次计算得到结果为 0,选 B。

答案：B

【例 5】　设有说明语句 int x=2,y=3;则表达式++x>y--?x:y 的值为_____。

A. 1　　　　　　　B. 2　　　　　　　C. 3　　　　　　　D. 4

分析：自增(++)和自减(--)运算符的优先级大于三目运算符(?:)的优先级,所以先计算自增(++)和自减(--)运算符,而自增自减的前置运算:先将变量的值加1(或减1),再将变量参与运算。后置运算:先将变量参与运算,再将变量的值加1(或减1)。所以判断为false,输出的值为 y=2。选 B。

答案:B

【例6】　设有语句 int a=5,b=7,c=15,d;d=b>a||(c=a+b);则 d 的值为_____。

分析:因为 b>a 为 true,而 c=a+b 为 false。则 b>a||(c=a+b)为 true,所以 d=1。

答案:1

【例7】　设有 int x,a,b,c;下列合法的 if 语句是_____。

A. if(a==b)x++;　　　　　　　　　B. if(a=<b)x++;

C. if(a<>b)x++;　　　　　　　　　D. if(a=>b)x++;

分析:注意关系运算符不能写错,B 应该是<=,C 应该是!=,D 应该是>=,故选 A。

答案:A

## 四、章节测试题

1. 选择题

(1) 在 VC 集成环境下,系统默认的源程序扩展名为_____。

A. .exe　　　　　　B. .ppt　　　　　　C. .gsp　　　　　　D. .cpp

(2) 下列可用于标识 VC++源程序注解的符号为_____。

A. %　　　　　　　B. //　　　　　　　C. *　　　　　　　D. ()

(3) 在一个完整的 VC++语言的源程序中_____。

A. 必须有主函数和其他函数　　　　　B. 可以只有其他函数

C. 必须有一个主函数　　　　　　　　D. 可以有不止一个主函数

(4) 设有 char a;则以下赋值正确的是_____。

A. a ="5"　　　B. a ="\255"　　　C. a ="\x128"　　　D. a ="Z"

(5) 以下语句:int m=-5L;cout<<m<<endl;_____。

A. 输出值为-5　　　　　　　　　　　B. 输出的不是具体值

C. 赋值不符合规则　　　　　　　　　D. 输出的值为 5

(6) 下面的常数表示中不正确的是_____。

A. 2.3E-11　　　B. 25　　　　　　C. 123　　　　　　D. 6e2.5

(7) 正确的变量定义方法是_____。

A. int m,n=m;　　B. float m,n=&m;　C. int m=10=n;　D. int m=n=10;

2. 填空题

(1) 在 VC++中,缺省的整数输入/输出为_____进制。

(2) 设有语句 int m=3,* q=&m,* q=m+7;变量 m 的值是_____。

(3) 设有说明语句 int i;float y;则执行语句 y=i=3.2;后,y 的值为_____。

(4) sizeof("\n\t\0X234")的运行结果为_____。

(5) 执行如下语句序列时,如果键盘输入为 m n a,则 a1、a2、a3 的值分别为　(1)　、

__(2)__ 、__(3)__ 。

```
#include <iostream. h>
void main(){
    char a1，a2，a3;
    cin>>a1>>a2>>a3;
    cout<<a1<<'\t'<<a2<<'\t'<<a3<<'\n';
}
```

（6）以下是从键盘输入直角三角形的两条直角边边长,求三角形的斜边长与面积的程序。请完善程序。

```
#include <iostream. h>
#include <math. h>
void main (void) {
    float x，y，z，ar;
    cout <<"输入两条直角边 x,y 的值:"<<endl;
    cin>>x>>y;
        __(1)__
    area=x * y/2;
    cout <<"三角形斜边长 z 的值是:"<<z<<endl;
        __(2)__
}
```

3. 编程题

（1）编写程序,将华氏温度转化为摄氏温度:公式:C=(5/9)＊(F−32)。

（2）编写程序,求一个半径为 r 的球的体积(π=3.14)。

（3）编写程序,将输入的一个英文小写字母变为大写的英文字母输出。

（4）编写程序,输入三角形的三条边 a,b,c,利用海伦公式计算三角形的面积 area。

（5）编写程序,输入一个整数,计算该数的阶乘。

## 五、上机实践

1. 上机实践要求

（1）熟练使用 VC++编程环境。

（2）掌握基本输入输出操作方法和程序的结构。

（3）掌握标识符的定义方法。

（4）了解程序的编辑、编译、链接及运行的过程。

2. 上机实践内容

［改错］

（1）下列程序的作用是输出一行文字,请找出错误,并改正之。

```
void main(void){
    cout <<"世界你好"<<endl ;
}
```

（2）下列程序是求两数之和，请找出错误，并改正之。

```
#include <iostremm. h>
void main(void){
    int m,n,x;
cin>>m>>n;
c=a+b ;
cout<<"c="<<c<<endl;
        }
```

［编程］

输出所有的水仙花数。所谓"水仙花数"是一个三位数，其各位数字的立方和等于该数本身。如 370=27+343+0

附：建立、运行源程序常规步骤：

（1）D 盘建文件夹；

（2）启动 VC++；

（3）选择文件菜单下的新建子菜单，出现新建对话框；

（4）选择文件选项卡中的 C++ Source File 项；

（5）在文件名框中输入文件名，并在位置框中选择路径，按确定后即可录入程序；

（6）录入程序后，选择编译菜单下的编译子菜单（可用 Ctrl+F7）进行编译，并调试程序；

（7）运行程序（可用 Ctrl+F5）。

# 第二节　流程控制语句

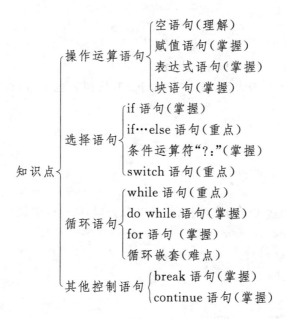

## 一、操作运算语句

【知识点梳理】

常见的操作运算语句有：空语句、赋值语句、表达式语句、块语句等。它们的格式分别为：

（1）空语句语法：；

（2）赋值语句语法：变量=表达式

（3）表达式语句：表达式后面加上一个分号

（4）块语句（复合语句）：用花括号"{}"括起来的多个语句

## 二、流程控制语句

【知识点梳理】

1. 选择语句

选择语句包括 if 语句、if…else 语句、条件运算符"？:"构成的语句、switch 语句。

（1）if 语句

语法格式为：

> if(条件表达式)语句；

语法含义：条件表达式为真，则执行内嵌语句；为假，则跳过 if 语句。

【典型例题讲解】

【例 1】 试分析下面语句的执行顺序：

```
if(x>10)
        ;
    else
        cout<<"not larger than 10 \ n";
```

分析：例中判断 x 是否大于 10，如果大于 10，任何事也不做，否则则输出"not larger than 10"和换行。

（2）if…else 语句

语法格式为：

```
    if(条件表达式)语句 1；
    else 语句 2；
```

语法含义：条件表达式值为真，则执行语句 1；为假，则执行语句 2。

【例 2】 #include<iostream. h>

```
    void   main(){
    int a=1,b=2;
    if(a>b){
    cout<<"true"<<endl;
    }else cout<<"false"<<endl;
    }
```

输出的结果为：false

特别提示：当多个 if 语句嵌套时，为了防止出现二义性，VC++语言规定：同一个块中，else 总是与其前面的最靠近它的未经配对的 if 配对。

（3）条件运算符"?："构成的语句

语法格式为：

　　　　表达式 1？表达式 2：表达式 3

功能：根据表达式 1 的值来确定整个表达式的结果，如果其值为真，则以表达式 2 的值作为结果，否则，以表达式 3 的值作为结果。

【例3】　#include<iostream.h>
　　　　　void　main()
　　　　　{ int a=1,b=2,c；
　　　　　c=a<b?a:b；
　　　　　cout<<c<<endl；
　　　　　　　}

输出的结果为：1

（4）switch 语句

语法格式为：

　　　　switch(条件表达式){
　　　　　　case 常量表达式 1：语句序列 1；break；
　　　　　　case 常量表达式 2：语句序列 2；break；
　　　　　　……
　　　　　　case 常量表达式 n：语句序列 n；break；
　　　　　　default：语句序列 n+1；
　　　　}

语法含义：当条件表达式的值与 case 子句后的常量表达式的值相同时，执行其后的语句；不相同时，如果有 default，则执行其后的语句，否则结束 switch 语句。在子句的执行过程中，若遇 break 语句，则结束 switch 语句，否则继续向下执行。

【例4】　#include <iostream.h>
　　　　　void main()
　　　　　{
　　　　　　int a；
　　　　　　cout<<"请输入不大于 5 的一个自然数："<<endl；
　　　　　　cin>>a；
　　　　　　switch(a){
　　　　　　case 1：
　　　　　　case 2：
　　　　　　　cout<<"A"<<'\n'；
　　　　　　　break；
　　　　　　case 3：

```
    case 4：
        cout<<"B"<<'\n'；
    break；
    default：cout<<"你输入的数不正确"<<'\n'；
    }
}
```

输入 2,输出就为 A

2. 循环语句

循环语句包括 while 语句、do while 语句、for 语句。

（1）while 语句

语法格式为：

```
while(条件表达式){
    循环体；
}
```

语法含义:若条件表达式为真,则执行循环体;否则结束循环。

【典型例题讲解】

【例 1】 
```
#include <iostream. h>
void main()
{
  int a=1；
  while(a<3){
    a++；
    cout<<a<<'\n'；
  }
}
```

输出的结果为:2(换行)3

（2）do while 语句

语法格式为：

```
do{
    循环体；
}while(条件表达式)；
```

语法含义:当流程到达 do 后,立即执行循环体。若条件表达式为真,则重复执行循环体语句;否则结束循环。

特别提示:while 语句有可能一次都不执行循环体,而 do while 循环至少执行一次。

【例 2】 
```
#include <iostream. h>
void main()
{
    int a=1；
    do
```

```
        {
        a++;
        cout<<a<<'\n';
        }
        while(a<3);
        }
```

输出的结果为:2(换行)3

(3) for 语句

语法格式为:

```
    for(表达式 1;表达式 2;表达式 3){
        循环体;
        }
```

表达式 1、2、3 分别对应循环初值、循环终止条件、循环变量改变。

【例 3】　#include <iostream. h>

```
        Using namespace std;
        int main()
        {
          int a,b=1;
        for(a=1;a<3;a++)
          {
        cout<<a<<endl;
          }
        }
```

输出的结果为:1(换行)2

特别提示:表达式 1、2、3 均可以缺省,但两个分号不能缺省。另外,程序不能出现死循环。

所有循环中,循环体中的语句还可以是循环语句,这就形成了循环嵌套。

## 三、其他控制语句

【知识点梳理】

1. break 语句

功能:结束当前正在执行的循环语句或 switch 语句。

特别提示:break 语句只能用在循环语句与 switch 语句中。另外,break 在循环嵌套或 switch 嵌套之内时,只结束包含它的最内层那一条块语句。

2. continue 语句

功能:结束本次循环,执行下一次循环。

特别提示:continue 语句只能用在循环语句中。

【典型例题讲解】

【例 1】　#include <iostream. h>

```
void main()
{
    int a,b=1;
for(a=1;a<3;a++)
    {
        b++;
cout<<a<<endl;
continue;
    }
cout<<b<<endl;
    }
```

输出的结果为 1,2,3

**【例2】** 设有变量定义 int m,n;则下列表示的语句中,_____是不正确的。

A. m=3
B. if(n>2)m=3
C. m+n=3+2
D. if(m>3)n=2;else n=8

分析:选项 A 是一个赋值语句;选项 B 中 if 语句格式正确;选项 C 不是一个赋值语句,因为赋值号左边只能是一个变量,而 x+y 不是一个变量,故不是一个表达式语句,所以 C 项错误;选项 D 是一个表达式语句。

答案:C

**【例3】** 设变量 m,n 是整型变量,下列语句中语法不正确的是_____。

A. switch(m * n){
　　case 3,4:++m;
　　case 5,6:++n;
　　}

B. switch(m/10 +n) {
　　case '2':n=m/10;break;
　　default:m+=n;
　　}

C. switch(m) {
　　case1:m++;break
　　}

D. switch(m+n){
　　case 1:n=m++;break;
　　case 2:m=++n;
　　}

分析:按照语法规定 switch 后小括号中的表达式的值只能是整型、字符型或枚举型常量;同时 case 后的常量表达式也只能是这 3 种类型中的一种常量,而且各值不能相同。故选项 A 错误,错在 case 后跟着的不是常量表达式。

答案:A

**【例4】** 设有 int x=1,y=2,z=3;下列关于语句的描述中,_____是错误的。

A. if(x>3) if(y>5) else z=6 ;z=7;
B. if(x>=3) z=6;else z=7; else z=8;
C. if(x<3) for(z=6;z<9;z++) ;else z=7;
D. if(x<3) switch(z){ case 1: z=6;} else z=7;

分析:因为一个 if 后面只能接一个 else 语句,所以选 B。

答案:B

【例5】 对于程序段：

```
int a=1,b=2,c=3;
if(a=0)
    cout<<b<<'\n';
else cout<<c<<'\n';
```

执行上述语句序列后，下列说法正确的是_____。

A. a 的值为 0,输出 2　　　　　　　　B. a 的值为 1,输出 2

C. a 的值为 0,输出 3　　　　　　　　D. a 的值为 1,输出 3

分析：因为 a=1!=0,所以执行 else 后的语句,而 a 后面赋值了 0,所以 C 正确。

答案：C

【例6】 执行下列程序段后,a 的值为_____。

```
int a=0;
if(a>0) a++;
else if(a<4)
        if(a<3)a+=3;
        else a+=4;
    else a+=5;
```

A. 2　　　　　　B. 3　　　　　　C. 4　　　　　　D. 5

分析：此题最主要的是一步一步慢慢来,首先 a=0 满足第二个 else if 内的条件,所以往下执行,然后又满足 a<3 这个条件,这时执行 a+=3,所以 a=3。语句到此已经结束,所以最后结果为 3。

答案：B

【例7】 执行下列程序,若输入 1,则输出的结果是_____。

```
#include <iostream. h>
void main(){
    int i,k=0;
    cin>>i;
  switch(i) {
    case 1:k++;
    case 2:k++;break;
    case 3:k++;
    default:k++;
  }
    cout<<k<<endl;
  }
```

A. 1　　　　　　B. 2　　　　　　C. 3　　　　　　D. 4

分析：当 i=1 时满足 case1:这时 k++,k 由 0 变为 1,然而这时候没 break 语句,所以继续不跳出,继续执行 case2:这时 k++,k 由 1 变为 2,然后 break 跳出,输出 k=2。

答案：B

【例8】 执行下列程序,输入为 6 的输出结果为_____。

```
#include <iostream. h>
void main(){
    int k;
    cin>>k;
    switch(k%5){
        case 1:cout<<k++;
        case 2:cout<<++k;
        case 3:cout<<k--;
        case 4:cout<<--k;
        default:cout<<"Full!"<<endl;
    }
}
```

A. Full!          B. 5          C. 7          D. 6886 Full!

分析:因为 k=6,所以 k%5=1,所以执行第一条,k++是后置运算,先输出再加 1,所以 k 输出 6,由于没 break 语句,继续执行,这时候 k 已经是 7 了,然后++k 是前置运算,是先加 1 再输出,所以 k 输出 8,然后继续执行 case3,输出 k=8,继续执行 case4,输出 k=6,最后执行 default 语句,输出 Full!,所以最后结果为 6886 Full!。

答案:D

## 四、章节测试题

1. 选择题

(1) 设有 int x,a,b,c;下列合法的 if 语句是_____。

A. if(a==b)c++;          B. if a==b c++;

C. if(a<>b)c++;          D. if a=b c++;

(2) 下列关于 switch 语句,说法正确的是_____。

A. switch 语句后的一对大括号能省略

B. 每一个 case 的出现顺序不影响程序执行的结果

C. switch 语句中的 default 子句只能放在最后

D. 每个 case 后的常量表达式的值可以相同

(3) 若给定条件表达式(x)? (a++):(a--),则其中表达式 x _____。

A. 和(x!=0)等价          B. 和(x==-1)等价

C. 和(x==1)等价          D. 和(x!=1)等价

(4) 以下程序的输出为_____。

```
#include <iostream. h>
void main(void)
{int x,y,z,a=3,b=2;
x=(--a==b++)?--a:++b;
    y=a++;z=b;
```

```
cout<<"x="<<x<<','<<"y="<<y<<','<<"z="<<z<<endl;    }
```

A. x=1,y=1,z=2          B. x=4,y=2,z=4

C. x=1,y=1,z=3          D. x=2,y=1,z=3

(5) 在 C++语言的 if 语句中,用作判断的表达式为_____。

A. 任意表达式          B. 算术表达式

C. 关系表达式          D. 逻辑表达式

(6) 当 x 为整型,以下 while 循环执行_____次。

```
x=2;
while(x==0) cout <<x;
  x--;
cout <<'\n';
```

A. 无限      B. 0      C. 1      D. 2

(7) 表达式_____是满足:当 a 的值在-10 到 10,100 到 110 时值为"真",否则为"假"的表达式(多项选择)。

    A. !((a<=-10)||(a>=10))||!((a<100)||(a>=110))

    B. (a<10)&&(a>-10)&&(a>100)&&(a<110)

    C. (a>-10)&&(a<10)||(a<110)&&(a>100)

    D. (10>a>-10)||(100>a-100)

(8) 表达式_____是满足:当 int x 的值为 1,3,5 三个数时值为"真",否则值为"假"的表达式(多项选择)。

    A. (x=1)||(x=3)||(x=5)

    B. !((x<3)&&(x>1))&&!((x<5)&&(x>3))&&(x<=5)&&(x>=1)

    C. (x!=2)&&(x!=4)&&(x>=1)&&(x<=5)

    D. (x==1)||(x==3)||(x==5)

(9) 表达式_____是满足:m 和 n 的值都大于 0,小于 n 时值为"真",否则值为"假"的表达式(多项选择)。

    A. (m>0)&&(n>0)&&(m<n)&&(n<n)

    B. m&&n&&(m<n)&&(n<n)

    C. !((m<=0)||(n<=0)||(n>=n)||(m>=n))

    D. !(m<=0)&&!(n<=0)&&!(n>=n)&&!(m>=n)

(10) 已知 int a,b;下列 switch 语句中,正确的是_____。

A. switch(a){          B. switch(a*a){

    case a:a++;break;          case 1,2:++a;

    case b:b++;break;          case 3,4:++b;

    }                  }

C. switch(a+b){         D. switch(a+b){

    case 2:a+b;break         case 5:a/5;break;

    case 2:a-b;   }          default:a+b;   }

(11) 执行以下程序,输出结果为_____。

```
#include <iostream. h>
void main(){
    int a=100;
    char c=a;
    cout<<c<<'\n';
}
```

A. 100                             B. 语法错误,不能执行

C. a                                   D. d

(12) 下面描述正确的有_____。

A. for 循环只能用于循环次数已经确定的情况

B. 循环体中可以出现 break 语句和 continue 语句

C. 在 for 循环中,不能用 break 语句跳出循环体

D. 循环体中不能出现循环语句

(13) VC++语言中 while 和 do while 循环的主要区别是_____。

A. do while 的循环体至少无条件执行一次,而 while 循环不一定

B. while 的循环控制条件比 do while 的循环控制条件严格

C. do while 语句构成的循环,当 while 语句中的表达式值为零时结束循环

D. do while 的循环体不能是复合语句

(14) 下面语句书写正确的是_____。

A. for(表达式 1;;表达式 3)                B. while{}

C. do(){}while                       D. switch(){case1:语句序列 1;break;}

(15) 下列程序不会陷入死循环的是_____。

A. int a=1;
```
    for(a;a<10;a++) {
        cout<<a<<endl;
    }
```

B. int a=0;
```
    while(a>=0){
        ++a;
    }
```

C. int a=1 ;
```
    do{
        a++}while(a=0)
```

D. int a=1;
```
    if(a>=1){
        a++;}
```

(16) 下面关于 switch 语句正确的是_____。

A. switch(b){
```
    case a:a++;break;
    case b:b++;break;
    }
```

B. switch(a * a){
```
    case 1,2:++a;
    case 3,4:++b;
    }
```

C. switch(a+b){
```
    case1:a+b;break
    case1:a-b;
    }
```

D. switch(a+b){
```
    case 2:a/5;break;
    default:a+b;
    }
```

2. 填空题

（1）执行下面代码，得到的结果是_____。

```
#include<iostream. h>
void main()
{
int a[2][2]={{3,6},{15,6}
};
int i,j,max;
   max=a[0][0];
   for(i=0;i<2;i++)
   for(j=0;j<2;j++)
   if(a[i][j]>max){max=a[i][j];
}
   cout<<"max="<<max<<endl;
   }
```

（2）VC++中的基本程序结构有___(1)___、___(2)___、___(3)___。

（3）假定输入为 10 和 20，则下列程序运行的结果为_____。

```
#include <iostream. h>
void main(){
   int m,n;
   cin>>m>>n;
   if(m<n){10
     m=n/m;
     n=m * n;
     m=n-m;
     n=m+n;
}
   cout<<m<<','<<n<<endl;
}
```

（4）x=456,y=234,求出它们的最大公约数为_____。

```
#include<iostream. h>
void main()
{   int x=456,y=234,t,m;
   if(x>y) {t=x;x=y;y=t;}
     for(int i=x;i>0;i--)
       if(x%i==0&&y%i==0){m=i;break;}
   cout<<m<<endl;
}
```

（5）阅读程序，写出结果_____。

```
#include <iostream. h>
void main(){
    double a=0,b=1,c=1;
    for(int i=1; i<=100;i++){
            b=c/i;
        c-=c;
      a=a-b;
    }
        cout<<a<<"    ";
}
```

（6）阅读程序,写出结果_____。

```
#include <iostream. h>
void main(){
    cout<<"这个数是:";
    for(int i=200;i<=250;i++)
    if(i/100+i/10%10+i%10==12&&(i/100) * (i/10%10) * (i%10)==42)
        cout<<i<<endl;
}
```

（7）阅读程序,写出结果_____。

```
#include <iostream. h>
void main(){
    int x,a,b;
    x=0,a=4368;
    while( a ){
        b=a/2-2;
        a=b;
        x++;
    }
    cout<<x<<endl;
}
```

（8）continue 语句只能用在_____。

（9）以下程序的输出为_____。

```
#include <iostream. h>
void main(void)
{ int a=0;
int b=0;
Int c=0;
for(a=0;a<2;a++)
    {  c++;
```

```
for(b=0;b<=3;b++)
{if(b%2) continue;
    c++;            }
c++;            }
cout <<"c=" <<c <<endl;
}
```

（10）以下程序的输出为_____。

```
#include <iostream.h>
  void main(void)
{int m,n,x=0;
  for(m=0;m<2;m++)
{ for(n=0;n<3;n++) x++;
    x-=n;           }
m=m+n;
cout <<"x=" <<x <<','
    <<"m=" <<m <<endl;
  }
```

（11）假定输入为 10 和 20，则下列程序运行的结果为_____。

```
#include <iostream.h>
void main(){
  int m,n;
  cin>>m>>n;
  if(m<n){
    m=m-n;
    n=m+n;
    m=m+n;}
  cout<<m<<','<<n<<endl;
}
```

（12）下面程序实现对 4 个用户输入的任意整数 m、n、x、y 从大到小的顺序输出，请填空完善程序。

```
#include <iostream.h>
void main(){
  int m,n,x,y,t;
  cin>>m>>n>>x>>y;
  if(m<n){   (1)   }
  if(m<x){t=m;m=x;x=t;}
  if(m<y){ t=m;m=y;y=t;}
  if(   2   ){t=n;n=x;x=t;}
  if(n<y){t=n;n=y;y=t;}
```

```
    if(x<y){   (3)   }
cout<<m<<','<<n<<','<<x<<','<<y<<endl;
    }
```

（13）输入一个字母，如果它是一个大写字母，则把它变成小写字母；如果它是一个小写字母，则把它变成大写字母；其他字符不变，请完善程序。

```
#include <iostream.h>
void main(){
char m ;
cin>>m ;
if(   (1)   )
    m-=32;
    else   m+=32;
cout<<m<<endl;
}
```

（14）以下程序的功能是根据公式 $e=1+\dfrac{1}{1!}+\dfrac{1}{2!}+\dfrac{1}{3!}+\cdots$，求 e 的近似值，精度要求为 $10^{-5}$。请完善程序。

```
#include <iostream.h>
void main(){
    double e,a;
    e=1.0,a=1.0;
    for(   (1)   ; a>1E-5;i++){
      a/=i;
      (2)   ;
    }
    cout<<"e="<<e<<endl;
}
```

3. 编程题

（1）编写程序，输出 10 至 100 之间所有各位数的乘积大于各位数之和的数。如数字 13，1 * 3<1+3，故不输出该数；而 34，3 * 4>3+4，故输出该数。

（2）连续输入若干个整数，输入 0 结束。统计其正整数的个数，并计算其中正整数的总和、平均值并输出。

（3）编写程序输出两个数的最大公约数和最小公倍数。

（4）计算 100~300 之内所有素数的和。

（5）计算 s=1-1/3+1/5-1/7+…1/99。

（6）N 是一个四位数，它的 9 倍恰好是其反序数（例如：123 的反序数是 321），求 N 的值。

### 五、上机实践

1. 上机实践要求

(1) 掌握 VC++ 语句基本的使用方法;

(2) 熟练掌握并能利用选择结构进行相关的程序设计;

(3) 熟练掌握并能利用循环结构进行相关的程序设计;

(4) 掌握 break 和 continue 语句的使用。

2. 上机实践内容

[编程]

(1) 编写程序,找出所有符合下列条件的 3 位正整数:是某一个数的平方,其中有两位数字相同,如 100、121 等。

(2) 编写程序,实现对输入的一个整数,求出各位数字之和。

# 第三节　数　　组

## 一、一维数组

### (一) 一维数组的定义

【知识点梳理】

定义格式:类型 数组名[数组大小];

定义时注意:

(1) 数组名应该符合标识符的规定。

(2) 数组大小的定义一定是常量,必须大小确定。方法有以下两种:

① 用字符型、枚举类型或整型的常量及常量表达式确定大小。如:

int x[10]; 定义正确,x 为数组名,10 为其长度,长度一定要是常量。int y['c']; 定义正确,'c'是字符常量,数组大小为 C 字符的 ASCII 值,等价于:int　y[99]。

int i=5;float x[i];　　//定义错误,i 为变量,不是常量

char　y[10.0];　　　　//定义错误,10.0 虽是常量,但不是整型

② 由初始化数据的个数确定其大小。

在定义数组时,可以不指定其大小,而由其初始化时的数据确定其大小。如:int a[]={1,2,3,4,5};

【典型例题讲解】

【例 1】　设有如下定义:#const int p=4;int i(10),则下列语句中,正确的是_____。

A. char d[ ];　　　B. int a[i];　　　C. int 2c[10];　　　D. char b[p];

分析:在定义数组时必须使用常量或常量表达式来表示数组的大小。对于数组来说,定义时一定要能确定其大小,A 选项中定义的数组没有指定大小,所以 A 选项是错误的;选项 B 中 i 为变量,所以错误;C 选项中定义的数组名:2c 不是合法的标识符,所以 C 选项也是错误的;而 D 选项中的 p 为 const 定义的常量,所以 D 选项是正确的。

答案:D

**【例2】** 下列数组的定义中,不正确的是_____。

A. int n=5;int x[n];
B. int x['a'-90];
C. #define K 5
int x[K];
D. #define K 3
int x[K+2];

分析:A 选项中,n 为变量,因此不能作为数组定义时的大小表示;B 选项中,'a' 为字符型常量,90 为整型常量,'a'-90 为常量表达式,因此,也可以作为定义数组时的大小确定,其值为:'a' 的 ASCII 值(97)—90=7,等价于:char x[7];用 define 定义的量是常量,所以 C 和 D 选项中的 K 是常量,而 K+2 是由两个常量构成的常量表达式,因此可以作为数组定义时的大小表示。

答案:A

**【基础题】**

设有以下语句:

int a=5; int arr[a];          //第一行
int k[20/10];                 //第二行
#const int b=5;int x[b];      //第三行
#define N 5
int y[N+1];                   //第四行

其中存在语法错误的是_____。

A. 第一行          B. 第二行          C. 第三行          D. 第四行

## (二) 一维数组的初始化

**【知识点梳理】**

数组元素的初始化方法有:

(1) 只对部分数组的元素赋初值,没有赋值的元素自动为 0。如:

int a[4]={1,2}

相当于:a[0]=1,a[1]=2,a[3]=0,a[4]=0

(2) 对数组的全部元素赋初值。如:

int a[4]={1,2,3,4}

相当于:a[0]=1,a[1]=2,a[3]=3,a[4]=4

注意:元素个数不能大于数组的长度,如:

int a[4]={1,2,3,4,5};  定义错误。

(3) 定义数组时不给出数组元素个数,由后面的初始化元素个数来确定。如:

int a[ ]={1,2,3};

相当于:数组 a 元素个数为 3,a[0]=1,a[1]=2,a[3]=3

**【基础题】**

(1) 下列语句中,不正确的是_____。

A. int a[ ]={5,6,7};
B. int a[2]={3,4,5};
C. int a[4]={1,2,3,4};
D. int a[5]={1,2,3};

（2）下列数组的定义中,不正确的是_____。

A.　#define N 3　　　　　　　　B.　#define N 5

　　int a[N/2];　　　　　　　　　　int a[N%4];

C.　int a['a'];　　　　　　　　D.　int a[ ];

### （三）一维数组的基本操作

【知识点梳理】

（1）数组元素访问格式:数组名[下标表达式]。使用时注意:

① 数组的访问,必须要先定义后使用。

② 下标表达式可以是变量或者是变量表达式,但结果类型必须是整型,这要和数组定义时的常量要求区别开来。

③ 访问数组元素时,只能是逐个访问,不能一次访问所有元素。如:

int a[10];

cin>>a;语句错误,对于整型数组来说,不能一次整体对 a 数组所有元素进行数据输入。应用循环语句来实现。

④ 访问数组时,VC++规定数组下标从 0 开始,最后一个元素的下标是长度减去 1。

⑤ 下标表达式不能是负数,并且系统不检查下标越界。如 a[-2],这是错误的。

（2）一维数组的遍历(即:访问数组的所有元素):

方法:一般是利用循环语句来实现,如:

int a[10],i;

for(i=0;i<10;i++)

　cin>>a[i];　　　　　　　//从键盘输入 10 个整数到数组 a 中的所有元素

for(i=0;i<10;i++)

　cout<<a[i];　　　　　　　//把数组 a 中的所有元素,a[0]、a[1]…a[9](10 个)依次进行输出

（3）对于数组元素的使用,注意:

① 与定义时不同,数组的下标可以是一个"变量"。

② 下标表达式必须是一个整数,不能是实数。

③ 下标表达式的值应大于或等于 0,并且小于数组定义时的值。

例如:对于定义 int a[10];其引用元素的下标值必须小于 10(因为数组下标从 0 开始,故不能等于 10)。如果数组下标大于或等于 10,系统编译时并不报错,但运行时将会出错。

【典型例题讲解】

【例 1】　设有定义和语句 float n,x[4]={1,2,3,4};n=x[x[2]];则 n 的值是_____。

A.　3　　　　　　B.　4　　　　　　C.　5　　　　　　D.　有语法错,编译出错

分析:对于表达式 x[x[2]],VC++将先计算内部的 x[2]的值是 3,但数据类型却是一个浮点型变量,而数组的下标要求是整型,因此,编译出错。

答案:D

【例 2】　设有如下语句:

int x[10] ,i=2;　　　　　　　//第一行

int nn[i];　　　　　　　　　//第二行

```
cin>>nn；                          //第三行
cin>>x[i]；                        //第四行
```

则编译系统认为以上语句行中存在错误的有_____。

A. 第一、四行　　　B. 第二、四行　　　C. 第二、三行　　　D. 第一、三行

分析：第二行中，数组 ss 定义中的长度不能是变量，只能是常量，所以错误。对于第三行中的数组输入不能进行整型输入，应用循环语句实现，所以错误。第四行中的数组元素引用的下标可以用变量表示。

答案：C

【基础题】

1. 选择题

(1) 以下一维数组 a 定义，正确的为 _____。

A. int a[ ]；

B. int n=8,a[n]；

C. int n;cin>>n;int a[n]；

D. #define SIZE 8
　　 int a[SIZE]；

(2) 设有以下说明，则数值为 4 的表达式是_____。

int a[12]={1,2,3,4,5,6,7,8,9,10}；
char c='a',d,g；

A. a[g-c]　　　B. a[d-c]　　　C. a['d'-c　　　D. a['d'-'c']

2. 编程题

(1) 从键盘输入 100 个数据，求 100 个数据中所有奇数的和，如果把 100 个数据存入数组中，求数组元素下标为奇数的所有数据乘积。

(2) 将 10 个数组元素进行逆序。如：

数组元素逆序前：0,1,2,3,4,5,6,7,8,9

数组元素逆序后：9,8,7,6,5,4,3,2,1,0

## 二、二维数组

### (一) 二维数组的定义

【知识点梳理】

定义格式：类型 数组名[常量表达式1][常量表达式2]；

说明：数据类型是指数组中每个元素的类型，常量表达式 1 是指数组的行数，常量表达式 2 是指数组的列数，数组元素的个数为：行数×列数。

如：int a[3][3]；/ * 定义了一个 3 行×3 列＝9 个元素的二维数组，元素为：a[0][0]，
　　　　　a[0][1],a[0][2],a[1][0],a[1][1],a[1][2],a[2][0],a[2][1],a[2][2] * /

注意：

(1) 数组元素的行标和列标都是从 0 开始。

(2) 数组名 a 代表该数组分配的内存"起始地址"，是个"常量"，即不允许改变，因此不能"被赋值"。

(3) 数组元素在内存空间的存放，以"行优先"存放，即：先存放第一行元素，再存放第二

行元素,依次进行。

(4) 从内存空间上看,二维数组有时可以看成是一个一维数组,该一维数组的长度为行数×列数。

## (二)二维数组的初始化

【知识点梳理】

初始化方法:

(1) 对数组中的全部元素赋初值,如:

int m[2][3]={{1,2,3},{4,5,6}};系统将按内层大括号的次序依次给数组 m 的所有元素赋值。即:

m[0][0]=1,m[0][1]=2,m[0][2]=3,m[1][0]=4,m[1][2]=5,m[1][3]=6

(2) 按元素在内存空间存放的顺序依次赋值,即:省略内层大括号。如:

int m[2][3]={1,2,3,4,5,6};

系统将按数组 m 在内存空间存放的顺序(行优先)来依次赋值,即:

m[0][0]=1,m[0][1]=2,m[0][2]=3,m[1][0]=4,m[1][2]=5,m[1][3]=6

注意:

① 如后面的元素个数多于数组总的个数(行数×列数),则系统将产生语法错误。因为多出来的元素没有内存空间存放。

② 如后面的元素个数少于数组总的个数(行数×列数),则系统将按从左到右的顺序依次对数组元素赋值,而后面没有获得值的元素将自动赋值为'0';如:

int m[2][3]={1,2,3,4};数组元素所获得值为:

m[0][0]=1,m[0][1]=2,m[0][2]=3,m[1][0]=4,m[1][2]=0,m[1][3]=0

(3) 不指定行数,而由后面元素的个数来决定行数,决定的方法:用后面元素的个数去除于列数,如余数为 0,商即为行数;如余数不为 0,行数为"商+1"。如:

int m[ ][3]={1,2,3,4};即:行数=元素个数/列数=4/3=1,余数为 1。所以:行数为 2。

注意:只能省略行数,不能省略列数;否则系统将会出现错误,如:

int m[2][]={1,2,3,4};系统出错。

【典型例题讲解】

【例1】 有如下定义:int a[3][4]; 则下面叙述不正确的是_____。

A. a[0]代表一个地址常量

B. a 是代表数组分配的内存空间的起始地址,是常量

C. a 数组可以看成是由 a[0]、a[1]、a[2]构成的一维数组

D. 可以用语句:a[2]=80,对 a[2]赋值

分析:在 VC++中二维数组的存储是按行优先进行的,因此在内存空间中,二维数组可以看成是一维数组。a 可以看成是一个由 a[0]、a[1]、a[2]三个元素构成的一维数组,而 a[0]、a[1]、a[2]本身又是一个一维数组。而数组名,系统规定是常量,不能被赋值,所以答案 D 不对。

答案:D

**【例2】** 假设有定义:int a[][3]={{1},{2,3},{4,5,6},{7,8,9}};则元素 a[0][2], a[3][2]初始化的值是_____。

A. 1、5      B. 0、6      C. 0、9      D. 1、6

分析:在语句中 a 数组在定义时被初始化。省略了行号,行号由内层大括号的个数决定,因此 a 数组是一个 4 行 3 列的二维数组,所有数组元素的下标都从 0 开始,在初始化时,第一行只给出了第一个元素的值,没有给出元素的值系统自动赋值为 0,所以,a[0][2]元素的值为 0,a[3][2]的值是 9。

答案:C

**【基础题】**

(1) 若有定义:int a[][3]={{8,7},{5,9,1}};则此数组中最小值的元素所在的行号与列号分别是_____。

A. 1 0      B. 1 3      C. 2 3      D. 2 1

(2) 假设 a 数组是 m 行 n 列的数组,则元素 a[i][j]是数组的第_____几个元素。

A. i * m+1      B. i * n+j      C. i * m+j+1      D. i * n+j+1

(3) 以下对二维数组 a 进行初始化,正确的为_____。

A. int a[2][3]={{4,5},{6,7},{8,9}};

B. int a[2][]={{4,5,6},{7,8,9}};

C. int a[2][]={4,5,6,7,8,9};

D. int a[][3]={4,5,6,7,8,9};

(4) 设有定义 int a[][3]={1,2,3,4,5};下面关于数组 a 的描述,正确的为_____。

A. a 为二维数组,含有 5 个元素      B. a 为一维数组,含有 5 个元素

C. a 为 2 行 3 列二维数组      D. 这种定义方式,无法确定行数和列数

(5) 设有说明 int a[][4]={{1},{3,2},{4,5,6},{0}};则 a[3][3]的值为_____。

A. 4      B. 0      C. 5      D. 6

## (三) 二维数组的基本操作

**【知识点梳理】**

(1) 二维数组元素的使用方式:数组名[行下标][列下标];

(2) 使用时注意:

① 行下标和列下标的值应是正整数或者结果值为正整数的表达式。

② 对于二维数组的访问,一般是利用二重循环来实现,如:

```
int a[2][3],i,j;
for( i=0;i<2;i++)          // 外层循环 i 变量控制行号
    for( j=0;j<3;j++)      // 内层循环 j 变量控制列号
        cin>>a[i][j]
```

**【典型例题讲解】**

**【例1】** 试编程实现:将二维数组 int a[4][5]={{2,3,4},{3,5,7,9,1},{1,2,3,4,5},{9,4,6,3,2}}的每列元素循环后移一位。

分析:一般利用二重循环来实现对二维数组所有元素的访问。经定义初始化后,数组 a

中元素及值如下所示:

元素:

| a[0][0]a[0][1] | a[0][2]a[0][3] | a[0][4] | 对应元素值: | | |
| --- | --- | --- | --- | --- | --- |

a[0][0]a[0][1]　a[0][2]a[0][3]　a[0][4]　　　　2　3　4　0　0
a[1][0]a[1][1]　a[1][1]a[1][1]　a[1][1]　　　　3　5　7　9　1
a[2][0]a[2][1]　a[2][2]a[2][3]　a[2][3]　　　　1　2　3　4　5
a[3][0]a[3][1]　a[3][2]a[3][3]　a[3][4]　　　　9　4　6　3　2

【基础题】

1. 选择题

(1) 定义如下变量和数组:

int i;

int a[3][3]={1,2,3,4,5,6,7,8,9};

则下面语句的输出结果为_____。

for(i=0;i<3;i++)　cout<<a[i][2-i];

A. 3 5 8　　　　　　B. 1 4 7　　　　　　C. 1 6 9　　　　　D. 3 5 7

(2) 设有定义:int a[2][3]={0*4},则下面叙述正确的是_____。

A. 数组 a 每个元素都有初始值 0

B. 只有 a[0][0]有初始值

C. 此语句有语法错误

D. 每个元素都有初始值,但除 a[0][0]外,其他元素的值不确定

2. 填空题

(1) 对数组元素赋初值时,若给定的初值个数少于定义的数组元素个数,则未分配到数据的元素的初值为 (1) 。若给定的初值个数多于定义的数组元素个数,则 (2) 。

(2) 数组在内存中占用 (1) 的内存区域,用 (2) 代表其首地址。

(3) 二维数组在内存中是按 (1) 顺序存放的,若有数组 a[下标1][下标2],则按数组元素在内存中的顺序遍历此数组时,变化最快的下标是 (2) 。

3. 编程题

试编程实现对一个二维数组 a[4][4]的处理,要求求解以下要求值。要求值如下:

(1) 所有外围元素的和并输出。

(2) 对角线上元素的积并输出。

## 三、字符数组

### (一)字符数组的定义与初始化

【知识点梳理】

(1) 定义格式:char 数组名[常量表达式]

注意:

① 每一个元素均是一个字符类型。

② 在内存中数组元素是以该字符的 ASCII 码值来存放的。

(2) 字符数组的初始化

方法：

① 与普通数组一样的三种初始化方法：

a. 只对部分数组的元素赋初值，没有赋值的元素自动为 0。如：

char s[5]={'A'、'B'、'C'};

相当于：s[0]=65,s[1]=66,s[2]=67,s[3]=0,s[4]=0,其中：65、66、67 分别为字符'A'、'B'、'C'的 ASCII 码值。

b. 对数组的全部元素赋初值。如：

char s[5]={'A'、'B'、'C'、'D'、'E'};

c. 定义数组时不给出数组元素个数，由后面的初始化元素个数来确定。如：

char s[ ]={'A'、'B'、'C'、'D'、'E'};

相当于：数组 s 元素个数为 5。

② 用字符串来初始化字符数组，如：

char s[ ]="ABCDE";

系统处理：因为字符串中系统会自动加上一个隐含的结束标志'\0',因此数组 s 的长度为 6,而不是 5。

注意：常把结束标志'\0'作为字符串的结束标志,它的 ASCII 值为 0。

③ 用"整型数"来初始化字符数组中的元素。如：

char s[ ]={ 97,98,99,100};

系统处理：在内存中,字符数组的存储是以该字符的 ASCII 码值来存放的,因为 ASCII 码值为整数。所以字符数组的值可以用整数来表示,相应的数据类型的转换工作由系统自动完成。即：可以把一个整数值(介于 0～255 之间)赋给一个字符数组的元素。例如：

char c[5];

c[0]=97,  c[1]='b';

cout<<c[0]<<'\t'<<c[1]<<'\n';           //输出 a   b

int i=c[0],  j=c[1];

cout<<i<<'\t'<<j<<'\n' ;               //输出 97   98

【典型例题讲解】

【例 1】 假设有定义：char a[]="abcdefg";char b[]={'a','b','c','d','e','f','g'};则下面说法正确的是_____。

A. a 数组长度与 b 数组长度相同      B. a 数组与 b 数组内存空间完全相同

C. a 数组长度大于 b 数组长度        D. a 数组长度小于 b 数组长度

分析：a 数组的长度由后面的元素个数决定,但"abcdefg"的长度为 8,因为要加上一个隐含的结束标志'\0'。而 b 数组的长度就是 7,不存在结束标志。因此,答案为 C。

答案：C

【例 2】 合法的数组初始化语句是_____。

A. char a="string";                 B. int a[4]={'0','1','2','3'};

C. char a[6]="string"               D. char a[]={-1,1,2,3,4};

分析：A 答案中 a 是一个变量,只能存放 1 个字符数据,所以错误。B 答案中虽然 a 是一个整型数组,但在 0～255 的范围内字符型数据可以与整型数据通用,所以 B 正确。C 答案中,a 数组初始化元素个数大于 a 数组定义时的长度,因此初始化元素为字符串要包括结束标志的长度。D 中初始化元素的值超过了 0~255 的范围。

答案 B

【基础题】

1. 选择题

(1) 下列语句中,不正确的是_____。

A. char s1[ ]="abc";　　　　　　　　B. char s1[ ]={"abc"};

C. char s1[4]={'a','b','c'};　　　　　D. char s1[3]="abc";

(2) 设有如下定义:

char s1[ ][2]={"aa","bb","cc","dd","ee","ff"};　　　//A 行

char s2[ ][3]={'a','x','y'};　　　　　　　　　　　//B 行

则下列叙述正确的是_____。

A. A 行有语法错误　　　　　　　　　　B. B 行有语法错误

C. A 行和 B 行语句都有错误　　　　　　D. A 行和 B 行语句没有错误

(3) 下列定义的各字符串中,_____的输出可能会出现异常现象。

A. char str1[ ]="abc";　　　　　　　　B. char str2[10]={'a','b','c'};

C. char str3[3]={'a','b','c'};　　　　　D. char str4[4]={97,98,99,0};

2. 填空题

一个二维字符数组 char a[10][20]至多能够存储_____个字符串,每个字符串的长度最多为_____个字符。

## (二) 字符数组的基本操作

【知识点梳理】

(1) 字符数组可以和普通的数组一样利用循环进行相应的操作。但一般用得比较多的还是利用单循环遍历数组,以字符串结束标记作循环结束条件,如:

```
char s[]="abcdef";int i=0;
while(s[i]){
    s[i]+='A'-'a';i++;
}
```

(2) 字符数组可以进行整体输入与输出。如:

```
char  s[30];
cin>>s;                        //对字符数组进行整体输入
cout<<s;                       //对字符数组进行整体输出
```

执行:当系统执行到整体输入语句时,要求用户从键盘输入字符串,当用户输入的字符串中有空格或者回车符时,系统将把这两个字符作为输入的结束符。如果用户想把空格也作为输入数据的一部分,则必须用到下面一个函数:

```
cin、getline(首地址,字符个数);
```

其中:首地址为存入输入字符的起始位置,字符个数为存入的最多字符数。

【典型例题讲解】

【例1】 执行以下程序时,假设输入字符串为:She is my best friend! 则输出结果为_____。

```
#include<iostream.h>
void main(void )
{    char s[100];
cin>>line;
     cout<<line;
}
```

A. S                            B. She
C. She is my best friend!       D. Welcome

分析:S数组是一个字符型数组,可以进行整体输入与输出,但空格、回车、换行都作为输入的结束标志,所以当输入为:She is my best friend! 字符串时,系统将把第一个空格作为输入的结束标志,因此S数组只能接收到字符串She,后面的不能接收。因此输出时只能输出S数组所接收到的:She。

答案:B。

【基础题】

(1)下面程序输出的第一行是 (1) ,第二行是 (2) 。

```
#include<iostream.h>
void main()
{   char   s1[10]="hello";
    char   s2[ ]={'e','f','\0','g','h'};
    for(int i=5,j=0;i<10;i++) s1[i]=s2[j++];
    cout<<s1<<endl;
    cout<<s2<<endl;
}
```

(2)下列程序的运行结果是_____。

```
#include<iostream.h>
void main()
{   int i=5;
    char a[7]={'a','b','c','d','e','\0'};
    do
    {
      a[i]=a[i-1];
    } while(--i>0);
    cout<<a;
}
```

（三）字符串处理函数

【知识点梳理】

（1）在 C++的库函数中提供了处理字符串的函数。这些函数定义在头文件 string. h 中，如果用户想使用这些函数，必须在自己的源程序中，用#include 语句包含该文件；否则，将会出现编辑错误。

（2）字符串比较函数 strcmp：

① 格式：strcmp(字符串 1,字符串 2)。

② 执行：从两个字符串的首字符开始自左至右逐个字符按字符的 ASCII 码值的大小进行比较。直到不同的字符或者遇到结束符'\0'结束。

③ 三个结果值：1、0、-1。

1：表示第 1 个字符串的 ASCII 码值大于第 2 个字符串的 ASCII 码值；

0：表示第 1 个字符串的 ASCII 码值等于第 2 个字符串的 ASCII 码值；

-1：表示第 1 个字符串的 ASCII 码值小于第 2 个字符串的 ASCII 码值。

④ 实例：char str1[ ]="abc", str2[ ]="agc";

　　　　 int k=strcmp(str1, str2);

　　　　 cout<<k<<endl;

该程序段执行结果是输出一个"-1"，因为字符 a 的 ASCII 码值小于字符 g 的 ASCII 码值。

⑤ 注意：

——字符串只能用 strcmp 函数比较，不能用关系运算符"=="比较。

——格式中的字符串，也可以用表示地址的量来代替，如指针、数组名。

（3）字符串拼接函数 strcat：

① 格式：strcat(字符数组 1,字符数组 2)。

② 执行：把字符串 2 拼接到字符串 1 的后面，结果放在字符数组 1 中，函数返回字符数组 1 的地址，字符数组 2 保持不变。

③ 实例：char str1[20]="abc", str2[ ]="1234";

　　　　 cout<<strcat(str1,str2);

输出结果：abc1234

④ 注意：

——字符数组 1 必须足够大，足够能装下连接后的新字符串，否则系统会因长度不够而出错。

——连接后的结果中，字符串 1 原来的'\0'被取消，只保留最后一个从字符 2 复制过来的'\0'。

（4）字符串拷贝函数 strcpy：

① 格式：strcpy(字符数组 1,字符数组 2)。

② 执行：将字符数组 2 的字符串拷贝到字符数组 1 中，从字符数组 1 第 1 个字符开始，到字符数组 2 的结束标志'\0'止。

③ 实例：char str1[80]="A. BCDE";

```
        char str2[20];
        strcpy(str2, str1);
        cout<<str2<<endl;
```
输出结果：A. BCDE

④ 注意：

——字符数组1必须大于或等于字符数组2的长度；否则系统会因长度不够而出错。

——字符数组必须写成数组名形式，字符串2可以是字符数组名，也可以是一个字符串常量。

（5）求字符串长度函数 strlen：

① 格式：strlen(字符串)。

② 执行：求出该字符串的实际长度，不包括'\0'在内。

③ 实例：char s1[ ]="abc def";
```
        cout<<strlen(s1) <<'\t';
        cout<<strlen("hello!")<<endl;
```
输出结果：7　　　6

④ 注意：与 sizeof 函数的区别，sizeof 函数包括'\0'在内，而 strlen 不包括'\0'在内。

【典型例题讲解】

【例 1】　设有如下语句：

char s1[ ]="abc def",s2[ ]="abc\0def\0",s3[10 ]="a\012bc";

int n1,n2,n3, z1,z2;

n1=strlen(s1),n2=strlen(s2),n3=strlen(s3)

z1=sizeof(s2),z2=sizeof(s3);

则 n1、n2、n3、z1、z2 的值分别为多少？

分析：n1 的值是函数 strlen 的返回值，strlen 函数是求出以 s1 为首地址开始到第一个'\0'为止的字节数，不包括'\0'所占用的字节数，因此，n1 的值为 7；而对于 n2 的值，因为 s2 为首地址开始的字符串中，第一个'\0'在 c 字母与 d 字母中间，因此从 d 字母起后面的字符在计算的范围内，因此，n2 的值为 3；因为在 s3 为首地址的字符串中，字符 a 后面的'\0'能和后面的 12，即'\012'构成转义字符，所以系统处理成一个字符，而不是结束标志，因此，n3 的值是 4。

z1 和 z2 的值是函数 sizeof 的返回值，而 sizeof 函数是求出实际占用的空间数包括'\0'占用的字节数。因此，z1 的值为 9，z2 的值即为数组 s3 的长度，值即为 10。

答案：n1=7,n2=3,n3=12,z1=9,z2=10。

判断是否英文字母的语句为：

if "(s[i]>='A'&&s[i]<='Z')||(s[i]>='a'&&s[i]<='z')"，能否改成如下语句？

if(s[i]>='A'&&s[i]<='Z')

　　if(s[i]>='a'&&s[i]<='z')

分析：不能，因为改成下面的语句，就变成了 if 语句的嵌套，条件变成逻辑"与"，而不再是逻辑"或"。

【例 2】　试分析下列程序的输出结果是_____。

```
void main(   )
{    char str1[10]={"ABCDE"};
     char str2[]={'1','0','\0','1'};
     strcat(str1,str2);
     cout<<str1<<endl;
     cout<<str2<<endl;}
```

分析:strcat 函数的作用是实现字符串的拼接,拼接后 str1="ABCDE10\01",因此,对 str1 字符串进行整体输出时,结果为:ABCDE10。对 str2 进行整体输出时,结果为:10。

答案:10

【例3】　编程实现将两个不等长的字符串进行交叉插入,如将"123"插入到"ACBDE"中,使之变成 A1B2C3DE。

分析:(1) 存储:定义两个字符数组对两个字符串进行存储,如 str1,str2。

(2) 判断:求出哪个字符串长,可以利用字符串处理函数 strlen 得出。

(3) 以短的字符串为判断条件,利用循环条件进行间隔插入。

(4) 将长字符串剩余的字符全部拷贝到结果字符串的后面。

(5) 将结束标志加到结果字符串的最后。

(6) 将结果进行整体输出。

答案:程序如下:

```
#include<iostream. h>
#include<string. h>
void main()
{
    char str1[]="ABCDE",str2[]="123",t[20];
    int min=0,i=0,j=0;
    if(strlen(str1)>strlen(str2))
       min=strlen(str2);
    else min=strlen(str1);        //判断哪个字符串长度更短
    while(i<=min)
    {
       t[j++]=str1[i];           //注意,j变量的作用是用来指向 t 数组中的元素
       t[j++]=str2[i];
       i++;
    }                            //先拼接具有相同长度的字符串,结果放在 t 数组中
    t[j]='\0';                   //加上结束标志,以便利用字符串的拼接函数进行操作
    if(str1[i])   strcat(t,str1+i);
    else strcat(t,str2+i);        //把剩余的字符串拼接在 t 数组中
    cout<<"str1="<<str1<<endl;
    cout<<"str2="<<str2<<endl;
```

```
    cout<<"t="<<t<<endl;
}
```

【基础题】

1. 选择题

（1）对于以下各组语句：

① char str1[ ]="This is a string!";

② char str1[12];str1="This is a string!";

③ char str1[12];strcpy(str1,"This is a string!");

④ char str1[ ]={"This is a string!"};

则下列说法正确的是_____。

A. 只有①、③、④正确　　　　　B. 只有①、③正确

C. 只有③、④正确　　　　　　　D. 只有①、②正确

（2）以下对 C++字符数组的描述错误的为_____。

A. 字符数组可以存放字符串

B. 字符数组的字符串可以整体输入和输出

C. 可以在赋值语句中通过赋值符"="对字符数组整体赋值

D. 不可以用关系运算符对字符数组中的字符串进行比较

（3）下面程序段的运行结果为_____。

```
#include <iostream. h>
#include <string. h>
void main()
{   char a[7]="abcdef";
    char b[4]="A. B. C. ";
    strcpy(a,b);
    cout<<a[5];
    cout<<endl;
}
```

A. __　　　　　B. \0　　　　　C. e　　　　　D. f　（其中__表示空格）

（4）判断字符串 a 和 b 是否相等,应当使用_____。

A. if(a==b)　　　　　　　　B. if(a=b)

C. if(strcpy(a,b))　　　　　D. if(strcmp(a,b))

（5）判断字符串 s1 是否大于字符串 s2,应当使用_____。

A. if(strcmp(s1,s2)>0)　　　B. if(strcmp(s1,s2))

C. if(strcmp(s2,s1)>0)　　　D. if(s1>s2)

2. 填空题

对于定义的字符串 char s1[ ]="ef\0\123\\\n89\0",s2[20]="abc";则 strlen(s1)的值为___(1)___,sizeof(s1)的值为___(2)___,sizeof(s2)的值为___(3)___。

## 四、数组与指针

### （一）指针变量与一维数组

【知识点梳理】

(1) 指针变量存放的是地址,有两个运算符:

"＊":求操作数所指向的地址中所存放的数据值。

"&":用来获取某一变量的地址。

(2) 指针变量的运算:

① 赋值运算:直接对指针变量赋值,如:

  int b,＊p1;

  p1=&b;　　　　　　　　　//p1 指针获得数据 b 的地址

② 算术运算:指针变量可以进行自加及自减运算,并可进行与整数的加减运算,例如:

int b,＊p1=&b;

cout<<p1<<'\t'<<p1+1;

输出:0x0012FF7C　　　　0x0012FF80

说明:输出为两个地址,其中 0x 表示 16 进制。指针变量 p1 获得整型数据 b 在内存空间分配的地址,然后进行输出。而对 p1 的加 1 操作,系统将根据指针变量所指向变量的类型决定 p1 指针变量的移动,整数 b 占用 4 个字节,所以 p1 加 1 时,实际移动了 4 个字节。

③ 比较运算:类型相同的指针变量或地址之间进行比较。如果"相等",表示两个指针变量指向相同的内存空间;"不相等",表示两个指针指向不同的内存空间。例如:

int a,b,＊p1=&a,＊p2=&b;

cout<<(p1==&a)<<'\t'<<(p1==p2)<<endl;

输出:1　　　0

注意:指针变量还能和 NULL 和 0 进行比较,主要用来判断指针是否为空。如:

p1==0 或者 p2==NULL;

(3) 数组在内存空间上是连续存放的,因此地址也是连续的。如:

int a[5]={1,2,3,4,5};

(4) 指针变量表示地址,而数组名表示该数组在内存空间分配的首地址。因此,可以用指针变量代替数组名来访问一维数组。如:

int s[]={1,2,3,4,5,6,7},＊p;

p=s;　　　　　　　　　//用数组名对指针变量赋值,数组名代表数组的分配首地址

for(int i=0;i<7;i++)

  cout<<p[i]<<'\t';　　　//用指针变量名代替数组名访问数组中的每一个元素

(5) 直接用指针变量名来访问数组中的元素:

例如:

int s[]={1,2,3,4,5,6,7},＊p;

p=s;

for(int i=0;i<7;i++)

```
    cout<< * p++<<'\t';        //通过指针变量的移动来访问数组中的每个元素
```

分析:s是数组名,指针变量p存放了数组的首地址,由于p指向了数组的第一个元素,由指针的算术运算规则可知,cout<< * p++;包括了下面两条语句:

① 求 * p的值,并把 * p值输出;

② p=p+1;使指针变量p指向下一个元素。

(6) 使用时注意:

① 指针变量代替数组名对数组访问时,指针变量没有移动,始终指向第一个元素。

② 直接用指针变量名来访问数组中的元素时,指针变量是在移动的。

③ 设有:int s[]={1,2,3,4,5,6,7}, * p=s,b。注意以下形式的区别:

b= * p++;                //b= * p(或者 s[0]) ,p=p+1;

b= * ++p;                //p=p+1; b= * p(或者 s[1]);

b=( * p)++;              //b=a[0]; * p(或者 s[0])= * p(或者 s[0])+1;

b= * (p++);              //b= * p(或者 s[0]) ,p=p+1;

b=++ * p;                // * p(或者 s[0])= * p(或者 s[0])+1;b= * p;

【典型例题讲解】

**【例1】** 设有如下语句:int a=10, * p=&a,b=10; * p= * p+b;执行完该段程序后,a的值是_____。

A. 10              B. 20              C. 30              D. 有语法错

分析:此题的重点是理解指针、指针指向的对象、指针的地址这几个概念的区别,对于语句: * p=&a,表示指针p指向了变量a,指针p指向的对象是a变量。而同时,指针变量也有分配了内存空间,来存放a变量的地址,因此,指针变量也有一个地址,这个地址叫指针变量的地址。因此, * p与a等价,即可以用 * p代替a变量的值。所有对 * p修改的值,就是修改了a变量的值。因此, * p= * p+b等价于:a=a+1。因此,a的值为30。

答案:C

**【例2】** 若有定义"int a[5], * p=a;",则对a数组元素的正确引用是_____。

A. * &a[5]        B. a+2            C. a[p-a]          D. * a[2]

分析:数组名a代表数组在内存空间分配的起始地址,指针p指向了数组a的首地址,a数组有5个元素,分别为:a[0],a[1],a[2],a[3],a[4],因此A答案中a[5]表示的数组元素不存在,因为下标是从0开始到4结束,A错误。B答案中a代表的是地址,a+2也代表的是a[2]这个元素的地址,不是元素值,错误。C答案中p=a,p-a=0。因此,表达式a[p-a]就是a[0],因此正确。答案D中a[2]就是元素值,不能对元素值再取内容,D错误。

答案:C

**【例3】** 设有如下语句:char    a[]="12345", * p=a;则下面赋值语句正确的是_____。

A. a[0]="ABCDE"              B. a="ABCDE"

C. * p="ABCDE"              D. p="ABCDE"

分析:答案A中a[0]为一个字符型变量,因此,不能用字符串对其赋值;答案C中 * p也代表一个字符型变量,因此,也是错误的;B答案中a是数组名,数组名是一个常量,不能对它进行赋值,因此错误;答案D中,p为指针变量,它的值是可变的,因此正确,该条语句的作用是:把字符串常量"ABCDE"的首地址赋给指针变量 p。

答案:D

**【例4】** 假设有如下定义:int x[ ]={ 10,20,30,40,50 },＊p=x;则表达式（＊++p)++的值是_____。

分析:表达式（＊++p)++应分解成以下几个表达式:① p=p+1;② 取出＊p并输出;③ 把输出结果加1。因此,输出的结果为20。如果表达式改成:++（＊++p),则输出的结果为21,因为这是由前置++运算符决定的,先加1再输出。

答案:20

**【基础题】**

1. 选择题

(1) 若有定义和语句:int b[ ]={5，6，7，8，9}，＊p=b;则＊p++的值是_____。

A. 5          B. 6          C. b[0]的地址      D. b[1]的地址

(2) 有一个字符串指针说明 char ＊s1;下列说法正确的是_____。

A. 分配指针空间及字符串          B. 不分配指针空间及串空间

C. 分配串空间,不分配指针空间      D. 不分配串空间,分配指针空间

(3) 设有变量说明:int b[10]，＊p=b+3;则下列说法正确的是_____。

A. p[5]和 b[5]都表示数组 b 中下标为 5 的元素

B. p[i]只能表示 b 中 b[3]至 b[9]之间的元素,即 i 的取值范围是 3 至 9

C. 数组 p 中的第 1 个元素 p[0]对应于 b[3],最后 1 个元素 p[6]对应于 b[9]

D. 经"p=b++;"重新赋值后,p[i+1]与 b[i]表示的是同一个元素

(4) 以下能正确完成对字符串赋值的是_____。

A. char a[5]="ABCDE"          B. char ＊a[ ]="ABCDE"

C. char a[ ]="ABCDE"          D. char ＊p;  strcpy (p,"ABCDE")

(5) 设有如下定义:int x;int  ＊p=&x,＊p1=a;＊p2=＊b;则变量 a,b 的类型应该是_____。

A. int 和 int      B. int ＊和 int      C. int ＊和 int ＊   D. int ＊和 int

2. 填空题

(1) 已有定义:int a[5]={2,4,6,8,10}，＊p1=&a[1]，＊p2=&a[3]，则 p2-p1 的值为___(1)___,(int)p2-(int)p1 的值为___(2)___。(注:一个整型变量在系统中占 4 个字节)

(2) 定义 int a[ ]={ 1,2,3,4,5,6,7,8,9 }，＊p=a;表达式（＊++p)++的值是_____。

(3) 设有语句:int i;char ＊s="A\01B+04\'\'0\b";for(i=0;＊s++;i++);执行以上语句后,变量 i 的值是_____。

(4) 设有如下语句:char s[ ]="123\t456\00089"，＊p=s;

执行下面两条语句:cout<< ＊(p+5)<<endl;输出结果为___(1)___。

                 cout<<(p+5)<<endl;输出结果为___(2)___。

(5) 下面程序的输出结果为_____。

```
#include<iostream. h>
void main()
```

```
{
    char  * p="ABCDEFG";
    p+=2;
    cout<< * (s+2);
}
```

## （二）指针变量与二维数组

【知识点梳理】

（1）二维数组有两种地址:行地址、列地址。对于 C++系统来说:

① 行地址:以行的方向移动。二维数组名表示行地址。

② 列地址:以列的方向移动。

（2）对于指针变量来说,系统也能定义相应的两种地址,一种是普通的地址,另一种是行地址。

① 列地址:系统约定所有类似如:int * p1 的定义,都处理成列地址,即 p1 就是个普通地址,也称为"列地址",即移动的方向为列方向。

② 行地址:也称为二维(级)地址,需要专门定义这样的指针,如:

定义格式:数据类型（* 指针变量名）[N];

实例:int （* p1)[4]; p1 为一个行指针,代表行地址,可以直接把二维数组名赋值给它,如:int x[3][4]; p1=x;

移动方向:以行为单位进行移动。

（3）访问方法:

① 用行指针名代替二维数组名。如:

int x[3][4]={1,2,3,4,5,6,7,8,9,10,11,12}; int （* p1)[4];

p1=x;

cout<<p1[2][2]    //输出元素值为:11

② 用行指针。

（4）使用时注意:

① 这两种地址,即行地址、列地址是两种不同的数据类型,因此不能相互赋值。

② 两种地址,可以通过某些运算进行转换,而对所有与指针(地址)相关的运算主要有两大类,一类是:取内容运算符（[],*）（其中,[ ] 为取下标运算符）;另一类是:取地址运算符（&）。因此,所有与行指针和列指针相关的转换都可以统一到转换关系图 2-2 中。

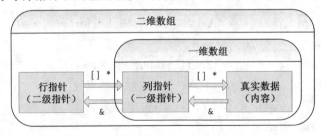

图 2-2

如:设有如下语句:int a[4][5],* p,(* p1)[5]=a,* p2=a,* p3[20];

　　　　　　　　for(int i=0;i<20;i++)　p3=* a+i;

行指针(二级指针):a,p1,p2,&(* p1),&a[0],&p1[3],& * a

列指针(一级指针):* p1,p1[2],* p2,p3[3],* a,a[3]

(5) C++中一个二维数组可以看成是一个以一维数组为其元素的一维数组。

① 举例:int b[3][4];可将 b 数组看作一个由 3 个一维数组组成的一维数组,每个这样的一维数组由 4 个元素组成。

② 利用列指针访问数组,根据数组的类型把它分成:

——指针访问一维数组;

——指针访问二维数组,实质上是把该二维数组看作一个由行号×列号个元素组成的一维数组。

【典型例题讲解】

【例1】 设有如下定义:int　x[10],　a[3][4],* p1,　p1=x;问如何通过 p1 访问数组 x 和数组 a?

分析:p1 是普通定义的指针变量,系统处理成列地址。访问一维数组时,就直接访问即可,如:

for(int i=0;i<10;i++) cin>> * p1++;　　//用列指针访问一维数组 x

p1=a[0];　　　　　　　　　　　　//重新初始化指针 p1,用列指针访问二维数组

　　　　　for(i=0;i<3 * 4;i++)

cin>> * p1++;　　　　　　　　　//用列指针访问二维数组,元素个数为行号×列号

【例2】 设有如下定义:int　x[10],　a[3][4],* p1,(* p2)[4]=a;问如何通过 p1 和 p2 访问数组 x 和数组 a?

分析:p1 指针是列指针、p2 指行是行指针,用 p2 访问数组 x 的方法为:

for(int i=0;i<3;i++)　　　//用行指针访问二维数组 x

　　for(int j=0;j<4;j++)

　　　cin>>p2[i][j];　　　//形式还有:* (p2[i]+j)、* (* (p2+i))、* (p2+i)[j]

p1=(int * )p2;　　　　　　//强制转换,把行指针转换成列指针,使 p1 指向二维数组 a

for(i=0;i<3 * 4;i++)

　　cin>> * p1++;

【例3】 设有变量说明:int a[3][4],(* p)[4]=a;则与表达式 * (a+1)+2 不等价的是_____。

　　A. p[1][2]　　　　　B. * (p+1)+2　　　　　C. p[1]+2　　　　　D. a[1]+2

分析:利用行指针与列指针相关的转换图来求解,p 指针是行指针,而二维数组名也代表的是行指针,因此,表达式 * (a+1)+2 利用转换图得出为:a 是行指针,a+1 代表的是行地址,* (a+1)代表的是列地址,* (a+1)+2 代表的也是列地址。而答案 A 中,p 是行地址,p[1] 代表的是列地址,p[1][2]代表的是元素,因此,A 答案不等价。其他答案利用行、列地址转换图得出都是列地址,所以是等价的。

答案:A

【例4】 设有如下程序，则执行后输出的结果为_____。

```
#include<iostream. h>
void main()
{
    int x[2][3], * p,i;
    p=&x[0][0];
    for(i=0;i<6;i++)
        p[i]=10 * i;
    for(i=0;i<2;i++)
        * x[i]=p[i]+1;
    cout<<p[3];
}
```

分析：本题的关键是理解两个表达式的含义：(1) p[i]=i+1;(2) * x[i]=p[i]+1;对于第一个表达式来说：p[i]是理解的关键，p 是列指针，经过 p=&x[0][0];赋值后，p 指向了数组 x 的第一个元素。p[i]表示内存空间的值，即利用行、列地址转换图得出，p[i]就是元素的值，即为 x 数组中的元素值，所以语句：for(i=0;i<6;i++) p[i]=i+1;就是利用 p 指针访问 6 个连续的内存单位空间，并进行依次赋值，从而实现对 x 数组元素的初始化，初始化的值依次为：0、10、20、30、40、50。相当于把这个二维数组看作一个一维数组，并且用列地址对其进行访问，其元素个数为行数×列数。

对于第二个表达式，利用行、列地址转换图得：x 是二维数组名代表行地址，x[i]代表列地址，* x[i]代表元素的值，即为 x 数组中的元素值，所以，语句 for(i=0;i<2;i++) * x[i]=p[i]+1;只会执行两次，分别对 x[0][0]元素和 x[1][0]值加 1，因此，p[3]元素就是 x[1][0]，所以结果为 31。

答案：31

【例5】 以下程序通过从键盘输入二维数组 a，并找出每行的最大值，按一一对应的顺序放入一维数组 b 中。即第 1 行的最大值放入 b[0]，第 2 行的最大值放入 b[1]，…，最后输出数组 a 和每行的最大值。要求通过指针变量实现数组 a 的输入、查找、保存及输出。请完善程序。

程序：

```
#include<iostream. h>
void main(){
    int a[3][5],b[3];
    int i,j, * p1, * p3;
        (1)    ;
    p2=a;                              //A
    cout<<"请输入二维数组:\n";
    for(i=0;i<3;i++){                  //输入二维数组 a
        for(j=0;j<5;j++)
            cin>> * (  (2)  );          //B
```

```
      p2++;
    }
    p1=b;
    ___(3)___;
    for(i=0;i<3;i++){                    //求每行的最大值,依次存入 b
      * p1= * * (p2+i);
      for(j=0;j<5;j++)                   //C
        if( * ( * (p2+i)+j)> * p1) * p1=( * ___(4)___)[j];
      p1++;
    }
    ___(5)___;
    p3=b;                                //M
    cout<<"二维数组为:\n";
    for(i=1;___(6)___;i++){              //N
      cout<< * p1++<<'\t';               //通过 p1 输出数组 a
      if(i%5==0)cout<<"该行最大元素为:"<< * p3++<<'\n';
    }
  }
```

分析:(1) A 行指针变量 p2 指向数组 a,而在此之前,并没有定义 p2,所以第 1 空应该定义一个指向一维数组的指针变量 p2。

(2)输入二维数组 a 时,每循环 1 次 p2 向下移一行(B 行),即 p2 总是指向当前行,所以第 2 空的输入语句应该是把对其取值转换成指向元素的指针,然后再向后移 j 个元素,即应填: * p2+j,而不能写成 * (p2+i)+j。

(3)输入结束后,p2 指向 a 的后面,所以当再通过 p2 操作 a 求最大值时,必须使 p2 重新指向 a 的第 1 行,故第 3 空应填:p2=a 或 p2=&a[0]。

(4)p1 指向 b 的第 1 个元素,(p2+i)是行指针, * (p2+i)是元素指针, * * (p2+i)是二维数组第 1 行的第 1 个元素存入 p1 所指的空间。C 行的循环语句遍历该行元素,把比 * p1 大的元素赋值给 * p1,用 p2 表示二维数组元素的形式有多种,如:( * (p2+i))[j]、 * ( * (p2+i)+j)、(p2[i]+j)、p2[i][j]等,根据题目所给出的部分形式,第 4 空应填:(p2+i)。找出该行元素的最大值后,p1 自增,进入下一循环,求第 2 行的最大值……,直到求出所有行的最大值。

(5)p1 是元素指针,而 a 是行指针,要用 p1 来访问 a,必须首先把 a 转换成普通指针(int * )a,然后再使 p1 指向 a,或者使 p1 指向 a 中的第 1 个元素。所以第 5 空可填:p1=(int * )a 或 p1=&a[0][0]。

(6)当 p1 指向 a 中的首元素时,只要循环 15 次(a 中有 15 个元素)便可输出 a 中的所有元素,每次循环后 p1 指向下一个元素。所以第 6 空应填:i<16 或 i<=15。

运行结果:

请输入二维数组:

5  4  2  1  6  9  5  1  3  4  6  7  2  6  4

二维数组为：

| | | | | | |
|---|---|---|---|---|---|
| 5 | 4 | 2 | 1 | 6 | 该行最大元素为:6 |
| 9 | 5 | 1 | 3 | 4 | 该行最大元素为:9 |
| 6 | 7 | 2 | 6 | 4 | 该行最大元素为:7 |

答案：(1) int（* p2）[5]

(2) * p2+j

(3) p2=a 或 p2=&a[0]

(4) (p2+i)

(5) p1=(int *)a 或 p1=&a[0][0]

(6) i<16 或 i<=15

【基础题】

1. 选择题

(1) 设有变量说明：int b[10]，* p=b+3;则下列说法正确的是_____。

A. p[5]和 b[5]都表示数组 b 中下标为 5 的元素

B. p[i]只能表示 b 中 b[3]至 b[9]之间的元素，即 i 的取值范围是 3 至 9

C. 数组 p 中的第 1 个元素 p[0]对应于 b[3]，最后 1 个元素 p[6]对应于 b[9]

D. 经"p=b++;"重新赋值后，p[i+1]与 b[i]表示的是同一个元素

(2) 若有定义 int a[2][3]={1,4,7,3,6,9};以下描述不正确的是_____。

A. * (a+1)为元素 a[1][0]的指针       B. a[1]为元素 a[1][0]的指针

C. a+1 为数组第二行的指针       D. * a[1]+2 的值为 9

2. 填空题

(1) 设二维数组 a 有 m 行 n 列,则元素 a[i][j]是数组中的第_____个元素。(a[0][0]是数组中的第 1 个元素)

(2) 若有定义 int m[10][6];在程序中引用数组元素 m[i][j]的形式有(假设 i,j 已正确说明并赋值)：___(1)___，___(2)___，___(3)___，___(4)___ 和 m[i][j]。

(3) 若有数组 a[下标 1][下标 2][下标 3],则按数组元素在内存中的顺序遍历此数组时,变化最快的下标是_____。

3. 编程题

(1) 编写程序,输出杨辉三角的前 10 行,并求前 10 行的和。杨辉三角如程序运行结果所示：

```
1
1 1
1 2 1
1 3 3 1
1 4 6 4 1
1 5 10 10 5 1
1 6 15 20 15 6 1
1 7 21 35 35 21 7 1
1 8 28 56 70 56 28 8 1
1 9 36 84 126 126 84 36 9 1
```

杨辉三角前 10 行的和为：1023

### （三）通过指针变量操作字符数组

【知识点梳理】

（1）指针操作字符数组，指针中存放的应是该字符数组中元素的地址，在操作时，应注意指针的位置是否移动，如果移动，则要注意是否超过了结束标志。方法有两种，如：

① 指针不动：

```
char s[]="abcdefg", * p1=s;
while(p1[i])   cout<<p1[i++];    /* p1 指针不移动,利用 i 的值每次循环加 1 来访问
                                   字符数组 s 中的每个元素,实际就是用指针名代替
                                   数组名的方法来进行访问 */
```

② 指针移动：

```
while( * p1) cout<< * p1++;      /* p1 指针移动,利用移动指针指向不同的字符来
                                   实现相应的操作。最后通后判断 p 指向的字符是
                                   否到达了结束标志来决定是否停止访问 */
```

（2）字符数组的名字，代表该数组在内存空间分配的起始地址，因此可以直接把数组名赋值给指针。特别注意：当一个指针指向一个字符串常量，如：char * p="ABCDE"，指针 p 指向了字符串"ABCDE"的首地址，注意：只能读指针变量的值，但不能去改变指针变量所指向的元素，否则将会产生错误，如：

```
for(int i=0;i<5;i++)cout<< * p++;    //正确
  * p='1'                            //错误
```

（3）在利用字符串处理函数进行字符数组的操作过程中要注意，指针名能够代表数组名作为函数的参数。

（4）注意字符型指针与字符型数组的区别：

① 字符型指针存放的是一个字符型地址，只是一个地址。

② 字符型数组存放的是一个字符串，它的空间是连续的。

如：char s[]="ABCD", * p=s;在内存空间中的存放形式如图 2-3 所示。

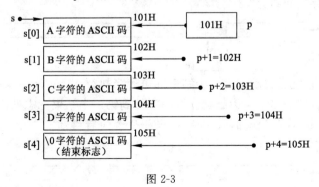

图 2-3

说明：

① 图中的 101H～105H 为假设 s 数组元素在内存空间分配的内存地址，即 s[0]，s[1]，s[2]，s[3]，s[4]五个元素所占用的地址。

② s 数组中的最后一个元素为'\0'为系统自动加上去的结束标志。它的 ASCII 码为 0,系统通常把 0 处理成逻辑"假",常用在循环条件的判断上。

③ 指针 p 经过初始化后,获得了 s 数组的首地址,通常用 p+1,p+2,p+3,p+4 来表示指向 s 数组的各个元素的地址,即 &s[1],&s[2],&s[3],&s[4]。

④ 字符数组可以进行整体输入与输出。但要注意整体输入与输出的起始位置。如:

p=s;

  cout<<p;    / * 输出以 p 为起始位置的字符串,到结束标志停止。输出结果为:ABCD * /

  cout<<p+2;   / * 输出以 p+2 为起始位置,即以地址 103 为起始位置,到结束标志\0 停止。输出结果为:CD * /

【典型例题讲解】

【例 1】 对于下列程序段:

```
char s[ ]="abcdefg", * p=s+2;
cin>>p;
cout<<s <<'\n';
p=s+1;
cout<<p <<'\n';
cout<<p+2<<'\n';
```

执行时,若从键盘输入 123,则输出的第 1 行是 ___(1)___,第 2 行是 ___(2)___,第 3 行是 ___(3)___。

分析:经过第一条定义语句后,内存空间分配的情况如下:

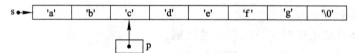

p 指针指向了 s 数组中的第三个元素,当执行到 cin>>p 语句时,因为是字符数组,因此,系统处理成字符数组的整体输入,当输入为 123 时,系统将以 p 为起始位置来进行接收存储,存储后的内存空间图为:

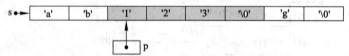

注意在接收后系统会自动加上一个结束标志。当执行到 cout<<s <<'\n';语句时,系统处理成整体输出,即输出以 s 为起始位置的字符到第一个结束标志处停止。输出结果为: abc123。当执行到 p=s+2;语句时,p 指针从当前位置向后移动 1 个单元位置,即指向了字符'3'。空间图如下:

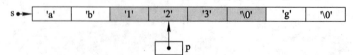

执行 cout<<p <<'\n'时,从当前 p 所指向的位置开始,进行整体输出。到第一个结束标志处停止。输出结果为:23。

当执行到 cout<<p+2<<'\n'时,也是从 p+2 为起始位置开始进行输出,而 p+2 的位置为字符'g'开始,到字符'g'后面第一个结束标志处停止。因此,输出结果为:g。

答案:(1) abc123　(2) 23 (3) g

【例 2】　对于下列程序段:

```
char s[ ]="1234567",* p=s;
while( * p)  p++;   //A
```

请问:执行完程序段后,p 指针指向哪?

分析:经过第一条定义语句后,内存空间分配的情况如下:

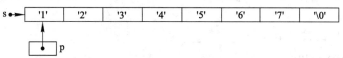

当执行到 while 循环时,把 * p 作为循环条件,而结束标志'\0'的 ASCII 码为 0,而 0 用在循环语句中,表示条件为"假"。因此,当 p 指针指向空间的内容不为结束标志时,循环条件为"真",循环体中的 p++执行,即 p 指针向后移动一个单元。又重新判断循环条件是否为"假",直到 p 指针指到结束标志时,循环条件为假,系统将结束循环,因此当循环结束后,p 指针指向结束标志处。即:'\0'的位置。

答案:p 指针指向结束标志处。

【例 3】　如果第 2 题中的 A 部分语句改为:while( * p++),问 p 指针指向哪?

分析:当换成 while( * p++)语句时,系统将把语句处理成以下两条语句:

(1) while( * p);　(2) p=p+1;

注意:这两条语句的执行是按顺序的。并且是没有因果关系的,即不管循环条件是真还是假,p=p+1;都会再执行一次。因此,当 p 指针指向结束标志时,循环条件为假,退出。但p=p+1 将还会执行一次。因此,指针将指向结束标志后面一个单元的空间,空间图如下所示:

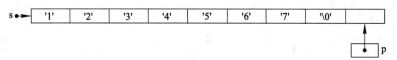

答案:指针指向如上图所示。

【例 4】　如果第 2 题中的 A 部分语句改为:while( * ++p),问 p 指针指向哪?

分析:当换成 while( * ++p)语句时,系统将把语句处理成以下两条语句:

(1) p=p+1;　(2) while( * p);

注意:这两条语句的执行也是按顺序的,但应先执行 p=p+1;即 p 指针先向后移动一个位置,然后再来判断循环条件是真还是假。因此,当执行 p=p+1 后,p 指针指向了结束标志处。* p 的值为 0,代表条件"假",结束循环。执行结束。指针指向结束标志处。内存空间图如下所示:

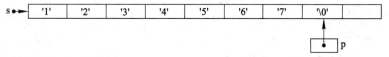

答案:指针指向如上图所示。

【基础题】

1. 选择题

(1) 设有变量说明:char a[6], * p=a;下面表达式中,正确的赋值语句是_____。

A. a[6]="hello";　　　　　　　　B. a="hello";

C. * p ="hello";　　　　　　　　D. p="hello";

(2) 有一个字符串指针说明 char * s1;下列说法正确的是_____。

A. 分配指针空间及字符串　　　　B. 不分配指针空间及串空间

C. 分配串空间,不分配指针空间　D. 不分配串空间,分配指针空间

2. 填空题

(1) 下列程序的输出结果是_____。

```
#include<iostream>
void main()
{   char * p="123456";
    p+=2;
    cout << * (&p);
}
```

(2) 下列程序的输出结果第一行是_____第二行是_____。

```
#include<iostream. h>
#include<string. h>
void main()
{
    char x[11]="12345";
    char y[]={'a','b','\0','d','e'};
    char * p1=x, * p2=y;
    strcat(x,p2);
    cout<<x<<endl;
    strcat(y,p1);
    cout<<y<<endl;
}
```

(3) 请完善以下程序,程序实现的功能是把 s2 字符串拼接到 s1 字符串的尾部。

```
#include<iostream. h>
#include<string. h>
void main()
{
    char s1[]="ab",s2[]="cd";
    char * p1=s1, * p2=s2;
    int n=0,m=0;
    while( * (s1+n)!=   (1)   ) n++;
    while(s2[m])
```

```
    {
        *(p1+n)=s2[m];
        n++;
        ___(2)___
    }
    *(s1+n)=___(3)___;
    cout<<s1<<endl;
}
```

3. 编程题

设有两个字符串 s1,s2,s1 和 s2 的值通过整体输入得到,试编程实现字符串处理函数中的 strcmp 功能,即比较 s1、s2 的值。

## 五、指针数组

### (一)指针数组的定义

【知识点梳理】

(1) 定义:类型名 * 数组名[数组大小];

(2) 实例:int * p[3];定义了长度为 3 的指针数组,该数组有 3 个元素,即:p[0],p[1],p[2]。每个元素都是一个指针变量。存放数据类型为 int 型变量地址。

(3) 使用时注意:

注意与指向一维数组的指针变量形式上的区别,如:

```
int   * p1[3];          //指针数组,有三个元素:p1[0],p1[1],p1[2]
int   ( * p2)[3]        /* 指向一维数组的指针变量,行指针。只是一个指针变量,通
                          常访问二维数组 */
```

### (二)通过指针数组操作一维数组和二维数组

【知识点梳理】

(1) 指针数组访问一维数组,通常是利用指针数组存放一维数组各个元素的地址来实现。

(2) 指针数组名代表该数组在内存空间分配的首地址。注意这个地址与指针数组内容地址的区别。如下面一段程序:

```
int a[]={1,2,3,4}, * p[4];
for(int i=0;i<4;i++)
    p[i]=&a[i];
```

在内存空间分配的情况如图 2-4(说明:① 假设 a 数组分配空间从地址处 1000H 开始;② 假设 p 数组分配空间从地址处 3030H 开始)所示。

指针数组 p 在内存空间分配的首地址为 3030H,注意与数组 a 分配的首地址 1000H 的区别。

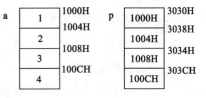

图 2-4

对于数组 a 的访问就可以通过两个方法来进行：

① 传统方法,利用 a 数组的下标进行访问,如：

for(int i=0;i<4;i++)  cout<<a[i];  //输出 a 数组的每个元素,输出结果为:1,2,3,4

② 利用指针数组来访问,如：

for(int i=0;i<4;i++) cout<< * p[i]  //同样输出 a 数组的每个元素

（3）利用指针数组访问二维数组。通常的方法是利用指针数组的各个元素存放二维数组各个元素的地址来实现,特别注意二维数组存在行、列两种地址及访问时的类型统一要求。

【典型例题讲解】

【例 1】 设有如下一段程序：

```
int b[3][3]={1,2,3,4,5,6,7,8,9}, * p[3]
  for(int i=0;i<3;i++)
    p[i]=b[i];                //A 行
    for(i=0;i<3;i++)
      for(j=0;j<3;j++)
        cout<<p[i][j]<<endl;    //B 行
```

问输出结果是什么？

分析:经过 A 行语句后 b 数组及 p 数组在内存空间分配的情况如图 2-5（说明:① 假设 b 数组分配空间从地址处 1000H 开始;② 假设 p 数组分配空间从地址处 3030H 开始)所示。

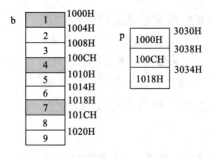

图 2-5

对于 B 行中的输出语句,利用行、列地址转换图可以得出,p[i][j]代表的是元素,因为 p[i]代表的是 b 数组阴影部分的列地址,对列地址取[]运算,表示的是元素,即 b 数组中的元素值。对于 B 行中的表达式 p[i][j],也可以用以下几种形式来表示: * (p+i)[j]、* (p[i]+j)、( * (p+i)+j)等。

答案:1 2 3 4 5 6 7 8 9

（三）通过指针数组和指向指针的指针变量操作系列字符串

【知识点梳理】

（1）指向指针的指针变量。

① 引入原因:系统将对指针变量分配存储空间,而存储空间就有地址。因此对于这样的地址,也可以定义一个特殊的变量来存储。该变量就是指向指针的指针变量。

② 定义形式:int ＊＊p1;

③ 空间分配情况分析及应用:

int ＊＊p1,＊p,a=10;

p=&a;p1=&p;

空间分配情况如图 2-6 所示。

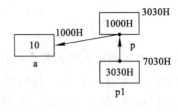

图 2-6

说明:a. 1000H、3030H、7030H 分别为假设的内存分配给 a、p、p1 三个变量的首地址。

b. 引入指向指针的指针变量 p1 后,对于 a 变量就可以有两种方法来访问,即,用 p、p1 来访问,如下面程序:

```
cout<<p<<endl;                    //输出结果:1000H
cout<< * p<<endl;                 //输出结果:10
cout<<p1<<endl;                   //输出结果:3030H
cout<< * p1<<endl;                //输出结果:1000H
cout<< * * p1<<endl;              //输出结果:10
```

④ 访问字符串。注意字符串的整体输入与输出形式。

(2) 利用指针数组访问字符串。

方法:通常是利用指针数组的各个元素存放字符串的首地址,再利用字符数组的整体输入与输出进行相应的处理。

注意:字符型二级地址(行地址)是不能进行整体输入与输出的,只有一级地址(列地址)才能进行整体字符型处理,要注意区别。

【典型例题讲解】

【例1】 设有如下定义:

```
char s[5][10]={"string1","string2","string3","string4","string5"}
char * * p=s ;
for(int i=0;i<5;i++)
    cout<< * p++<<endl;              //A 行
```

请问输出结果是什么?如果把 A 行改成"p++"和"＊＊p++"后输出结果分别是什么?

分析:经过定义后,假设内存空间的分配情况如图 2-7 所示。

从分配图中可以看出,p 指针为指向指针的指针,属于二级指针,即 p、p+1、p+2 以行为单位进行移动,相当于二级数组中的行指针。当程序执行到 A 行时,＊p++表达式可以分解成:cout<< * p;和 p=p+1;两条语句。再加上 s 为二维字符型数组,可以进行整体输出。因此,第一次循环时,＊p 代表对行指针进行一次取内容运算。根据行、列地址转换图可以得到,＊p 实际就是代表了这个二维数组的列地址。根据字符数组的整体输出特点,得出输

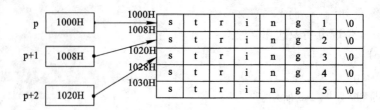

图 2-7

出结果为字符串：string1。循环 5 次系统将依次输出各个字符串。

　　如果把 A 行改成"p++"，根据前面分析，p 代表了行地址，对于行地址是不能进行整体输出的。因此，系统只能输出 5 个行地址，即为：1000H、1008H、1020H、1028H、1030H。

　　如果把 A 行改成"＊＊p++"，该语句分解为以下两条：cout<<＊＊p；和 p=p+1；对于表达式：＊＊p，根据前面分析，相当于对行地址 p 进行了两次取内容运算，根据行、列地址转换图得出，＊＊p 是元素值，即系统依次输出：s,s,s,s,s。

　　答案：输出结果分别为：

string1　　　1000H　　　s
string2　　　1008H　　　s
string3　　　1020H　　　s
string4　　　1028H　　　s
string5　　　1030H　　　s

【基础题】

1. 选择题

（1）若有以下说明和语句：

char ＊ name [ ] ={"Wang","Zhou","Huang","Yang","Sun"}；

char ＊＊p；p=++name；

则语句 cout<<＊p；_____。

A. 输出的是 name[0]元素的地址

B. 输出的是字符串 Zhou

C. 输出的是 name[1] 元素的值，它是字符串 Zhou 的首地址

D. 格式说明不正确，无法得到确定的输出

（2）在下面的定义中，不能对 p 进行++运算的是_____。

A. char（＊p）[5]　　　　　　　　　B. char ＊ x[]="abc",＊＊p=x；

C. char p[5]　　　　　　　　　　　　D. int y[5],＊p=y；

2. 填空题

（1）下面程序的执行结果为_____。

```
#include<iostream. h>
void main()
{
    int x[10],i;
```

```
int  * p1=x, ** p2=&p1;
for(i=0;i<10;i++)
{
    * p1=i;
    (** p2)++;
    p1++;
}
for(i=0;i<10;i++)
    cout<<x[i]<<'\t';
cout<<endl;
}
```

(2) 以下程序建立一个如下所示的二维数组,并按如下格式输出,请填空。

```
1 0 0 0 1
0 1 0 1 0
0 0 1 0 0
0 1 0 1 0
1 0 0 0 1
```

```
#include <iostream. h>
void main( )
{   int a[5][5]={0} , * p[5] , i , j;
    for(i=0; i<5; i++)    p[i]=__(1)__;
    for(i=0; i<5; i++)
    {
        * (p[i]+__(2)__)=1;
        * (p[i]+5-__(3)__)=1;
    }
    for(i=0; i<5; i++)
    {
        for(j=0; j<5; j++) cout<< '\t'<<p[i][j];
        __(4)__;
    }
}
```

## 六、章节测试题

1. 选择题

(1) 设有数组定义:char array[ ]="China"; 则数组 array 所占的空间为_____。

A. 4 个字节　　　B. 5 个字节　　　C. 6 个字节　　　D. 7 个字节

(2) 若有以下的定义:int t[3][2];能正确表示 t 数组元素地址的表达式是_____。

A. &t[3][2]　　　B. t[3][2]　　　C. t[1][0]　　　D. t[2]+1

（3）若有定义"int a[4][5],(＊p)[5]=a;",则下列_____不表示元素 a[2][3]。

A. p[2][3]                        B. ＊(＊(p+2)+3)

C. (＊(p+2))[3]                   D. p=a[2];p[3]

（4）设有如下定义：char ＊aa[2]={"abcd","ABCD"};则以下说法中正确的是_____。

A. aa 数组元素的值分别是"abcd","ABCD"

B. aa 是指针变量,它指向含有两个数组元素的字符型一维数组

C. aa 数组的两个元素分别存放的是含有 4 个字符的一维字符数组的首地址

D. aa 数组的两个元素中各自存放了字符'a','A'的地址

（5）已知有声明语句 char s1[10]="abcde",s3[10];以下语句中能将 s1 中存储的字符串和 s2 中存储的字符串正确交换的是_____。

A. s3=s1,s1=s2,s2=s3;

B. s3[0]=s1[0],s1[0]=s2[0],s2[0]=3[0];

C. strcpy(s3[0],s1[0]), strcpy(s1[0],s2[0]), strcpy(s2[0],s3[0]);

D. strcpy(s3,s1), strcpy(s1,s2), strcpy(s2,s3);

（6）若有声明语句 int a[10],b[3][3];则以下对数组元素赋值的操作中,不会出现越界访问的是_____。

A. a[-1]=1        B. a[10]=0        C. b[3][0]=0        D. b[0][0]=0

（7）设有说明语句 int a[5]={1,2,3,4,5},b[5];char c[5]="abcd",d[5];则下列选项中正确的是_____。

A. b=a;            B. b[5]=a[5];      C. strcpy(b,a);     D. strcpy(d,c);

（8）关于字符串,以下说法正确的是_____。

A. 字符串"abc\t\"op\\"中实际的字符个数为 8

B. 字符串是以 0 结尾的字符数组

C. sizeof("abc\0\"op\\")=3

D. strlen("abc\0\"op\\")=8

（9）有如下程序：

```
#include <iostream. h>
void main()
{ char ch[2][5]={"6937","8254"}, ＊p[2];
int i,j,s=0;
for(i=0; i<2;i++)    p[i]=ch[i];
for(i=0 ;i<2; i++)
   for(j=0;p[i][j]>'\0';j+=2)   s=10＊s+p[i][j]-'0';
cout <<s;
}
```

该程序的输出结果是_____。

A. 69825        B. 63825        C. 6385        D. 693825

（10）设有变量说明"int a[][2]={{2,5},{4,8}};int ＊pa,(＊pb)[2];"则执行语句

"pa=&a[0][0];pb=a;"后,(＊(pa+1))与(＊(pb+1))的值为_____。

A. 5,4 　　　　　　　　　　　　　B. &a[1][0],4

C. 5,&a[1][0] 　　　　　　　　　D. &a[0][1], &a[1][0]

(11) 下列关于数组的访问_____是正确的。

A. int a[5]={1,2,3,4,5};int b[5];b=a;　　cout<<b:

B. int a[5]={1,2,3,4,5};int b[5]; strcpy(a,b);　　cout<<b;

C. char a[5]="1234";char b[5];strcpy(b,a);　　cout<<b:

D. char a[5]="1234";char b[5];b=a;　　　cout<<b;

(12) 设有变量说明"int a[][2]={{2,5},{4,8}};int ＊ p1,(＊p2)[2];"则执行语句 "p1=&a[0][0];p2=a;"后,(＊(p1+1))与(＊(p2+1))的值为_____。

A. 5,4 　　　　　　　　　　　　　B. &a[1][0],4

C. 5,&a[1][0] 　　　　　　　　　D. &a[0][1], &a[1][0]

2. 填空题

(1) C++语言数组的下标总是从___(1)___开始,不可以为负数;构成数组各个元素具有相同的___(2)___。

(2) 在 C++语言中,二维数组的元素在内存中的存放顺序是___(1)___优先。

(3) 字符串是以___(1)___为结束标志的一维字符数组。有定义:char a[]="";则 a 数组的长度是___(2)___。

(4) 计算机内存是一维编址的,二维数组在内存中的存储___(1)___,VC++二维数组在内存中的排列是___(2)___方式,即越___(3)___的下标变化快。设数组 a 有 m 行 n 列,每个元素占内存 u 个字节,则 a[i][j]的首地址为___(4)___+___(5)___。

(5) 设有说明语句 int a[10],＊p1=a,＊p2=a+4;则元素 a[2]可用 p1 表示为___(1)___,元素 a[7]可用 p2 表示为___(2)___。

(6) 对于定义的字符串 char x[ ]="ab\n\089\012\\",y[10]="1234";则 strlen(x)的值为___(1)___,sizeof(x)的值为___(2)___,sizeof(y)的值为___(3)___。

(7) 下列程序的输出结果是_____。

```
#include<iostream. h>
void main(void)
{
    char a[11]="0123456789", ＊ p;
    p=&a[4];
    cout<<p+1;
}
```

(8) 下列程序的输出结果第一行是___(1)___,第二行结果是___(2)___。

```
#include <iostream. h>
void main(void)
{   int a[10]={1,2,3,4,5,6,7,8,9,10};
    int i=0,j=1;
    for(j<10;j++){
```

```
    if(j>5){i+=2;break;}
    if(j%2!=0){
        j+=2;
        continue;
    }
    cout<<a[i]<<'\t'<<a[j]<<'\n';
    }
    cout<<a[i]<<'\t'<<a[j]<<'\n';
}
```

(9) 设有如下程序,如果输入为:I am a student! 则输出为_____。

```
#include<iostream.h>
void main(void)
{
    char s[40];
    cout<<"请输入一行字符串:";
    cin.getline(s,39);
    for(int i=0, num=0, space=0; s[i]; i++)
    {
        if (s[i]==' ') space=0;
        else
            if (space==0)
            {
                space=1;
                num++;
            }
    }
    cout<<num <<endl;
}
```

(10) 当运行下面程序时,从键盘上输入7 4 8 9 1 5↙,则运行结果为_____。

```
#include<iostream.h>
void main(void)
{   int a[6],i,j,k,m;
    for (i=0 ; i<6 ; i++)
        cin>>a[i] ;
    for (i=5 ; i>=0; i--) {
        k=a[5];
        for (j=4; j>=0; j--)
            a[j+1]=a[j] ;
        a[0]=k;
```

```
    for (m=0；m<6；m++)
      cout<<a[m]<<'\t';
  cout<<endl;
    }
}
```

（11）当执行以下程序时，从键盘上输入 AabD√，则运行结果是_____。

```
#include<iostream.h>
void main(void)
{
  char s[80];
    int i=0;
    cin>>s;
    while (s[i]!='\0') {
      if (s[i]<='z'&& s[i]>='a')
        s[i]='z'+'a'-s[i]；
      i++;
    }
    cout<<s<<endl;
}
```

（12）下面程序的运行结果为_____。

```
#include<iostream.h>
void main(void)
{   int i=0；
    char a[ ]="abm", b[ ]="aqid", c[10];
while (a[i]!='\0'&& b[i]!='\0') {
    if (a[i]>=b[i]) c[i]=a[i]-32；
    else c[i]=b[i]-32；
    i++;
    }
    c[i]='\0'；
    cout<<c<<endl;
}
```

（13）下面程序的运行结果为_____。

```
#include<iostream.h>
void main(void)
{   int a[6][6],i,j;
    for (i=1；i<6；i++)
      for (j=1；j<6；j++)
        a[i][j]=(i/j) * (j/i);
```

```
   for (i=1;i<6; i++) {
     for (j=1; j<6; j++)
       cout<<a[i][j]<<'\t';
     cout<<endl;
   }
}
```

(14) 以下程序是求矩阵 a,b 的乘积,结果存放在矩阵 c 中并按矩阵形式输出,请完善程序。

```
#include<iostream. h>
void main(void)
{   int a[2][3]={2,10,9,4,5,119}, b[2][2]={-1,-2,-3,-4};
    int i,j,k,s,c[2][3];
    for (i=0;i<2; i++)
      for (j=0; j<3; j++) {
         (1)
         for (k=0; k<2; k++) s+=  (2)  ;
         c[i][j]=s;
      }
    for (i=0; i<3; i++)
      for (j=0; j<2; j++) {
         cout<<c[i][j]<<'\t';
         (3)  ;
      }
}
```

(15) 下面程序将十进制整数 base 转换成 n 进制,请完善程序。

```
#include<iostream. h>
void main(void)
{   int i,base,n,j,num[20];
    cin>>n;
    cin>>base;
    do {
      i++;
      num[i]=  (1)  ;
      n=  (2)  ;
    } while (n!=0);
    for (  (3)  ) ;
      cout<<num[j]<<'\t';
}
```

(16) 以下程序通过从键盘输入二维数组 a,并找出每行的最大值,按一一对应的顺序放入一维数组 b 中。即第 1 行的最大值放入 b[0]，第 2 行的最大值放入 b[1]，…，最后输出数组 a 和每行的最大值。要求通过指针变量实现数组 a 的输入、查找、保存及输出。请完善程序。

```
#include<iostream.h>
void main(){
  int a[3][5],b[3];
  int i,j, * p1, * p3;
    (1)   ;
  p2=a;                                    //A
  cout<<"请输入二维数组:\n";
  for(i=0;i<3;i++){                        //输入二维数组 a
    for(j=0;j<5;j++)
      cin>> * (   (2)   );                 //B
    p2++;
  }
  p1=b;
    (3)   ;
  for(i=0;i<3;i++){                        //求每行的最大值,依次存入 b
    * p1= * * (p2+i);
    for(j=0;j<5;j++)                       //C
      if( * ( * (p2+i)+j)> * p1) * p1=( *   (4)   )[j];
    p1++;
  }
    (5)   ;
  p3=b;                                    //M
  cout<<"二维数组为:\n";
  for(i=1;   (6)   ;i++){                  //N
    cout<< * p1++<<'\t';                   //通过 p1 输出数组 a
    if(i%5==0)cout<<"该行最大元素为:"<< * p3++<<'\n';
  }
}
```

(17) 下面的程序是利用插入排序法将十个字符从小到大进行排序。请完善程序。

算法提示：插入排序是从第一个元素开始,该元素可以认为已经被排序,然后从待排序的数列中取出下一个元素,在已经排序的元素序列中从后向前扫描,如果该元素(已排序)大于新元素,将该元素移到下一位置；重复以上步骤,直到找到已排序的元素小于或者等于新元素的位置,将新元素插入到下一位置中,从而完成排序过程。

```
#include<iostream.h>
void main(  )
{  char  s[11];
```

```
    int  i,j,t;
    cin>>s;
  for (i=1;i<=9;i++)
  {
      t=s[i];
      __(1)__ ;
      while ((j>=0)&&(__(2)__))
        { s[j+1]=s[j];
          __(3)__ ;
        }
      s[j+1]=t;
  }
}
```

(18) 下面程序用"两路合并法"把两个已按升序(由小到大)排列的数组合并成一个新的升序数组,请完善程序。

```
#include<iostream.h>
void main( )
{ int a[3]={5,9,10};
  int b[5]={12,24,26,37,48};
  int c[10],i=0,j=0,k=0 ;
  while (i<3 && i<5)
    if (__(1)__) {
        c[k]=b[j] ; k++; j++;
      }
    else {
        c[k]=a[j] ; k++; i++;
    }
  while (__(2)__) {     c[k]=a[j] ; i++; k++; }
  while (__(3)__)
    { c[k]=b[j] ; j++; k++; }
  for (i=0; i<k; i++)
      cout<<c[i]<<'\t';
  cout<<endl;
}
```

(19) 下面程序的功能是将二维数组 a 中每个元素向右移一列,最右一列换到最左一列,移后的结果保存到 b 数组中,并按矩阵形式输出 a 和 b,请完善程序。

```
#include<iostream.h>
void main( )
{  int a[2][3]{{4,5,6},{1,2,3}}, b[2][3], i,j;
```

```
for (i=0; i<2 ; i++)
for (j=0; i<3 ; j++) {
  cout<<a[i][j]<< '\t';
    (1)   ;
}
cout<<endl;
}
for (  (2)  ) b[i][0]=a[i][2];
for (i=0; i<2 ; i++) {
  for (j=0; i<3 ; j++) {
    cout<<b[i][j]<< '\t';
      (3)   ;
  }
  cout<<endl;
}
}
```

(20) 以下程序是将字符串 b 的内容连接到字符数组 a 的内容后面,形成新字符串 a,请完善程序。

```
#include<iostream. h>
void main( )
{   char a[40]="Great", b[ ]="Wall";
    int i=0,j=0;
    while (a[i]!= '\0') i++;
    while (  (1)  ) {
      a[i++]=b[j++] ;
    }
      (2)   ;
    cout<<a<<endl;
}
```

3. 编程题

(1) 现有一个已排好序长度为 10 的整型数组,输入并插入一个数到数组中,要求插入后数组仍然保持有序。

(2) 搜索一个字符在字符串中的位置(例如:'I'在"CHINA"中的位置为3)。如果没有搜索到,则位置为-1。试编程实现。

(3) 有一篇文章,共有 3 行文字,每行有 80 个字符。要求分别统计出其中英文大写字母,小写字母,中文字母,中文字符,数字,空格及其他字符的个数。(提示:中文字符是两个字节,且数值均大于 128 的字符)

(4) 对三人的四门课程分别按人和科目求平均成绩,并输出包括平均成绩的二维成绩表。

（5）试编写程序输出如图 2-8 所示的 4 行 4 列的螺旋阵。

| 1 | 12 | 11 | 10 |
| 2 | 13 | 16 | 9 |
| 3 | 14 | 15 | 8 |
| 4 | 5 | 6 | 7 |

图 2-8

（6）编写程序：

① 求一个字符串 S1 的长度；

② 将一个字符串 S1 的内容复制给另一个字符串 S2；

③ 将两个字符串 S1 和 S2 连接起来，结果保存在 S1 字符串中。

要求：

① 字符串由用户从键盘输入。

② 使用字符串处理函数如何实现。

③ 如果不使用字符串处理函数如何实现。

## 七、上机实践

1. 上机实践要求

（1）熟练掌握使用一维数组和二维数组进行程序设计。

（2）练习并掌握利用字符数组和字符串处理函数进行相应的程序设计。

（3）练习并掌握利用指针访问数组的形式和方法。

（4）掌握一种排序的方法。

2. 上机实践内容

［改错］

（1）下列程序把数组 a1 赋值给 a2，b1 赋值给 b2，c1 赋值给 c2。请找出其中的错误及原因，并改正之。

```
#include <iostream. h>
void main(void)
{
int a1[]={1,3,5,7,9},a2[ ],i;
float b1[][3]={2,4,6,8,10},b2[2][ ],j;
char c1="abcde",c2[20];
a2[5]=a1[5];
b2=b1;
strcpy(c2,c1);
for(i=0;i<5;i++)cout<<a2[i]<<'\t';
cout<<'\n';
for(i=0;i<2;i++){
```

```
    for(j=0;j<3;j++)cout<<b2[i][j]<<'\t';
    cout<<'\n';
    }
  cout<<c2<<'\n';
}
```

（2）下面的程序功能是判断字符 ch 是否在 s 所指向字符串中,若不存在,则插入在字符串的尾部,若存在,则退出,请改正。

```
#include<iostream. h>
void main()
{
  char s[20],c, * p=s;
  cout<<"请输入字符串:";
  cin. getline(s,19);
  cout<<"请输入判断的字符:";
  cin>>c;
  while( * p&& * p!='c')
    p++;
  if( * p==c)
  {
    * p=c;
    * p='0';
  }
  cout<<s<<endl;
}
```

（3）下列程序把字符数组 s1 交叉地插入到 s2 中。设 s1 和 s2 等长,若 s1 为"abcde",s2 为"ABCDE",插入后 s2 为"aAbBcCdDeE"。请找出其中的错误及原因,并改正。

```
#include <iostream. h>
#include <string. h>
void main(void){
  char s1[10]=" abcde",s2[10]={"ABCDE"}, * p1=s1, * p2=s2;
  char s3[10], * p3;
   * p3=s3;
  strcpy( * p3, * p2);
  while(p1!=0){
     * p2++= * p1++;
     * p2++= * p3++;
  }
  cout<<"s2="<<s2<<endl;
}
```

（4）下面程序的功能是：将 a 数组前 n 个整数从小到大排序。判断下面程序的正误,如果错误请改正过来。

```
#include<iostream. h>
void main()
{
    int a[20], i, j, p, t, n ;
    for (j =0; j<n; j++)cin>>a[j];
    for (j =0;j<n-1; j++)
    { p =0 ;
        for ( i=0; i<n-1; i++)
            if (a[p]<a[i]) t=i;
        if (p=j)
        { t =a[j]; a[j] =a[p]; a[p]=t; }
    }
    for ( j =0; j<n; j++) cout<<a[j]<<'\t';
    cout<<endl;
}
```

（5）以下程序中函数 fun(int a[ ],int N)的功能是：删除数组 a 的前 N 个元素中重复的元素（相同的元素只保留一个），并返回所删除元素的总数。请找出其中的错误及原因,并改正。

处理前的数组 a 为:4　1　3　3　1　2　4　3　4　4

处理后的数组 a 为:4　1　3　2

```
#include <iostream. h>
void main()
{int i, j, n, k;
    int a[10]={4,1,3,3,1,2,4,3,4,4};
    cout<<"处理前的数组 a 为:";
    for(i=0;i<10;i++)
        cout<<a[i]<<'\t';
    cout<<endl;
    for(i=0;i<10-n;i++)
    {
        c=a[i];
        for(j=i+1;j<10-n-1 )
            if(a[i]==c)
            {
                for(k=i; k<10-n-1;k++)
                    a[k]=a[k+1];
                n++;
```

```
        j++；
    }
}
cout<<endl；
cout<<"处理后的数组 a 为："；
for(i=0；i<10-n；i++)
    cout<<a[i]<<'\t'；
cout<<endl；
}
```

[编程]

(1) 将一个数组中的值按逆序重新存放。例如：原来顺序为 8,6,5,4,1,要求改为 1,4,5,6,8。

(2) 从键盘输入 10 个数,然后计算这 10 个数的均方差。均方差的计算公式为 D = $\sum_{i=0}^{n-1}(x_i-\bar{x})^2$,其中 $\bar{x}=(\sum_{i=0}^{n-1}x_i)/n$。

(3) 设某二维数组中各元素互不相同,试编写程序将二维数组中的最大元素与左上角元素交换,最小元素与右下角元素进行交换。

(4) 将一个字符串中指定位置起的 k 个字符置换为另一字符串中的字符(不含字符串结束标志)。

(5) 试编写程序将两个已按升序排列的一维整型数组合并成一个升序数组。两个数组中重复的数只保存一次。

(6) 用指针变量提取字符串中的整数。对于字符串"ab123c　456　000de789",将其中的整数 123、456、0、789 提取出来后,存放到数组 b 中。

## 八、本章算法分析

1. 选择排序

(1) 算法说明：先从要排序的数组中选择最小的数,将它放在数组的第一个位置,然后从剩下的数组元素中选择次小的数放在数组的第二个位置,如此继续,直到最后从剩下的两个元素中选择小的数放在数组倒数第二个位置,最终剩下的元素放在数组元素最后的位置。

(2) 程序代码：

```
void main()
{   int i, j, k,array[10]；
    for(i=0；i<10；i++)
    {   for(j=i+1 ；j<10 ；j++)
        if(array[i]>array[j])
            { k=array[i]；  array[i]=array[j]；  array[j]=k}；
    }
}
```

2. 二维数组元素行、列标转换

(1) 算法说明：转置是指二维数组中元素的行坐标和列坐标进行交换，形成新的二维数组。在做转置时，要注意交换只能是上(下)三角形进行，因为是对称的，不能交换全部，否则交换两次后变成原数组了，没有进行转置。

(2) 程序代码：

```
void main()
{   int i, j, k,array[10][10];
    for(i=0;i<10;i++)
    {   for(j=i+1 ;j<10 ; j++)
          { k=array[i][j];
            array[i][j]=array[j][i];
            array[j][i]=k    };
    }
}
```

3. 用指针操作字符串(模式匹配)

(1) 算法说明：用指针操作字符串，主要是利用指针指向字符串首个字符的首地址，然后利用指针的移动来访问字符串的每个字符，再利用字符串的整体输入与输出特性进行相应的操作与处理。

(2) 程序代码：设有如下定义：

```
char a[ ]="asadfasdfasdfasdfa"; b[]="sd"; * p1=a； * p2, * q=b;
```

① 使指针指向字符串的结束标志'\0'的语句：

```
while( * p1)    p1++;
```

② 删除 a 数组中的'f'字符的语句：

```
while( * p1)
{   if ( * p1=='f')
    {   p2=p1;
        while( * p2)    * p2= * (p2+1);
    }
    p1++;
}
```

③ 寻找 b 数组字符串："sd"在 a 数组中出现的次数，用变量 number 表示：

```
number=0;
while( * p1)
{   p2=p1;    q=b;
    while( * p2== * q)
      { if ( * (q+1)=='\0')   number++;
        p2++;
        q++;
      }
```

```
}
```

4. 指针操作二维数组

(1) 算法说明：用指针操作二维数组，应根据二维数组中的两种地址，行地址、列地址与指针变量定义的不同形式进行相应的访问。方法主要有两种：一种用指针名代替数组名。第二种是把二维数组看作一个一维数组来进行访问和处理。特别要注意不同形式上区别，经常利用行、列地址转换图来进行判断与处理。

(2) 程序代码：

设有定义 int a[4][5], * p,( * q)[5];　p=&a[0],q=a;

方法一：
```
for(int i=0;i<4;i++)
    for(int j=0;j<5;j++)
    {
        cout<< * p++;
        cout<<'/n'
    }
```

方法二：
```
for(int i=0;i<4;i++)
    for(int j=0;j<5;j++)
    {   cout<<q[i][j];
        cout<< * ( * (q+i)+j);
        cout<< * (q[i]+j);
        cout<<'/n'
```

# 第四节　函　　数

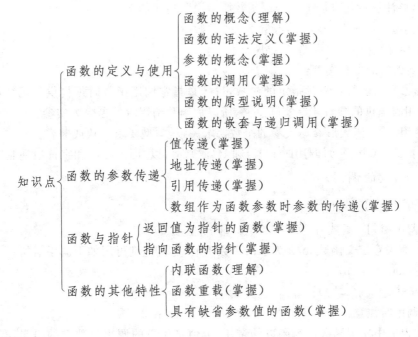

## 一、概述

【知识点梳理】

(1) VC++中程序都由函数组成,函数分为自定义的函数和库函数两类。

(2) VC++程序总是从主函数 main()开始执行,并通过调用来实现其他函数的执行。

## 二、函数的定义和调用

### (一) 函数的定义和说明

【知识点梳理】

(1) 定义格式:函数类型 函数名(形参1,形参2,…,形参n)

{

   函数体

}

(2) 使用时注意:

① 函数类型是指函数返回值的类型,如果函数没有返回值用关键字 void 表示,如果缺省系统自动处理成 int。

② 函数名应符合 VC++的标识符的规定。

③ 形参,指定了函数调用时应提供的参数的类型、个数和顺序。也可以无参数但必须要有括号,各参数说明类型并用逗号隔开。

④ 函数体内允许无语句,则成为空函数。

⑤ 函数必须先说明后使用,但是如果函数先使用后定义,则须进行函数说明,在进行函数说明时,要注意在句末加上分号。函数原型说明格式如下:

函数类型 函数名(参数1,参数2,…,参数n)

⑥ 形参是数组时,可省略其大小。

(3) 函数的形参和实参:

① 形参是指函数定义时指定的参数,目的是指定调用函数时须提供的函数的形式,只有函数调用时提供的参数才有实际意义,所以称函数调用时的参数为实参。

② 使用注意:函数形参与实参的个数要求一致,类型要求一致或兼容。

例如:void f( int a );调用时 f(97)和 f('a')都可以,因为整型和字符型是兼容的。

### (二) 函数的调用

【知识点梳理】

(1) 调用语句: 函数名(实参1,实参2,…,实参n)

例如,假设已定义函数 max 为求两个数中的最大值,则可用如下调用语句:

c=2 * max(a,b);

m=max(c,max(a,b));

(2) 调用时注意:

① 在程序中使用函数称为函数的调用,无值型函数的调用是独立的语句,有值型函数的调用通常是其他语句的一部分,此时的函数相当于一个变量。

② 函数和参数都没有类型。

③ 实参与形参的个数必须相同,类型必须一致。

④ 函数也须先定义后使用。若调用在前,定义在后,必须对函数进行原型说明(即说明函数的返回值类型以及参数的个数、类型和顺序),说明语句格式为:

函数类型 函数名(参数1,参数2,…,参数n);  //参数表可不含参数名

如:int a[10]={…},n=10;

　　void func(int t[],int n);　　　　　　　　//原型说明

　　func(a,n);　　　　　　　　　　　　　　//函数调用

　　void func(int t[],int n)　　　　　　　　//函数定义

　　{…}

【典型例题讲解】

【例1】 设有函数调用语句 fun(a,(b,c,d));其函数的形参和实参的个数分别为_____。

A. 1,2　　　　　　　B. 2,2　　　　　　　C. 1,3　　　　　　　D. 4,4

分析:实参的功能是将其所代表的数值传递给函数的形参,这是一个赋值过程。所以函数的形参和实参是一一对应的,因而其个数是相同的。如果函数调用时提供的实参是一个表达式,则要将表达式计算的结果作为实参提供给函数的形参。本题中 x1 是第1个实参,而(x2,x3,x4)是一个逗号表达式,因而只有一个数值,它对应于函数的第2个形参。所以,本题函数实参和形参的个数均为两个。

答案:B

【例2】 下列程序的运行结果是_____。

```
fun1(int a,int b)
{    return fun2(a++,--b);    }
fun2(int a,int b)
{    return a/b; }
int main(void)
{
        int x=5,y=6;
        cout<<fun1(x,y);
}
```

A. 1　　　　　　　B. 1.6　　　　　　　C. 2　　　　　　　D. 语法错

分析:此题的知识点是函数的调用。函数的调用应遵循“先定义,后使用”原则。函数 fun1 调用了函数 fun2,但是函数 fun2 并不是在 fun1 调用它之前定义的,所以出现语法错误。解决办法是在 fun1 的定义之前增加一条函数 fun2 的函数原型说明语句:fun2(int a,int b);。

答案:D

【基础题】

1. 选择题

(1) 若有以下函数调用语句:“f(m+n,x+y,f(m+n,z,(x,y)));”,在此函数调用语句中实参的个数是_____。

A. 6　　　　　　　B. 5　　　　　　　C. 4　　　　　　　D. 3

(2) 下列函数原型说明中,错误的是_____。

A. int &f1(    );　　　　　　　　　　　B. int f2(double=5);

C. void f3(void( ＊ p)( ));　　　　　　D. int f4(int a,b);

(3) 以下说法正确的为＿＿＿＿＿。

A. 函数的定义可以嵌套,但函数的调用不可以嵌套

B. 函数的定义不可以嵌套,但函数的调用可以嵌套

C. 函数的定义和调用均不可以嵌套

D. 函数的定义和调用均可以嵌套

(4) 在函数声明中,＿＿＿＿＿是不必要的。

A. 函数参数的类型　　　　　　　　B. 函数名

C. 函数的类型　　　　　　　　　　D. 函数体

(5) 对下列程序段的描述正确的是＿＿＿＿＿。

```
#include<iostream>    using namespace std;
void Fun(int,int);
int main(){
   cout<<Fun(5,50)<<endl;}
int Fun(int x,int y){
   return x＊x+y＊y;
}
```

A. 该函数定义正确,但函数调用方式错误

B. 该函数调用方式正确,但函数定义错误

C. 该函数定义和调用方式都正确

D. 该函数定义和调用方式都错误

2. 填空题

(1) 在 C++中,如果函数定义在后,调用在先,需要＿＿(1)＿＿。其格式和定义函数时的函数头的形式基本相同,但参数表中不是必需的,同时必须以＿＿(2)＿＿结尾。

(2) ＿＿＿＿＿不能作为重载函数在调用时进行选择的依据。

(3) C++的作用域有五种,分别是块作用域、文件作用域、函数原型作用域、＿＿(1)＿＿和＿＿(2)＿＿。

## (三) 函数的返回值

【知识点梳理】

(1) 函数的返回值称为函数的值,一个有返回值的函数中必须有返回语句。

(2) 语法格式为: return 表达式;

(3) return 语句的作用:一是用来将最终结果回传给调用者,二是用来结束函数的执行,即当函数执行到 return 语句时就结束整个函数的运行,而不管后面还有没有语句。

(4) return 语句后可以是一个常量、变量或一个表达式,单独的一个“return”只是结束函数体的执行而不返回任何值。当然,此时函数应定义为无值型 void。当无返回值函数用 void 来说明类型。该函数中可以有 return 语句,也可以无 return 语句。当一个被调用函数中无 return 语句时,程序执行到函数体的最后一条语句时,返回调用函数。

【典型例题讲解】

【例 1】　函数调用语句 int fun ( void ){ return 50,60},则函数调用后返回值

为_____。

A. 50　　　　　　　B. 60　　　　　　　C. 50，60　　　　　　D. 编译错

分析：return 返回的是一个逗号表达式。该表达式值为 60，所以最终返回值为 60。

答案：B

**【例2】**　若有如下程序，则函数返回值的类型是_____。

f(char a)

｛　float b=5；

　　return a+b；　｝

A. int　　　　　　　B. char　　　　　　C. void　　　　　　D. float

分析：函数定义时如果省略返回类型，则默认返回类型是 int 型，返回时将表达式 a+b 值转换成 int 型返回。

答案：A

**【例3】**　课本 P68 学习与实践：(2) 程序 A 行中，将循环语句改为："for(int i=2;i<=x/2;i++)"或"for(int i=2;i<=sqrt(x);i++)"，请分别调试程序。

分析：要确定 x 是素数，就得要求其不能被[2,x-1]范围内的整数整除。但反过来想，在该范围内如果能被整除，则最大商肯定小于等于 sqrt(x)，最小商肯定大于等于 2，所以要验证 x 是素数，只需在该范围内验证。[2,x-1]、[2,x/2]及[2,sqrta(x)]均包含了这个范围。

答案：两个循环语句运行的结果一致。

**【基础题】**

1. 选择题

(1) 当一个函数无返回值时，函数的类型应为_____。

A. 任意　　　　　　B. void　　　　　　C. int　　　　　　D. char

(2) 下列叙述中错误的是_____。

A. 一个函数中可以有多条 return 语句

B. 调用函数必须在一条独立的语句中完成

C. 函数中通过 return 语句传递数值

D. 主函数名 main 也可以带参数

(3) 在 C++语言中函数返回值的类型是由_____决定的。

A. 调用该函数时系统临时产生

B. return 语句中的表达式类型

C. 定义该函数时所指定的函数类型

D. 调用该函数时的主调函数类型

(4) 对下列程序段的描述正确的是_____。

```
#include<iostream>    using namespace std;
int Fun(int x,int y)
｛　return x+y;｝
void main( )
｛　int i=10;
```

```
        cout<<Fun(i++,i)<<endl;
}
```

A. 程序输出结果不能确定　　　　　B. 程序输出结果是 20

C. 程序输出结果是 21　　　　　　　D. 程序输出结果是 22

(5) VC++中,以下说法正确的为_____。

A. 定义函数时,形参类型说明可以放在函数体内

B. return 后面的值不能为表达式

C. 如果函数值的类型与返回值类型不同,则以函数值类型为准

D. 如果形参与实参的类型不一致,以实参类型为准

2. 填空题

(1) 假定 n=3,下列程序的运行结果为_____。

```
#include<iostream>
using namespace std;
int Fun(int m);
int main(){
    cout<<"Please input a numbre: ";
    int n,s=0;
    cin>>n;
    s=Fun(n);
    cout<<s<<endl;
}
int Fun(int a){
    int p=1,sum=0;
    for(int i=1;i<=a;i++){
        p*=i;
        sum+=p;
    }
    return sum;
}
```

(2) 以下程序输出结果为_____。

```
#include<iostream>
    using namespace std;
fun(int a,int b){
    int c;
    c=a+b;
    return c;
}
int main(){
    int x=6,y=7,z=8,r;
```

```
    r=fun((x--,y++,x+y),z--);
    cout<<"r="<<r<<endl;
}
```

（3）下列程序输出的第一行是 __(1)__ ，第二行是 __(2)__ 。

```
#include<iostream>
using namespace std;
  void pt(int x,int * y){
  x=x*3;* y= * y * ( * y);
  cout<<x<< '\t'<< * y<< '\t';
}
int main(){
int x=2,y=3;
  pt( x,&y);cout<<x<< '\t'<<y<< '\n';
  pt( x-y,&x);cout<<x<< '\t'<<y<< '\n';
}
```

### 三、函数的嵌套调用和递归调用

#### （一）嵌套调用

【知识点梳理】

定义：是指在调用 A 函数的过程中，也可以调用 B 函数；在调用 B 函数的过程中，还可以调用 C 函数。当 C 函数结束后，返回到 B 函数；当 B 函数结束后，再返回到 A 函数。如图 2-9 所示。

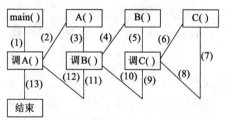

图 2-9

【典型例题讲解】

【例 1】 下面程序的运行结果是_____。

```
#include<iostream>    using namespace std;
  f2(int,int);
  f1(int a,int b){
    return f2(a++,--b);
  }
  f2(int a,int b){
```

```
    return a/b;
    }
int main(){
int x=8,y=6;
cout<<f1(x,y);


}
```

分析:C++程序不能嵌套定义函数,但允许函数嵌套调用。

答案:1

## (二) 递归调用

【知识点梳理】

(1) 递归调用定义:是指在调用一个函数的过程中直接或间接地调用该函数自身。

(2) 递归函数的基本格式:

类型 函数名(参数)

{

    if(递归结束条件)return 定值;

    else return 递归公式;

}

(3) 定义说明:常把递归结束条件作为 if 的条件。

(4) 采用递归方法来解决问题,必须符合以下三个条件:

① 可以把要解决的问题转化为一个新问题,而这个新问题的解决方法仍与原来的解决方法相同,只是所处理的对象有规律地递增或递减。

② 可以应用这个转化过程使问题得到解决。

③ 要有一个明确的递归结束条件,一定要能够在适当的地方结束递归。

【典型例题讲解】

**【例 1】** 试编写一个函数求 n!

分析:我们知道 n!=n*(n-1)! 这样,可以利用递推公式求 n!,即求 n! 时可通过 n*(n-1)! 求得,而求(n-1)! 的过程与求 n! 过程相同。如果设计一个函数的话,在函数求值时又调用其本身,这种调用形式称为递归。在这种递归函数中总会有一个递推结束条件。本题中,递推结束条件为 n=0 或 n=1。因此求 n! 的函数可如下定义:

```
    int f (int n)
    { if (n ==|| n==0) return 1;
      else return n * f(n-1);

    }
```

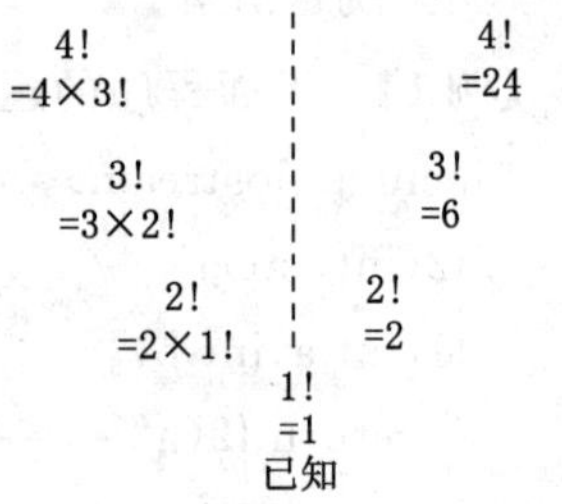

其执行过程如图 2-10 所示(设求 4 的阶乘)。

答案:函数如下:

```
    long int f (int n)
    { if (n ==|| n==0) return 1;
```

图 2-10

4!
=4×3!

4!
=24

3!
=3×2!

3!
=6

2!
=2×1!

2!
=2

1!
=1
已知

```
#else return n * f(n-1);
}
```

【例 2】　以下程序的运行结果是＿＿＿＿＿＿。

```
#include<iostream>    using namespace std;
void f1(int n)
{
    cout<<n%10;
    if(n/10) f1(n/10);
}
void f2(int n)
{
    int j=n%10;
    if(n/10) f2(n/10);
    cout<<j;
}
int main(void)
{
    f1(234);      cout<<'\n';
    f2(234);      cout<<'\n';
}
```

分析：f1 函数与 f2 函数均通过递归调用分别实现将一个数进行反序和正序输出。

答案：432

　　　　234

【例 3】　完善程序,下面程序是用递归算法计算 a 的平方根。计算平方根的迭代公式如下：

$x1=(x0+a/x0)$

```
#include<iostream>    using namespace std;
#include<math. h>
double mysqrt(double a,double x0)
{
    double x1,y;
    x1=  (1)  ;
    if(fabs(x1-x0)>0. 00001) y=mysqrt(  (2)  );
    else y=x1;
    return y;
}
int main(void)
{
    double x;
```

```
        cout<<"enter x:"; cin>>x;
        cout<<"the sqrt of"<<x<<'='<<mysqrt(x,1.0)<<endl;              //A
}
```

分析:该程序是用递归算法通过逐步逼近步骤计算 a 的平方根,函数 mysqrt()定义了该递归函数,a 为要计算其平方根的数,x0 为每次计算的平方根,由主函数 A 处可知,x0 初次估算根为 1.0,显然标号为 1 处应该是上一次求得的平方根,赋给本次进行计算递归根的变量。用 x1 替换 x0 反复迭代,标号为 2 处应该是该次进行递归调用的实参部分。

答案:(1) (x0+a/x0)/2

　　　　(2) a,x1

【例 4】　用递归法将一个整数 n 转化成字符串。例如,输入 456,则输出"456"。n 的位数不确定。

分析:将整数转化成字符串可分 3 步进行:

① 将整数转化成对应的数字;

② 将数字转化成对应的字符;

③ 按要求输出对应的字符(正序或逆序)。

其中,第①步和第③步的实现有两种方法:递归和循环。在数据位数不确定的情况下,正序输出通常采用递归的方法,逆序输出用递归和循环都较容易实现。字符是以其 ASCII 码值的方式存储的,故将数字 t 转化成对应字符 c 的方法是 c='0'+t,反之将字符 c 转化成对应数字 t 的方法是 t =c-'0'。

答案:

```
#include<iostream>    using namespace std;
void fun(int m){
    int t;
    char c;
    if(m==0)return;              //当 m 为 0 时,结束递归
    else{
        t=m%10;                  //求一个数的数字,而这个数字是末位数字
        c='0'+t;                 //A 将数字 t 转化为字符,如数字 4,转化为字符'4'
        fun(m/10);               //B
        cout<<c;                 //C
    }
}
int main(){
    int n;
    cout<<"请输入一个整数:";
    cin>>n;
    cout<<"转化成的字符串是:";
    fun(n);
    cout<<'\n';
```

```
}
```

运行结果：

请输入一个整数：456

转化成的字符串是：456

【基础题】

1. 选择题

(1) 关于 C++中函数的使用,下列说法正确的为_____。

A. 可以直接递归调用,也可以间接递归调用

B. 不可以直接递归调用和间接递归调用

C. 可以间接递归调用,不可以直接递归调用

D. 不可以间接递归调用,可以直接递归调用

(2) 下列语句_____是正确的递归函数。

A. nt Fun(int n){if(n<1)return 1;else return n * Fun(n+1);}

B. int Fun(int n){if(abs(n)<1)return 1;else return n * Fun(n/2);}

C. int Fun(int n){if(n>1)return 1;else return n * Fun(n * 2);}

D. int Fun(int n){if(n>1)return 1;else return n * Fun(n−1);}

2. 填空题

(1) 执行下列程序后,输出的第一行为___(1)___,第二行为___(2)___,第三行为___(3)___。

```
#include<iostream>
using namespace std;
void fun(int x,int &y)
{   int a=x;
    static int b=10;
    x=a+y;
    y=b+y;
    b=y+a;
    return(x++);
    }
    int main()
    {
    int x=1;y=5;
    for(int i=0;i<3;i++){
    cout<<fun(x,y)<<'\t';
    cout<<y<<endl;
    }
}
```

(2) 执行下列程序后,输出的第一行为___(1)___,第二行为___(2)___。

```
#include<iostream>
using namespace std;
```

```
int f(void){
static int a,b=10,c=1;
  a+=b;
  b+=c;
  return c=a+b;
}
int main(void){
cout<<f()<<endl;
cout<<f()<<endl;
cout<<f()<<endl;
}
```

（3）下列程序的运行结果为_____。

```
#include<iostream>
using namespace std;
int Fun(int x){
  cout<<x;
  if(x<=0){
    cout<<endl;
    return 0;
  }
  else return x * x+Fun(x-1);
}
int main(){
  int x=Fun(6);
  cout<<x<<endl;
}
```

（4）执行下列程序后，输出的第一行为___(1)___,第二行为___(2)___。

```
#include<iostream>
using namespace std;
void f(int i){
if(i>0){
cout<<i%10;
if(i>9)
f(i/10);
}
else if(i<0){
if(i<=-1)
f(i/10);
cout<<(-i)%10;
```

```
}
else
cout<<i;
}
int main(void)
{
f(125);
cout<<'\n';
f(-234);
cout<<'\n';
}
```

## 四、函数的参数传递

【知识点梳理】

（1）函数参数的传递是指：将一些数据从函数的外部通过参数传给函数内部进行处理。

（2）函数的传递方式有三种：值传递、地址传递和引用传递。

### （一）值传递

【知识点梳理】

（1）值传递是指：普通实参把数据传给形参。

（2）VC++语言规定，实参对形参的这种数据传递是值的传递，即单向传递，只能由实参传给形参，而不能由形参回传给实参。

### （二）地址传递

【知识点梳理】

地址传递主要有如下三种情况：

（1）指针作为函数参数时，传递给函数的是某一个变量的地址，这种情况称为地址传递。这种传递形式，函数除了可以用 return 语句返回一个值外，还可以通过指针类型的参数带回一个或多个值。

（2）一维数组作为函数参数。

由于数组名的值为数组的起始地址，当把数组名作为函数参数时，其作用与指针相同。数组或指针作为函数的参数有 4 种情况，见表 2-8。

表 2-8

| 设已定义:int b[4]={0}, n, * q=b; cin>>n; | | | |
|---|---|---|---|
| 形参 | 形参举例 | 实参 | 实参举例 |
| 数组 | void f(int a[],int m) | 数组名 | f(b, n) |
| 指针变量 | void f(int * p,int m) | 数组名 | f(b, n) |
| 数组 | void f(int a[],int m) | 指针变量名 | f(p, n) |
| 指针变量 | void f(int * p,int m) | 指针变量名 | f(p, n) |

（3）二维数组作为函数参数。

见表 2-9。

**表 2-9**

| 设已定义：int b[4][4]，（*p1）[4]，*p；p=*b；p1=b； | | | |
|---|---|---|---|
| 形参 | 形参举例 | 实参 | 实参举例 |
| 数组 | int a[][4] | 数组名 | b |
| 行指针变量 | int（*p1）[4] | 数组的行地址 | b（b+0）&b[0] &p p1 |
| 数组元素指针 | int *p | 数组元素地址 | *b *（b+0）b[0] &b[0][0] p *p1 |

注意：数组作为实参时，只能用数组名（而不能加下标）。

【典型例题讲解】

【例 1】 下面程序的输出结果是_____。

```
#include<iostream>    using namespace std;
void print(int *x){
    cout<<++*x<<'\t';
}
int main(){
    int a=25;
    print(&a);
    cout<<a<<'\n';
}
```

A. 25　26　　　　　B. 25　25　　　　　C. 26　26　　　　　D. 函数调用语句出错

分析：指针变量作函数参数的作用是将一个变量的地址传送给函数，属于地址传递，因而在函数中可以通过该地址来改变其内存中的值。

答案：C

【基础题】

1. 选择题

C 语言规定，简单变量作实参时，它和对应的形参之间的数据传递方式为_____。

A. 地址传递　　　　　　　　　　B. 值传递

C. 由实参传给形参，再由形参传给实参　D. 由用户指定传递方式

2. 填空题

（1）以下程序的输出结果是_____。

```
#include<iostream>
using namespace std;
func(char **m){
    ++m;
    cout<<*m<<'\n';
```

```
}
int main(){
  static char * a[]={"MORNING","AFTERNOON","EVENING"};
  char * * n;
  n=a;
  func(n);
}
```

（2）阅读下列程序，写出运行结果_____。

```
#include<iostream>
using namespace std;
void func(int * s,int * y){
  static int t=3;
  * y=t;t--;
}
int main(){
  int a[]={1,2,3,4},i,x=0;
  for(i=0;i<4;i++){
    func(a,&x);
    cout<<x<<" ";
  }
  cout<<'\n';
}
```

（3）执行下列程序后，sq[0][2]=___(1)___,sq[1][1]=___(2)___,sq[2][0]=___(3)___。

```
#include<iostream>
using namespace std;
int main (){
  static int sq[3][3];
  int i,j,k;i=1;j=0;sq[i][j]=1;
  for(k=2;k<=9;k++){
    i--;j--;
    if (i<0&&j<0){i++;j+=2;}
    else if(i>=0&&j<0)j=2;
      else if(i<0&&j>=0)i=2;
        else if(i<=2&&j<=2&&sq[i][j]!=0){
          i++;j+=2;
        }
    sq[i][j]=k;
  }
  for(i=0;i<3;i++){
```

```
        for(j=0;j<3;j++)cout<<sq[i][j];
        cout<<'\n';
    }
}
```

## （三）引用传递

**【知识点梳理】**

当函数的参数说明为引用类型时，称为引用传递。引用传递与地址传递类同。

**【典型例题讲解】**

**【例1】** 下列程序输出的第一行是___(1)___,第二行是___(2)___。

```
#include<iostream>    using namespace std;
int f1(int n)
{   n+=2; return n*n; }
int f2(int &n)
{   n+=2; return n*n; }
void main( )
{
    int m=5,n=3;
    m=f1(n);
    cout<<m<<','<<n<<endl;
    m=f2(n);
    cout<<m<<','<<n<<endl;
}
```

分析：调用函数 f1 时，实参 3 传递给形参 n，执行 n+=2;后，n 的值为 5，执行 return n * n;后，函数的返回值为 25，所以，m 的值为 25。由于函数 f1 为值传递方式，所以，形参的修改对实参并没有影响。所以，执行完 f1 后，变量的值仍然是 3。

函数 f2 的参数传递方式为引用传递，形参的修改会直接影响到实参，所以，执行完 f2 后，m 的值为 25，n 的值为 5。

答案：(1) 25，  3

　　　(2) 25，  5

**【基础题】**

1. 选择题

设有函数定义 F(int  &i),变量定义 int  n=10,则下面调用正确的是_____。

A. F(20)                        B. F(10＋n)

C. F( n )                       D. F( &n )

2. 填空题

(1) 以下程序输出结果为_____。

```
#include<iostream>
using namespace std;
```

```
fun(int a,int b){
    int c;
    c=a+b;
    return c;
}
int main(){
    int x=6,y=7,z=8,r;
    r=fun((x--,y++,x+y),z--);
    cout<<"r="<<r<<endl;
}
```

(2) 阅读下面程序,如果程序有错,请指出程序中的错误并说明错误原因;如果没有错误,程序的运行结果为_____。

```
#include<iostream>
using namespace std;
void fun(int a=10,int b=20);
int main(){
    int x=100;
    void fun(int a=1000,int b=1000);
    fun(x);
}
void fun(int a,int b){
    cout<<"a="<<a<<endl;
    cout<<"b="<<b<<endl;
}
```

## 五、函数与指针

### (一) 返回值为指针的函数

【知识点梳理】

(1) 返回值为指针的函数:返回值为指针的函数称为指针型函数。

(2) 指针型函数语法格式为:

类型 * 函数名(形参表)

{

　　函数体

}

【典型例题讲解】

【例1】 对以下程序编译后,系统将对_____行指出错误或警告。

```
#include<iostream>    using namespace std;
int * getint(){                              //A
```

```
    int value=20；
    return &value;                    //B
}
int main(){
    int ＊p;
    p=getint(  );                     //C
    cout<< ＊p<<'\n';                  //D
}
```

A. A 行　　　　　B. B 行　　　　　C. C 行　　　　　D. D 行

分析:程序中的 B 行试图返回局部变量 value 的地址,但在函数 getint 退出后,该变量的内存将被释放,所以系统将对该行提出警告。在函数中,可以返回全局或静态变量的地址,但不能返回局部变量的地址。

答案:B

【基础题】

1. 选择题

(1) 在 VC++语言中函数返回值的类型是由_____决定的。

A. 调用该函数时系统临时　　　　　B. return 语句中的表达式类型

C. 定义该函数时所指定的函数类型　　D. 调用该函数时的主函数类型

(2) 在 VC++语言中,main 函数默认返回一个_____类型的值。

A. int　　　　　B. float　　　　　C. char　　　　　D. void

2. 填空题

执行下列程序时,若输入"this is a book."则输出_____。

```
#include<iostream>    using namespace std;
#define TRUE 1
#define FLASE 0
int chang(char ＊c,int s);
int main(){
    int flag=TRUE;char ch;
    do{ch=cin.get();
        flag=chang(&ch,flag);cout<<ch;
    }while(ch! ='.');}
int chang(char ＊c,int s){
    if( ＊c==' ')return TRUE;
    else{if(s&&＊c<='z'&&＊c>='a')＊c+='A'-'a';
    return FLASE;}}
```

(二) 指向函数的指针

【知识点梳理】

(1) 指向函数的指针变量的语法格式为:

数据类型（＊指针变量名)(形参表)；

（2）说明:函数名是函数的首地址,称为函数的入口地址。将函数的入口地址赋给指针变量时,若不作强制类型转换,指向函数的指针变量只能指向与该指针变量具有相同函数类型和相同参数的任一函数。

（3）实例:设有函数说明 int　add(int, int);则:

```
int(*p)(int, int),    x, a=3, b=4;    //定义了一个指向函数的指针
p=add;                                //将函数 add 的入口地址赋给 p
x=p(a, b);                            //或 x=(*p)(a, b);调用 p 指向的函数 add
```

【典型例题讲解】

【例 1】　下面程序的输出结果是＿＿＿＿＿。

```
#include<iostream>    using namespace std;
void print(int * x){
    cout<<++ * x<< '\t';
}
int main(){
    int a=25;
    print(&a);
    cout<<a<< '\n';
}
```

A. 25　26　　　　B. 25　25　　　　C. 26　26　　　　D. 函数调用语句出错

分析:指针变量作函数参数的作用是将一个变量的地址传送给函数,属于地址传递,因而在函数中可以通过该地址来改变其内存中的值。

答案:C

【基础题】

1. 选择题

对以下程序编译后,系统将对＿＿＿＿＿行指出错误或警告。

```
#include<iostream>    using namespace std;
int * getint(){                    //A
    int value=20;
    return &value;                 //B
}
int main(){
    int * p;
    p=getint();                    //C
    cout<< * p<< '\n';             //D
}
```

A. A行　　　　　B. B行　　　　　C. C行　　　　　D. D行

2. 填空题

(1) int * f( )的含义是＿＿(1)＿＿;int(*f)(  )的含义是＿＿(2)＿＿。

（2）设有函数的原型说明 void fun(int[ ])；要定义一个指向该类型函数的指针 fp，则使用语句____(1)____；若要使该指针指向函数 fun，应使用语句____(2)____；若有变量说明 int a[5]＝{5}，要通过该指针调用函数 fun，可使用语句____(3)____。

（3）int(＊P)[5]的含义是____(1)____；int＊P[5]或 int＊(P[5])的含义是____(2)____。

（4）int＊f()的含义是____(1)____；int(＊f)()的含义是____(2)____。

## 六、函数的其他特性

### （一）具有缺省参数值的函数

【知识点梳理】

（1）缺省值是指当用户没有给定值时，系统将自动取缺省值。

（2）VC++语言允许设置函数参数的缺省值，设置的方向是从右到左。

（3）系统处理：如果实参没有给出值，则使用形参的缺省值；如果实参给定值时，则形参按从左到右的顺序进行参数传递。

（4）设置缺省值的位置：一种是在定义函数时，另一种是在进行函数原型说明时。

【基础题】

1. 选择题

（1）下列函数参数默认值定义错误的是_____。

A. Fun(int x,int y=0)  　　　　　B. Fun(int x=100)

C. Fun(int x=0,int y)  　　　　　D. Fun(int x=f())（假定函数 f()已经定义）

（2）一个函数带有参数说明时，则参数的默认值应该在_____中给出。

A. 函数定义  　　　　　B. 函数声明

C. 函数定义或声明  　　　　　D. 函数调用

（3）在 VC++中，下列关于设置参数默认值的描述中，正确的为_____。

A. 不允许设置参数的默认值

B. 设置参数默认值只能在定义函数时设置

C. 设置参数默认值时，应该是先设置右边的再设置左边的

D. 设置参数默认值时，应该所有的参数都设置

（4）在下面的函数声明中，存在着语法错误的是_____。

A. void　A(int a,int )  　　　　　B. void　B(int ,int )

C. void　C(int ,int=5)  　　　　　D. void　D(int x;　int y)

2. 填空题

（1）内联函数的展开、重载函数的确定均在_____阶段进行。

（2）下列程序的运行结果为_____。

```
#include<iostream>    using namespace std;
void fun(int ＊ptr,int ＊ p[5]){
    p[0]=ptr;
    for(int i=1;i<5;i++)p[i]=p[i-1]+7;
    for(i=0;i<100;i++) ＊ ptr+++=2 ＊ i;
```

```
}
int main(){
    int a[100];
    int * p[5];
    fun(a,p);
    for(int i=0;i<5;i++)cout<< * p[i]<<'\t';
    cout<<endl;
}
```

（3）下列程序的运行结果为_____。

```
#include<iostream>
using namespace std;
    int sum_s(int( * f)(int),int m,int n){
        int k,sum=0;
        for(k=m;k<=n;k++)sum+=( * f)      (k) * ( * f)(k);
        return sum;}
    int f1(int x){return x+1;}
    int f2(int x){return x-1;}
    int main(){
        cout<<sum_s(f1,1,2)+sum_s(f2,1,2)<<endl;}
```

## （二）内联函数

【知识点梳理】

（1）若函数设计成内联函数，则在进行编译时，将程序中出现的调用表达式用内联函数体进行替换。

（2）内联函数的定义方法是在函数类型前加关键字"inline"。

【基础题】

1. 选择题

（1）在函数定义前加是关键字 inline，表示该函数被定义为_____。

A. 重载函数　　　　B. 内联函数　　　　C. 成员函数　　　　D. 普通函数

（2）关于内联函数的说法，正确的是_____。

A. 在说明类的同时定义成员函数，则函数隐含为内联函数

B. 也可以在类外用 inline 关键字对成员函数进行说明，则该函数也为内联函数

C. 当内联函数被调用时，内联函数的代码在调用处被展开

D. 当内联函数被调用时，内联函数将返回结果

2. 填空题

内联函数是通过_____来实现的，因此内联函数是真正的函数。

## （三）函数的重载

【知识点梳理】

（1）函数重载：函数名相同，参数表不同形成了函数的重载，参数表不同有两种形式，一

种是参数个数不同,另一种是参数类型不同。

(2) 系统处理:根据参数表的不同进行对应调用。如:

void fun(int, float);                //函数 1

void fun(int);                       //函数 2

void fun(float, int);                //函数 3

void fun(int, int);                  //函数 4

void fun( );                         //函数 5

对于变量 int a=5, b=6, float x=5.5;

fun(a);                              //调用函数 1

fun(b);                              //调用函数 2

fun( );                              //调用函数 5

fun(a, b);                           //调用函数 4

fun(a,x);                            //调用函数 1

fun(x,a);                            //调用函数 3

(3) 使用时注意:仅当函数类型(函数返回值)不同时不能实现重载。

【基础题】

1. 选择题

(1) 不能作为函数重载判断依据的是_____。

A. 函数名相同              B. 返回类型

C. 参数个数不同            D. 参数类型不同

(2) int Func(int,int):不可与下列哪个函数构成重载_____。

A. int Func(int,int,int);       B. double Fun(int,int);

C. double Func(double,double);  D. double Func(int,double);

2. 填空题

(1) 具有相同的函数名但具有不同参数表的函数称为_____。

(2) 下列函数的功能是计算函数 H 的值,阅读并完善程序。设 H 定义如下:

$$H(a,b)=\frac{\sin(a+b)}{\cos(a-b)}\times\frac{\cos(a+b)}{\sin(a-b)}$$

#include<iostream>

using namespace std;

#include<math. h>

#define PI 3. 1415926534

double fun1(double( * fp1)(double a),double( * fp2)(double b),double x,double y){

  return ___(1)___ ;}

double fun2(double m,double n){return fun1(sin,cos,m,n) * fun1(___(2)___);}

int main(){

  double a1=PI/8,a2=PI/16,t;

  t=fun2(a1,a2);cout<<t<<endl;}

(3) 以下程序的功能是求三角函数 cos(x)的近似值。求 cos(x)近似值的计算公式为:

$$\cos(x) = 1 - \frac{x^2}{2!} + \frac{x^4}{4!} - \cdots + (-1)^{n-1}\frac{x^{2n-2}}{(2n-2)!} + \cdots$$

其中 x 的值为弧度。当输入的 x 值为度数时，要求出 cos(x)的近似值，必须将度数转换为弧度。转换公式为：y=3.1415926x/360。要求计算精度达到 0.000001。请完善程序。

```
#include<iostream>
using namespace std;
#include <math. h>
double cos(double x,double eps){
    double term,sum,y;
    int n=0;
    y=x * x;
    term=1;sum=0;
    while(fabs(term)>=eps){
        sum+=   (1)   ;
        n++;
        term=term * y/   (2)   ;
        term * =-1;
    }
    return   (3)   ;
}
int main(){
    double x,y;
    cout<<"输入 x 的值(角度):";
    cin>>x;
    while(x>360)x-=360;
    y=3.1415926 * x/180;
    cout<<"度数为:"<<x<<"其 cos 值为:"<<cos(y,1e-6)<<'\n';
}
```

## 七、章节测试题

1. 选择题

(1) C++语言中用于定义类的关键字是_____。

A. class　　　　B. struct　　　　C. default　　　　D. sizeof

(2) 不能作为函数重载判断依据的是_____。

A. 参数个数不同　　　　　　　　B. 函数名相同

C. 返回类型　　　　　　　　　　D. 参数类型不同

(3) 下列是重载为非成员函数的运算符函数原型，其中错误的是_____。

A. Fraction operator+( Fraction, Fraction);

B. Fraction operator-( Fraction);

C. Fraction&operator=( Fraction& , Fraction);

D. Fraction&operator+=(Fraction& , Fraction);

(4) 静态成员没有_____。

A. 返回值　　　　　　　　　　　　B. this 指针

C. 指针参数　　　　　　　　　　　D. 返回类型

(5) 若已定义的函数有返回值,则以下关于该函数调用的叙述中错误的是_____。

A. 函数调用可以作为独立的语句存在

B. 函数调用可以无返回值

C. 函数调用可以出现在表达式中

D. 函数调用可以作为一个函数的形参

(6) 以下说法正确的为_____。

A. 数据成员必须定义为私有的

B. 成员函数必须定义为公有的

C. 数据成员和成员函数都可以为 private,public,protected 属性之一

D. 公有成员函数只能访问类的公有成员,私有成员函数只能访问类的私有成员

(7) 有关运算符重载正确的描述是_____。

A. C++语言允许在重载运算符时改变运算符的操作数个数

B. C++语言允许在重载运算符时改变运算符的优先级

C. C++语言允许在重载运算符时改变运算符的结合性

D. C++语言允许在重载运算符时改变运算符原来的功能

(8) 关于访问权限,以下说法错误的是_____。

A. public 权限表示可以被程序中任何函数调用

B. private 权限表示只能被类自身调用

C. protected 权限表示只能被类自身和其父类调用

D. protected 权限表示只能被类自身和其子类调用

(9) 在传值调用中,要求_____。

A. 形参和实参类型任意,个数相等

B. 实参和形参类型都完全一致,个数相等

C. 实参和形参对应的类型一致,个数相等

D. 实参和形参对应的类型一致,个数任意

(10) 在 VC++中,下列关于设置参数默认值的描述中,正确的为_____。

A. 不允许设置参数的默认值

B. 设置参数默认值只能在定义函数时设置

C. 设置参数默认值时,应该是先设置右边的再设置左边的

D. 设置参数默认值时,应该所有的参数都设置

(11) 要求通过函数来实现一种不太复杂的功能,并且要求加快执行速度,选用_____。

A. 内联函数　　　　　　　　　　　B. 重载函数

C. 递归调用　　　　　　　　　　　D. 嵌套调用

(12) 采用重载函数的目的在于_____。

A. 实现共享　　　　　　　　　　B. 减少空间

C. 提高速度　　　　　　　　　　D. 使用方便,提高可读性

(13) 若已定义的函数有返回值,则以下关于该函数调用的叙述中错误的是_____。

A. 函数调用可以作为独立的语句存在

B. 函数调用可以无返回值

C. 函数调用可以出现在表达式中

D. 函数调用可以作为一个函数的形参

(14) 若要对 Date 类中重载的加法运算符成员函数进行声明,下列选项中正确的是_____。

A. Data+( Data);

B. Data operator+( Data);

C. Data+operator( Data);

D. operator+( Data. Data);

2. 填空题

(1) 函数的形参和实参要求_____和_____。

(2) 函数的重载要求同名函数在_____、_____、_____有所区别。

(3) 在 VC++语言中函数返回值的类型是由_____决定的。

(4) 定义一个函数模板要用到的第一个修饰符是_____。

(5) 具有相同的函数名但具有不同参数表的函数称为_____。

(6) 在调用 f1()函数的过程中,又调用了 f1()函数,这种调用称为__(1)__调用,而在调用 f1()函数的过程中,调用了 f2()函数,又在调用 f2()函数的过程中调用了 f1()函数,这种调用称为__(2)__调用。

(7) 在函数原型声明中,必须声明函数参数的类型,但可以省略_____。

(8) 函数的形参与实参的__(1)__、__(2)__、__(3)__应一致。

(9) 假定输入的 10 个字符为"abcdefghij",下列程序运行的结果为_____。

```cpp
#include<iostream>
using namespace std;
void Fun(int);
int main(){
  Fun(10);
  cout<<'\n';
}
void Fun(int a){
  char ch;
  if(a<=1){
    cin>>ch;
    cout<<ch;
  }
```

```
    else{
        cin>>ch;
        Fun(a-1);
        cout<<ch;
    }
}
```

(10) 下列程序的运行结果为_____。

```
#include<iostream>
using namespace std;
int Max(int x,int y){return x>y? x:y;}
int Max(int x,int y,int z){
    int t;
    t=Max(x,y);
    return t>z? t:z;
}
int main(){
    int x=5,y=8,z=3;
    cout<<Max(x,y,z)<<endl;
}
```

(11) 执行下列程序后,输出的第 1 行为___(1)___,第 2 行为___(2)___。

```
#include<iostream>
using namespace std;
void f(int a){
    if(a<0){
        cout<<"-";
        a=-a;
    }
    cout<<char(a%10+'0');
    if((a=a/10)!=0)f(a);
}
int main(){
    int b=-3567;
    f(b);
    cout<<'\n';
    b=3456;
    f(b);
    cout<<'\n';
}
```

(12) 下列程序的运行结果为_____。(所用编译系统传递函数参数的顺序为自右向左)

```
#include<iostream>
using namespace std；
f(int b,int t){
    return b+t；
}
int main(){
    int x=6,y=7,z；
    z=f(f(x++,y++),f(--x,--y))；
    cout<<z<<endl；}
```

(13) 以下程序是用递归算法求数 a 的平方根,请完善程序(求平方根的迭代公式为:x1=(x0+a/x0)/2)。

```
#include<iostream>
    using namespace std；
#include <math. h>
double mysqrt(double a,double x0){
    double x1,y；
    x1=  (1)  ；
    if(fabs(x1-x0)>1e-5)
        y=mysqrt(  (2)  )；
    else y=x1；
    return y；
}
int main(){
    double x；
    cin>>x；
    cout<<"The sqrt of "<<x<<" is："<<mysqrt(x,1.0)<<'\n'；
}
```

(14) 输入一个正整数 n,求出该数的所有因子,并按因子从小到大的顺序输出。例如,6 的因子为 1、2、3,输出"6→1,2,3"。请完善程序。

```
#include<iostream>
using namespace std；
#include <math. h>
#include <iomanip. h>
void factor(int m){
    int s=0；
    for(int j=1;j<m;j++)
        if(m%j==0)  (1)  ；
    if(  (2)  ){
        cout<<setw(4)<<m<<"是一个完数,它的因子是："；
```

```
    for(int i=1;i<m;i++)
       if(___(3)___)cout<<i<<',';
    cout<<'\n';
    }
}
int main(){
   for(int i=2;i<1000;i++) factor(i);
}
```

## 八、上机实践

1. 上机实践要求

（1）掌握函数的定义和调用方法；

（2）掌握利用函数进行程序设计的方法；

（3）掌握使用递归方法进行程序设计。

2. 上机实践内容

［编程］

（1）求一个二元一次方程 $ax^2+bx+c=0$ 的根。

（2）请查找字符串"we are student,you are student"中的子串"student"，并在对应位置后面加上字符's'。

（3）编写函数用递归法求 $12+22+32+\cdots+n2$，在主函数中进行测试。

（4）写一函数，判断某个数是否素数，以及求 $1\sim1000$ 之内的素数。

（5）某工厂生产轿车，1 月份生产 10000 辆，2 月份产量是 1 月份产量减去 4990，再翻一番，3 月份产量是 2 月份产量减去 4990，再翻一番，如此下去，编写一个程序求该年一共生产多少辆轿车。

（6）定义一个函数，删除一个字符串中的所有非数字字符，并将剩下的数字字符逆序转化为一个整数。如字符串"3fgh21%\$#78UI*"，经函数处理后字符串变为"32178"，再将该数字字符串转换为数据并逆序输出 87123。

# 第五节　作用域和编译预处理

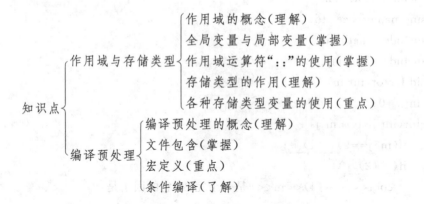

## 一、作用域与存储类

【知识点梳理】

（1）作用域是指变量的有效范围。变量的作用域可分为块作用域、文件作用域、函数原型作用域、函数作用域和类作用域 5 种。按作用域变量可分为全局变量与局部变量。全局变量是指在块外说明的变量，它在整个程序内有效；局部变量是指在某一块内说明的变量，它只在该块内有效。

（2）每个变量都有生存期。变量的生存期是指从一个变量被说明且分配了内存开始，直到该变量说明语句失效，它占用的内存空间被释放为止。存储类规定了变量的生存期，全局变量与局部变量的生存期及缺省初始值如表 2-10 所示。

表 2-10　　　　　　　　　　　　变量的生存期与缺省初始值

| 变量类型 | 生存期开始位置 | 生存期结束位置 | 缺省初始值 |
| --- | --- | --- | --- |
| 全局变量 | 变量定义处 | 程序结束处 | 0 |
| 局部变量 | 变量定义处 | 包含声明的最小块结束处 | 不确定 |

（3）一般来说，变量的作用域与生存期相同，但若全局变量与局部变量同名，则按照局部优先的原则，全局变量的作用域一般小于其生存期。在块内对同名的全局变量可用作用域运算符"∷"来使用。

例：

```
int x=1;                          //全局变量
void f(float s,float t){
int x=3;                          //局部变量
……
cout<<x<<'\n';                     //输出局部变量
cout<<∷x<<'\n';                    //输出全局变量
}
```

（4）自动变量。自动变量是在程序中使用最多的变量，建立和撤销这些变量都是由系统在程序执行过程中自动进行的，所以称为自动变量。自动变量是在函数内部定义的变量，存储类型为 auto。

特点：

① 作用域：从变量定义开始，到其所在的函数或分程序结束。

② 生存期：自动变量随函数的调用而分配存储单元，开始它的生命期，一旦函数或分程序结束就自动释放这些存储单元，生命期结束。

③ 初始化：由于自动变量每次调用时都会重新分配存储单元，所以，未初始化的自动变量的值是随机的。

例：

```
#include <iostream>
using namespace std;
```

```
void a() {
int b=6;
b++;
cout<<b<<endl;
}
int main()
{
int b=2;
{
int b=3;
cout<<b<<endl;
}
cout<<b<<endl;
a();
a();
}
```

（5）全局变量的作用域。全局变量是在函数外部定义的变量。全局变量一般集中在主函数之前说明，它提供了各个函数之间通信的渠道，利用全局变量可以减少参数数量和数据传递时间。

特点：

① 作用域：从变量开始处到其所在源文件末尾，在其作用域内，外部变量可以被任何函数使用或者修改。

② 生存期：全局变量在程序执行过程中，占据固定的存储单元，所以在整个程序的运行期总是存在的。

③ 初始化：未初始化的外部变量，系统编译时将其初始化为 0。

（6）全局变量的存储定义。全局变量又称外部变量，编译时分配在静态存储区。全局变量按其定义方式又可分为以下两种：静态全局变量，外部全局变量。

① 静态全局变量只限于它所在的源程序文件中的函数引用，而不能被其他源程序文件中的函数使用。

② 外部全局变量可以通过 extern 来说明，其作用域可扩充到其他源文件。

（7）变量按存储方式可分为 auto（自动）类型变量、register（寄存器）类型变量、static（静态）类型变量和 extern（外部）类型变量。具体如下：

① auto 类型变量。是局部变量，缺省时系统默认为 auto 类型变量。

② register 类型变量。也是局部变量，根据内存的实际情况，由系统决定是否按寄存器类型变量去处理。

③ extern 类型变量。一般用于多个文件组成的程序中，指同一个变量，它只能在一个文件中的函数体外定义一次，且只能在一个文件中为其赋初始值，但可以在多个文件中被说明并使用，是全局变量。

④ static 类型变量。分局部静态变量与全局静态变量。局部静态变量的作用域与 auto

变量相同,所不同的是在它的作用域外变量仍然存在,一旦回到作用域,仍保持原来的值;全局静态变量表示该全局变量只限于在一个文件中使用。

⑤ auto 与 register 类型变量没有默认初始值,extern 与 static 类型变量有默认初始值,整型为 0,浮点型为 0.0,字符型为空。

【典型例题讲解】

【例 1】 下列程序的运行结果为_____。

```
#include<iostream>    using namespace std;
void num( ){
   extern int x,y;
     int a=15,b=10;
     x=a-b;
     y=a+b;
}
int x,y;
void main( ){
   int a=7,b=5;
   int x,y;
   x=0;y=0;
   num( );
   x+=a+b;                    //A
   y-=a-b;                    //B
   cout<<x<<'\t'<<y<<endl;    //C
   cout<<::x<<'\t'<<::y<<'\n';    //D
}
```

A. 12  2       B. 12  -2       C. 12  -2       D. 12  2
   5   25          不确定          5   25          17  23

分析:本程序中定义了两个全局变量 x,y,并且在函数 num 中作了说明。在主函数中定义了两个局部变量 x,y,根据局部优先的原则,主函数中经 A 行计算得局部变量 x 的值为12,经 B 行计算得局部变量 y 的值为-2,故 C 行输出应为 12 和-2,D 行中用了作用域运算符"::",故这里的 x,y 应为全局变量,经过调用函数 num,它们值分别为 5 和 25。

答案:C

【例 2】 下列程序执行后,输出结果为____(1)____和____(2)____。

```
#include <iostream.h>
   void f(void)
{   static int a=0;
   a+=2;
   cout <<"a="<<a<<'\n';
}
void main(void)
```

```
{ f( );
    f( );
}
```

分析：程序中，在 f 函数中，a 变量是一个静态变量，具有"记忆"功能。当第一次调用 f 函数时，a 的初始值为 0，经过 a+=2；后，a 的值为 2。然后进行输出。第二次进行调用时，因为静态变量的"记忆"功能，a 的初始值为 2，不再是 0，所以经过 a+=2；语句后，a 的值为 4。然后进行输出。

答案：(1) a=2　(2) a=4

【基础题】

1. 选择题

(1) 在不同文件的函数中，对全局变量的引用要加上_____。

A. register　　　　B. auto　　　　C. static　　　　D. extern

(2) VC++语言中，函数的隐含存储类型是_____。

A. auto　　　　B. static　　　　C. extern　　　　D. 无存储类别

(3) 有一个 int 型变量，在程序中频繁使用，最好定义它为_____。

A. extern　　　　B. register　　　　C. auto　　　　D. static

(4) 下列标识符中，_____不是局部变量。

A. 函数形参　　　B. register 类　　　C. auto 类　　　D. 外部 static 类

2. 填空题

(1) 下列程序输出的第二行是 ___(1)___，第三行是 ___(2)___。

```
#include<iostream>
    using namespace std;
int a=5;                        //A 行
int main()
{                               //语句块一开始
  int a=10,b=20;
  cout<<a<<','<<b<<endl;
  { int a=0；                    //语句块二开始
    for(int i=1;i<6;i++)
    { a+=i;                      //语句块三开始
      b+=a;
    }                            //语句块三结束
    cout<<a<<','<<b<<endl;
  }                              //语句块二结束
  cout<<a<<','<<b<<endl;
}                                //语句块一结束
```

(2) 以下程序的输出结果是_____。

```
#include<iostream>
    using namespace std;
```

```
int f(register int i){
    static int s=1;
    s+=i; i++;
    return s;
    }
int main(){
    int a=0;
    for(int i=0;i<5;i++)a+=f(i);
    cout<<a<<'\n';
    }
```

## 二、编译预处理

【知识点梳理】

（1）编译预处理：是指编译前对源程序中一些特殊命令进行的一些预处理加工。VC++提供了多种预处理功能，如文件包含（#include），宏定义（#define）和条件编译等。

（2）文件包含：使用 include 命令，作用是把一个源文件嵌入到当前源文件中该点处进行执行。

两种格式：一种是：#include<文件名>。一般这个头文件存于 C++系统目录中的 include 子目录下。是一种标准方式。

第二种是：#include"文件名"。首先在当前文件所在目录中进行搜索，如果找不到，再按标准方式进行搜索。这种方式适合于规定用户自己建立的头文件。

（3）宏定义：指用一个标识符来代替一个字符串，常量或一个变量表达式。宏定义有两种形式：不带参数的宏、带参数的宏。

① 不带参数的宏：#define 标识符　字符串或常量。

a. 宏名通常用大写字母表示。

b. 注意区分字符串或数值的宏定义形式，如：

#define JKD　"985"　　　　　　　　　//JKD 可替代字符串"985"

#define ZJG　211　　　　　　　　　//ZJG 可替代数值 211

c. 在进行宏扩展时，只对宏名作简单的替换，而不作任何计算和检查。

d. 字符串中与宏名相同的字符串不作为宏名对待。

e. 要终止宏的定义，可用如下指令：#undef 宏名

② 带参数的宏：#define 标识符（参数表）　字符串或常量。

a. 标识符与参数表之间不能有空格。

b. 参数表中若参数多于一个，参数之间用逗号分隔，如：

#define MUL(a,b)　a*b

f=MUL(3,5)　　　//系统在进行宏展开时，把 3、5 代替形参中的 a、b，得出 f 的值为 15

c. 注意区分宏的使用和函数定义形式的不同。如：

#define V(a,b)　(a)*(b)

c=V(c, d+e);　　// c=c*(d+e)而不是 c*d+e;

d. 宏定义通常在一行内定义完,并以换行符结束,不可与其他语句同行编写;当一个宏定义多于一行时,必须使用转义符"\",即在换行前先输入一个"\",例如:

#define V(a,b,c,d)　　　　a+b\
+c+d

相当于:#define V(a,b,c,d)　　　　a+b+c+d

(4) 条件编译:如需要按不同的条件去编译不同的程序部分,用于产生不同的目标代码文件时,可以使用条件编译。条件编译有三种形式:

形式一:

　　　　#ifdef 标识符
　　　　　程序段 1
　　　　#else
　　　　　程序段 2
　　　　#endif

形式二:

　　　　#ifndef 标识符
　　　　　程序段 1
　　　　#else
　　　　　程序段 2
　　　　#endif

形式三:

　　　　#if 表达式
　　　　　程序段 1
　　　　#else
　　　　　程序段 2
　　　　#endif

## 三、宏定义与宏调用

### (一)宏定义

【知识点梳理】

(1) 宏定义:

用#define 命令定义的符号常量为宏,分为无参宏和有参宏。

(2) 无参宏定义的语法格式为:

#define 宏标识符　　字符或字符串

宏标识符是用户定义的标识符,又称为宏名;字符或字符串是由用户给定的用来代替宏的一串字符序列,它可以是数值常量、可计算值的表达式或字符串。宏被该命令定义后就可以使用在其后的程序中。当程序被编译时将把所有地方使用的宏标识符替换为对应的字符序列。

(3) 有参宏定义的语法格式为:

#define　宏名(参数表)　字符或字符串

参数表中的参数用逗号","分隔,且不指定类型。

特别提示:宏名与其后的小括号之间无空格。

(4) 宏定义多于一行时,用"\"进行换行,表示逻辑上相连。宏的作用域从定义开始,直到文件或块结束,也可用#undef结束宏作用域。其语法格式为:

#undef　宏名

【典型例题讲解】

【例1】　设有宏定义语句#define N f,则执行语句 char a=N;后 a 的值是_____。

A. f　　　　　　　　B. N　　　　　　　　C. 语法错　　　　　D. 不确定

分析:宏展开后,语句 char a=N;被替换 char a=f。这样一条语句在语法上是不正确的,所以编译不成功,出现语法错。

答案:C

【例2】　设有如下宏定义:

#define A 3

#define B(x) ((A+1) * x)

对表达式 x=3 * (A+B(7));正确的说法为_____。

A. 程序错误,不允许嵌套宏定义　　　　　B. x=21

C. x=93　　　　　　　　　　　　　　　　D. 程序错误,宏定义不许带参数

分析:宏定义是允许嵌套且可以带参数的,故 A、D 错误。经宏展开得 x=3 * (3+((3+1) * 7)),结果为 93。

答案:C

【例3】　在宏定义#define　PI　3.1415926 中,用宏名 PI 代替的是一个_____。

A. 实数　　　　　B. 变量　　　　　　　C. 常量　　　　　　D. 字符串

分析:宏定义的本质就是用一个指定的标识符来代表一个字符串,所以答案是 D。

答案:D

【基础题】

1. 选择题

(1) 设有宏定义:#define　f(a)　(-a * 2)

执行语句:cout<<f(3+4)<<endl;则输出为_____。

A. -14　　　　B. 2　　　　　　C. -5　　　　D. 5

(2) 有如下定义 A:

#define A 2

int x=5;float y=3.83;

char c='A';

则下面选项中错误的是_____。

A. x++;　　　　B. y++;　　　　　C. c++;　　　　　D. A++;

2. 填空题

(1) 若有宏定义:

```
#define N 3
#define Y(n) ((N+1)*n)
```
则执行语句 z=2*(N+Y(5+1));后,z 的值是_____。

(2) 以下程序的输出结果是_____。

```
#include<iostream>
  using namespace std;
#define exchange(a,b) {\
    int t;\
    t=a;a=b;b=t;}
int main(void){
    int x=10;
    int y=20;
    cout<<"x="<<x<<";"<<"y="<<y<<'\n';
    exchange(x,y);
    cout<<"x="<<x<<";"<<"y="<<y<<'\n';
}
```

## （二）宏调用

【知识点梳理】

宏调用也称宏展开或宏应用。其语法格式为:

宏名(实参表)

特别提示:宏展开时编译器不作语法检查,只作简单的替换,故定义时要加上必要的括号。

## （三）有参宏与有参函数的区别

有时也可以用有参宏取代有参函数来编程,但有参宏与有参函数是有区别的,其主要区别如下:

（1）有参宏展开时对实参不作计算,只是直接替换形参,而有参函数调用时是先求出实参的值,再赋给形参的。

（2）有参宏是在编译前进行展开的,而有参函数是在程序运行时才被调用的。

（3）有参宏的参数是不能有类型的,而有参函数的形参与实参都是有类型的,且必须一致。但有参函数调用时实参前不能加类型。

# 四、文件包含

【知识点梳理】

（1）文件包含是指在一个源程序文件中将另一个源程序文件的全部内容包含进来,它可用来把多个源程序文件连接成一个源程序文件进行编译,结果将生成一个目标文件。

其语法格式为:

#include <被包含文件名>

或  #include "被包含文件名"

（2）其中尖括号（<>）表示从 VC++编译器约定的目录 include 开始查找,通常是 VC++预定义的包含文件,而双引号（" "）表示从当前工作目录开始查找,通常是用户自定义的包含文件。

（3）包含文件的定义可放在程序的任何位置,一般放在程序开始位置,定义可嵌套,但一条包含命令只能指定一个包含文件,通常被包含文件的扩展名为". h",理论上也可以是其他类型文件,如:. cpp 文件。

## 五、条件编译

预处理程序提供了条件编译的功能,即可以按不同的条件去编译不同的程序部分,因而产生不同的目标代码文件,使生成的目标程序较短,从而减少了内存的开销并提高了程序的效率。条件编译有 3 种形式。

第 1 种形式:

```
#ifdef 标识符
    程序段 1
#else
    程序段 2
#endif
```

其功能是如果标识符已被 #define 命令定义过,则对程序段 1 进行编译;否则对程序段 2 进行编译。如果没有程序段 2,本格式中的#else 可以没有,即可以写为:

```
#ifdef 标识符
    程序段
#endif
```

第 2 种形式:

```
#ifndef 标识符
    程序段 1
#else
    程序段 2
#endif
```

其功能是如果标识符未被#define 命令定义过,则对程序段 1 进行编译;否则对程序段 2 进行编译。如果没有程序段 2,其格式为:

```
#ifndef 标识符
    程序段 1
#endif
```

第 3 种形式:

```
#if 常量表达式
    程序段 1
#else
    程序段 2
#endif
```

其功能是如常量表达式的值为真,则对程序段 1 进行编译;否则对程序段 2 进行编译。同样,这里的#else 也可以没有。

条件编译也可以用条件语句来实现,但是用条件语句将会对整个源程序进行编译,生成的目标代码程序较长。

【典型例题讲解】

【例 1】 以下程序的输出结果是_____。

```
#include<iostream>    using namespace std;
#define exchange(a,b) {\
  int t;\
  t=a;a=b;b=t;}
int main(void){
  int x=15;
  int y=25;
  cout<<"x="<<x<<";"<<"y="<<y<<'\n';
  exchange(x,y);
  cout<<"x="<<x<<";"<<"y="<<y<<'\n';
}
```

分析:这里定义的有参宏 exchange(a,b)表示交换两个值,宏定义占了 3 行,若表示逻辑上相连时可用符号'\'表示换行。故输出交换前的值为 x=15;y=25,交换后的值为 x=25;y=15。

答案:x=15;y=25

 x=25;y=15

【例 2】 以下程序的输出结果是_____。

```
#include<iostream>    using namespace std;
int func(int a,int b){
  static int m=0,i=2;
  i+=m+1;
  m=i+a+b;
  return(m);
}
void main( ){
  int k=4,m=1,p;
  p=func(k,m);cout<<p<<",";
  p=func(k,m);cout<<p<<endl;
}
```

答案:8   17

【例 3】 以下程序的输出结果是_____。

```
#include<iostream>    using namespace std;
int f(register int i){
```

```
    static int s=1;
    s+=i; i++;
    return s;
}
int main(){
    int a=0;
    for(int i=0;i<5;i++)a+=f(i);
    cout<<a<<'\n';
}
```

分析：本例在函数 f 中有一个寄存器类型的形参 i，还有一个局部静态变量 s。主函数中定义了一个局部变量 a，并且在循环语句中定义一个局部变量 i，这里的 i 只在主函数中有效。当 i 为 0 时，第 1 次调用函数 f，经计算返回值为 1，虽然在 f 函数中 i 自增为 1，但到主函数中此 i 不起作用，故主函数中的 i 接下来为 1，再次调用函数 f，此时 s 仍用原来的空间，经计算返回值为 2，这时 a 的值为 1+2=3。接下来主函数中的 i 为 2，继续调用函数 f，计算后得返回值为 4，a 为 3+4=7。当主函数中 i 为 3 时，经调用函数 f，计算后得返回值为 7，a 的值为 7+7=14。最后，主函数中 i 为 4，经计算返回值为 11，a 的值为 14+11=25。

答案：25

【基础题】

1. 选择题

（1）设有如下宏定义：

#define A 3

#define B(x)((A+1)*x)

对表达式 x=3*(A+B(7))；正确的说法为_____。

A. 程序错误，不允许嵌套宏定义　　　　B. x=21

C. x=93　　　　　　　　　　　　　　D. 程序错误，宏定义不许带参数

（2）有如下定义 E：

#define E 2

int x=5;float y=3.83;

char c='E';

则下面选项中错误的是_____。

A. x++;　　　　　　　　　　　　　　B. y++;

C. c++;　　　　　　　　　　　　　　D. E++;

（3）下面程序的输出是_____。

```
#include<iostream>
    using namespace std;
int fun(int h){
    static int a[3]={1,2,3};        //A
    int k;
    for(k=0;k<3;k++)a[k]+=a[k]-h;   //B
```

```
    for(k=1;k<3;k++)cout<<a[k];          //C
    cout<<"\n";return(a[h]);
}
int main(){
    int t=1;fun(fun(t));
}
```

A. 23　　　　　B. 35　　　　　C. 35　　　　　D. 35
　　59　　　　　　　35　　　　　　　48　　　　　　　37

2. 填空题

(1) 以下程序的输出结果是_____。

```
#include<iostream>
    using namespace std;
#define exchange(a,b) {\
    int t;\
    t=a;a=b;b=t;}
    int main(void){
    int x=10;
    int y=20;
    cout<<"x="<<x<<";"<<"y="<<y<<'\n';
    exchange(x,y);
    cout<<"x="<<x<<";"<<"y="<<y<<'\n';
}
```

# 六、章节测试题

1. 选择题

(1) 以下叙述中错误的是_____。

A. 一个算法所包含的操作步骤应该是有限的

B. 任何能通过编译和运行的算法都一定能得到所期望的结果

C. 算法中每一条指令必须有确切的含义

D. 算法可以用各种描述方法进行描述

(2) 以下叙述中不正确的是_____。

A. 预处理命令行都必须以#号开始

B. 在程序中凡是以#号开始的语句行都是预处理命令行

C. 宏替换不占用运行时间,只占编译时间

D. 以下定义中 C　R 是称为宏名的标识符:#define C　R 145

(3) 若有定义语句:char a='\82';则变量 a _____。

A. 说明不合法　　　　　　　　　B. 包含 1 个字符

C. 包含 2 个字符　　　　　　　　D. 包含 3 个字符

(4) 以下说法不正确的为_____。

A. 在不同函数中可以使用相同名字的变量

B. 形参是局部变量

C. 在函数内定义的变量只在本函数范围内有效

D. 在函数内的复合语句中定义的变量在本函数范围内有效

(5) 以下叙述中正确的是_____。

A. 只要适当地修改代码,就可以将 do…while 与 while 相互转换

B. 对于"for(表达式1;表达式2;表达式3)循环体"首先要计算表达式2的值,以便决定是否开始循环

C. 对于"for(表达式1;表达式2;表达式3)循环体",只在个别情况下才能转换成 while 语句

D. 如果根据算法需要使用无限循环(即通常所称的"死循环"),则只能使用 while 语句

(6) VC++语言中,函数的隐含存储类型是_____。

A. auto　　　　B. static　　　　C. extern　　　　D. 无存储类别

(7) 有一个 int 型变量,在程序中频繁使用,最好定义它为_____。

A. extern　　　　B. register　　　　C. auto　　　　D. static

(8) 以下程序的输出结果是_____。

```cpp
#include<iostream>
using namespace std;
void func(int * s,int * y){
  static int t=3;
   * y=t;t--;
}
int main(){
  int a[]={1,2,3,4},i,x=0;
  for(i=0;i<4;i++){
    func(a,&x);
    cout<<x<<" ";
  }
  cout<< '\n';
}
```

A. 3 2 1 0　　　　B. 0 0 0 0　　　　C. 3 3 3 3　　　　D. 1 1 1 1

(9) 文件包含预处理语句中,当文件名用双引号括起来时,寻找被包含文件的方式为_____。

A. 直接按系统设定的标准方式搜索目录

B. 先在源程序所在目录搜索,再按系统设定的标准方式搜索

C. 仅仅搜索当前目录

D. 仅仅搜索源程序所在目录

(10) 下列_____是 C++语言的有效标识符。

A. _No1　　　　B. N0、1　　　　C. 2345　　　　D. int

（11）为了提高函数调用的实际运行速度,可以将较简单的函数定义为_____。

A. 内联函数　　　　B. 重载函数　　　　C. 递归函数　　　　D. 函数模板

（12）数据库设计中反映用户对数据要求的模式是_____。

A. 内模式　　　　B. 概念模式　　　　C. 外模式　　　　D. 设计模式

（13）下列数组定义中错误的是_____。

A. char s[5]="ABCDE";　　　　　　　B. char s[6]="ABCDE";

C. char s[7]="ABCDE";　　　　　　　D. char s[]="ABCDE";

（14）设有定义 int x;float y;,则 10+X+Y 值的数据类型是_____。

A. int　　　　　　B. double　　　　C. loat　　　　D. 不确定

（15）下列各组类型声明符中,含义相同的一组是_____。

A. unsigned long int 和 long　　　　B. signed short int 和 short

C. unsigned short 和 short　　　　　D. short int 和 int

（16）设有定义:int a=1,b=2,e=3;以下语句中执行效果与其他三个不同的是_____。

A. if(a>b) c=a,a=b,b=c;　　　　　B. if(a>b) {e=a,a=b,b=e;}

C. if(a>b)e=a;a=b;b=C;　　　　　D. if(a>b) {c-7-a;a=b;b=e;}

2. 填空题

（1）C 语言的预处理主要有三个方面的内容：__(1)__、__(2)__、__(3)__。

（2）变量的作用域:变量的作用域是指其_____。

（3）内部静态变量的作用域是_____。

（4）以下程序的输出结果是_____。

```
#include<iostream>
using namespace std;
void func(int * s,int * y){
    static int t=3;
    * y=t;t--;
}
int main(){
    int a[]={1,2,3,4},i,x=0;
    for(i=0;i<4;i++){
        func(a,&x);
        cout<<x<<" ";
    }
    cout<< '\n';
}
```

# 七、上机实践内容

1. 上机实践要求

（1）通过实验区分变量各种作用域的不同;

（2）通过实验掌握编译预处理的使用。

2. 上机实践内容

[编程]

（1）编程实现对序列{6,9,5,1,3,4,8,7}进行升序排列。

（2）设 n 是一个两位正整数,s1 是 n 的各位数之和,s2 是 2 * n 的各位数之和。输出所有满足条件 s1 等于 s2 的 n、s1、s2。要求用函数实现求各位数之和。

（3）写一个函数,将一个整数的各位数字反序打印。

（4）试定义一个类 NUM,实现求大于整数 m 的最小的 k 个自反数。若将某个整数各位数字反序排列后得到的整数与原数相等,则称这个整数为自反数。如整数 1234 逆序后为4321,两个数不相等,1234 不是自反数;整数 2332 逆序后为 2332,逆序前后的两个数相等,2332 是自反数。

# 第六节　结构体和链表

## 一、结构体

### （一）结构体类型的定义

【知识点梳理】

（1）结构体是用户自己定义的一种导出数据类型,它由若干个数据项组成,每个数据项可以是基本数据类型,也可以是导出数据类型。结构体类型的语法定义为:

```
struct 结构体名{
        成员列表
};
```

（2）实例:

```
struct    student{
  int    number;
  char name[10];
  char sex;
};
```

（3）定义时注意:

① struct 是关键字,不能缺省,student 为用户取得结构体类型名称。

② 成员类型可以是基本类型或者构造类型。

③ 定义时,最后的";"不能少;否则会有语法错误。

④ 此时的定义为结构体类型定义,系统对类型定义不会分配内存空间。

### （二）结构体类型变量的说明

【知识点梳理】

（1）说明格式:

① 结构体类型名:

变量名 1,变量 2,……,变量名 n

② struct 类型名：

{类型名 成员名 1；

　类型名 成员名 2；

　……

}变量名 1，变量名 2，……，变量名 n；

③ struct：

{类型名 成员名 1；

　类型名 成员名 2；

　……

}变量名 1，变量名 2，……，变量名 n；

（2）实例：

① student s1，s2；　　　　　　　　//s1，s2 为结构体变量名

② struct student

　　{ int　number；

　　　　char name[10]；

　　char sex；

　}s3，s4；　　　　　　　　　　　//s3，s4 为结构体变量名

③ struct

　　{ int　number；

　　char name[10]；

　　char sex；

　}s5，s6；　　　　　　　　　　　//s5，s6 为结构体变量名

（3）定义时注意：

① s1，s2，s3，s4，s5，s6 为说明的结构体变量名。

② 系统将为说明的结构体变量进行内存空间的分配。分配空间的大小为所有成员所占空间之和。

【典型例题讲解】

【例 1】　设有如下定义：

struct per

{ int age；

　char name[10]；

}p1；

则下面叙述不正确的是＿＿＿＿＿＿＿。

A. struct 是定义结构体类型的关键字　　B. age、name 为结构体的成员名

C. student 为结构体类型名　　　　　　D. p1 为结构体类型名

分析：本题考查的知识点是结构体类型的定义形式，struct 为定义结构体的关键字，p1 为定义的变量名，per 为定义的结构体类型名。成员为 age、name。

答案：D

【例 2】　下列定义的 p1 变量所占用的字节数为＿＿＿＿＿＿＿。

```
truct per
｛  int age；
   char name[7]；
   float   scroce；
｝p1；
```

A. 3　　　　　　　　B. 13　　　　　　　C. 15　　　　　　D. 18

分析：结构体类型不会分配空间，结构体变量系统将会被分配内存空间，内存空间的大小等于该结构体变量中的各个成员所占用空间数之和。注意：空间分配是以字节为单位进行计算的。在此结构体定义中，共有三个成员，age 为整型所以占用 4 个字节，name 成员为字符型数组，占用 7 个字节，scroce 成员为 float 类型，占用 4 个字节，因此总的占用空间数为 15 个字节。

答案：C

【基础题】

(1) 下面结构体的定义语句中，错误的是_____。

A. struct   ord  ｛int  x；int  y；int  z；｝ struct   ord   a；

B. struct   ord  ｛int  x；int  y；int  z；｝； struct   ord   a；

C. struct   ord  ｛int  x；int  y；int  z；｝ a；

D. struct   ｛int  x；int  y；int  z；｝   a；

(2) 当说明一个结构体变量时系统分配给它的内存是_____。

A. 各成员所需内存的总和　　　　　　B. 结构中第一个成员所需内存量

C. 成员中占内存量最大者所需的容量　　D. 结构中最后一个成员所需内存量

(3) 下列说法中正确的是_____。

A. 在程序中定义一个结构体类型，将为此类型分配存储空间

B. 结构体类型的成员名可与结构体以外的变量名相同

C. 结构体类型必须有名称

D. 结构体内的成员不可以是结构体变量

(4) 若程序中有以下的说明和定义：

struct abc   ｛ int x；char y； ｝

struct abc s1，s2；

则会发生的情况是_____。

A. 编译时错

B. 程序将顺序编译、连接、执行

C. 能顺序通过编译、连接，但不能执行

D. 能顺序通过编译，但连接出错

(5) 设有以下语句：

```
typedef   struct   S｛
   int g；char   h；
｝ T；
```

则下面叙述中正确的是_____。

A. 可用 S 定义结构体变量　　　　B. 可以用 T 定义结构体变量

C. S 是 struct 类型的变量　　　　D. T 是 struct S 类型的变量

(6) 有如下说明语句：

struct stu {

int a ; float b ;

} stutype ;

则以下叙述中不正确的是_____。

A. struct 是结构体类型的关键字

B. struct stu 是用户定义的结构体类型

C. stutype 是用户定义的结构体类型名

D. a 和 b 都是结构体成员名

(7) 下面定义中，对成员函数 x 的引用形式正确的是_____。

struct test{

　int x,y; float x,y;

}

struct test1 {

　int x,y; test　t1;

}tt;

A. tt. t1. x　　　　B. t1. x　　　　C. . t1. tt. x　　　　D. tt. x

(8) 对于结构体变量，下列说法正确的是_____。

struct test1{

　int　x,y;

　float　x,y;

}

struct test2{

　int x,y;

　float m,n;

}t3,t4;

A. test1，test2，t3，t4 可以相互赋值

B. 只有 test1 和 test2，t3 和 t4 之间可以相互赋值

C. test1，test2，t3，t4 之间均不可以相互赋值

D. 结构体变量不可以整体赋值

(9) 设有定义：

struct complex

{ int real,unreal;

} data1＝{1,8},data2；

则以下赋值语句中错误的是_____。

A. data2＝(2,6)；　　　　　　　B. data2＝data1；

C. data2、real＝data1、real；　　　D. data2、real＝data1、unreal；

（三）结构体类型变量的引用

【知识点梳理】

（1）引用格式：结构体变量名.成员名。

例如：stu.num　　　引用了结构体变量 stu 的 num 成员。

（2）结构体变量进行初始化方法：

① 在定义类型时直接初始化，如：

```
struct stu
{   int num;
    char name[10];
        float    scroce;
}s1={1001,"LiuMing",87.5};
```

② 在定义变量时直接初始化，如：

```
stu s2={1002,"LiShan",80};
```

③ 把结构体变量的成员看成一个普通变量，进行相应的初始化，如：

```
s2.num=1003;
cin>>s2.name;                           //从键盘进行整体输入来进行初始化
```

④ 使用时注意：

a. 不能对结构体变量进行整体输入与输出。

b. 具有相同类型的结构体变量可以相互赋值。

c. 对结构体成员变量可以参与该变量类型的所有运算。

（3）结构体可以嵌套定义。如：

```
struct stu              等价于：        struct data
{   int num;                           {   int month;
    char name[10];                         int dat;
    struct data                            int year; };
    {   int month;                     struct stu
        int dat;                       {   int num;
        int year;                          char name[10];
    }birthday;                             data birthday;
};                                     };
```

在嵌套定义后对于变量的成员引用是"逐级引用"，如：stu s1;

要访问 year 成员的方法为：s1.birthday.year=1998;

【基础题】

（1）若已经定义 struct stu { int a，b；} student；则下列输入语句中正确的是_____。

A. cin>>a;                          B. cin>>student;

C. cin>>stu、a ;                     D. cin>>student、a;

（2）对于下列结构体变量，说法正确的是_____。

struct st1 {int a， b ； float x， y ； } s1， s2 ；

struct st2 {int a， b ； float x， y ； } s3， s4 ；

A. s1、s2、s3、s4 可以相互赋值

B. 只有 s1 和 s2,s3 和 s4 之间可以相互赋值

C. s1、s2、s3、s4 之间均不可以相互赋值

D. 结构体变量不可以整体赋值

（3）已知下面一段程序：

```
struct stu
{   int no;
    char name[10];
    char sex;
    struct
      {   int year;
          int month;
          int day;}birth;
};
int main(){ stu s1={1,"wang",'X',96,2,28};cout<<s1、birth、month;}
```

则执行后的输出结果为_____。

A. 96            B. 2            C. 28            D. 1

（4）以下选项中不能正确把 cl 定义成结构体变量的是_____。

```
① typedef struct
{int red；
int green；
int blue；
} COLOR；
COLOR cl；
② struct color cl
{ int red；
int green；
int blue；
};
③ struct color
{ int red；
int green；
int blue；
}cl；
④ struct      {
int red；
 int green；
```

int blue；

}c1；

A. ①　　　　　　　B. ②　　　　　　　C. ③　　　　　　　D. ④

（5）以下对结构体类型变量的定义不正确的是_____。

A.  #define STUDENT struct student

　　　　STUDENT{int num；float age；}std1；

B.  struct student

　　　　{int num；float age；}std1；

C.  struct

　　　　{int num；float age；}std1；

D.  struct

　　　　{int num；float age；}student；

　　　　student std1；

（6）以下各组结构体或结构体变量的定义语句中，错误的是_____。

A.  struct st{

　　　　int a,b ；

　　　　float x,y ；

　　}

　st s1, s2 ；

B.  struct st{

　　　　int a,b ；

　　　　float x,y；}s1, s2 ；

C.  struct{

　　　　int a,b ；

　　　　float x,y ；

　　}s1, s2 ；

D.  struct st{

　　　　int a,b ；

　　　　float x,y；} ；

（7）下列代码的运行结果是_____。

```cpp
#include<iostream>
using namespace std；
struct A
{
public：
    A(){}；
    virtual void Dynamic()
    {
        cout <<"A" <<endl；
    }
protected：
    void fun()；
private：
    int m_Data；
};
```

```
struct B:public A
{
public:
    virtual void Dynamic()
    {
        cout <<"B" <<endl;
    }
};
int main()
{
    A * pa =new B;
    pa->Dynamic();
    return 0;
}
```

A. A          B. B          C. null          D. 0

## （四）指向结构体的指针变量

【知识点梳理】

（1）指向结构体的指针变量是指该变量所分配内存段的首地址（起始地址）。

（2）格式:( * p).成员名　或者　p->成员名

实例:设有结构体定义:

```
struct stu
{   int no;
    char name[10];
    char sex;}s1, * p; p=&s1;
```

对于结构体变量 s1 的成员,就有三种访问形式:

（1）s1. no=100;（2）p->no=200;（3）( * p). no=300;

【典型例题讲解】

【例1】 某结构体变量定义如下,对此结构体变量成员的引用形式正确的是_____。

```
struct test{
    int a,b;
    float x,y;
}t1, * t2;
t2=&t1;
```

A. t1->a       B. t2->b       C. t2. x       D. * t2. y

分析:B 选项 t2->b 相当于( * t2). b,但这种形式仅限用于 t2 是一个指针变量。对于 A 选项,结构体变量是不能用->形式访问的,正确的引用形式是 t1. a。

答案:B

【基础题】

（1）某结构体变量定义如下，对此结构体变量的成员的引用形式正确的是_____。

struct test {int a， b；float x， y ； } t1， ＊t2 ；

t2＝&t1 ；

A. t1->a B. t2->b C. t2. x D. ＊t2. y

（2）若有以下说明和语句：struct test { int x； int y；} t1，＊t2；t2＝&t1；则以下对结构体变量 test 中成员 x 的引用方式不正确的是_____。

A. test. x B. t2->x C. （＊t2）. x D. ＊t2. x

（3）有以下程序段：

struct test {

int x；

int ＊y；

} ＊t；

int a[]＝{1,2}；

b[]＝{3,4}；

struct test c[2]＝{10,a,20,b}；

pt＝c；

以下选项中表达式的值为 11 的是_____。

A. ＊t->y B. t->x C. ++t->x D. （t++）->x

（4）有以下说明和定义语句：

struct student {

int age；

char num[8]；

}；

struct student stu[3]＝{{20,"200401"},{21,"200402"},{19,"200403"}}；

struct student ＊p＝stu；

以下选项中引用结构体变量成员的表达式错误的是_____。

A. （p++）->num B. p->num

C. （＊p）. num D. stu[3]. age

（5）设有如下定义：

struct sk {

int a；float b；

}data，＊p；

若有 p＝&data；，则对 data 中的 a 域的正确引用是_____。

A. （＊p）. data. a B. （＊p）. a

C. p->data. a D. p. data. a

（6）设有如下定义：

struct sk {

int a； float b； }data，＊p；

若有 p=&data;则对 data 中的 a 成员的正确引用是_____。

A. （＊p）.data.a B. （＊p）.a

C. p->data.a D. p.data.a

## （五）结构体数组

【知识点梳理】

（1）元素类型为结构体变量的数组称为结构体数组。

（2）定义方法与结构体变量的定义方法类似,如:

```
struct stu
{ int no;
    char name[10];
    char sex;}s[5];
```

注意:

① 定义了一个包含 5 个元素的结构体数组,元素为:s[0],s[1],s[2],s[3],s[4]。

② 初始化时要对结构体变量中的每个成员进行相应的初始化。

对结构体数组元素的引用,应使用下面的引用方式:

结构体数组名[下标].成员名

例如:s[0].sex //引用了 s 数组中的第 1 个元素的成员 sex

不能对结构体数组元素进行整体输入与输出,只能对单个成员进行相应的处理。

例如: cout<<s[1]; //错误

cout<<s[1].no //正确

【典型例题讲解】

【例1】 已知有如下定义:

```
struct per
{ char name[9];
int age; };
per class[9]={"Mike",18,"James",17,"George",19, "Michelle",20};
```

则执行后能输出字母 G 的语句是_____。

A. cout<<class[3].name; B. cout<<class[3].name[1];

C. cout<<class[2].name[1]; D. cout<<class[2].name[0];

分析:从定义可知,class 是长度为 9 的结构体数组,在初始化时按照先后次序对数组前 4 个结构体变量进行了初始化,即对 class[0]~class[3]进行了初始化,初始化的值分别为:

class[0].name="John",class[0].age=17;

class[1].name="Paul",class[1].age=19;

class[2].name="Mary",class[0].age=18;

class[3].name="adam",class[0].age=16;

而后面没有初始化的元素值系统设定为 0,对于 A 答案因为 name 成员为字符型数组,name 是数组名,根据字符型数组可以进行整体输出的特点,输出结果为:Michelle,而对于 B 答案,根据数组下标从 0 开始的特点,输出结果为:i,同理,C 答案输出的结果为:e,而 D 答案中 class[2].name[0]正好就是 G 字母。因此,D 为正确答案。

答案:D

【例2】　有以下程序:

```
#include<iostream>
using namespace std;
struct S{
int a,b;
}data[2]={10,100,20,200};
int main(){
struct S p=data[1];
cout<<++(p.a);
}
```

程序运行后的输出结果是_____。

A. 10 　　　　　　B. 11 　　　　　　C. 20 　　　　　　D. 21

分析:结构体变量 p 赋值为结构体数组第二个元素的值,即 p.a=20,p.b=200;所以输出++(p.a)为 21。

答案:D

【例3】　有以下程序:

```
#include<iostream>
using namespace std;
struct ord{
int x,y;
}dt[2]={1,2,3,4};
int main() {
struct ord * p=dt;
cout<<++(p->x);
cout<<++(p->y);
}
```

程序运行后的输出结果是_____。

A. 12 　　　　　　B. 41 　　　　　　C. 34 　　　　　　D. 23

分析:dt 是一个结构体类型的数组,其有两个结构体元素,p 是结构体类型指针,其指向 dt 即指向结构体数组的首地址,p->x 和 p->y 分别是结构体数组第一个元素的 x 成员和 y 成员的值,++在前则是先自增 1 再参与运算,所以输出的是 1+1=2,和 2+1=3,故选 D。

答案:D

【基础题】

1. 选择题

(1) 若有以下程序段:

```
struct ss{int n; int * m;};   int i=1,j=2,k=3;
ss s[3]={{101,&i},{102,&j},{103,&k}};
```

```
void main(  )
{ ss * p；  p=s；……}
```

则以下表达式值为 2 的是_____。

A. (p++)->m                    B. *(p++)->m

C. (*p).m                      D. *(++p)->m

(2) 有以下程序：

```
#include <stdio.h>
struct   S{
int   a,  b；
} data[2]={10,100,20,200}；
Int main() {
struct   S  p=data[1]；
cout<<++(p.a)；
}
```

程序运行后的输出结果是_____。

A. 10                          B. 11

C. 20                          D. 21

(3) 有以下程序：

```
#include <stdio.h>
typedef struct {
int   b, p；
} A；
void f(A   c)                   //注意:c 是结构变量名
{ int   j；
c.b +=1；
c.p +=2；
}
int main() {
    int   i；
A   a={1,2}；
f(a)；
cout<<a.b<<","<<a.p；
}
```

程序运行后的输出结果是_____。

A. 2,4                         B. 1,2

C. 1,4                         D. 2,3

(4) 有以下程序：

```
#include <iostream >
using namespace std；
```

```
struct STU
{ int   num;
float   TotalScore;   };
void f(struct STU   p)
{ struct STU   s[2]={{20044,550},{20045,537}};
p. num =s[1]. num;       p. TotalScore =s[1]. TotalScore;
}
int main()
{ struct STU   s[2]={{20041,703},{20042,580}};
f(s[0]);
cout<<s[0]. num<<" "<<s[0]. TotalScore;
return 0;
}
```

程序运行后的输出结果是_____。

A. 20045 537  　　　　　　B. 20044 550

C. 20042 580  　　　　　　D. 20041 703

(5) 有以下程序：

```
#include <iostream>
  using namespace std;
  struct STU
{ char   name[10];
  int   num; };
  void f(char   * name，int   num)
{ struct STU   s[2]={{"SunDan",20044},{"Penghua",20045}};
  num =s[0]. num;
  strcpy(name，s[0]. name);
}
int main()
{ struct STU   s[2]={{"YangSan",20041},{"LiSiGuo",20042}}，* p;
  p=&s[1];    f(p->name，p->num);
  cout<<p->name<<" "<<p->num;
}
```

程序运行后的输出结果是_____。

A. SunDan　20042  　　　　B. SunDan　20044

C. LiSiGuo　20042  　　　　D. YangSan　20041

(6) 有以下程序：

```
struct STU
{ char   name[10];     int   num;     float   TotalScore;   };
void f(struct STU   * p)
```

```
{ struct STU    s[2]={{"SunDan",20044,550},{"Penghua",20045,537}}, * q=s;
++p ;   ++q;   * p= * q;
}
Int main()
{ struct STU    s[3]={{"YangSan",20041,703},{"LiSiGuo",20042,580}};
f(s);
cout<<s[1]. name<<" "<<s[1]. num<<" "<<s[1]. TotalScore;
}
```

程序运行后的输出结果是_____。

A. SunDan　20044　550　　　　　B. Penghua　20045　537

C. LiSiGuo　20042　580　　　　　D. SunDan　20041 703

(7) 有以下程序：

```
struct STU
{   char name[10];
    int num;
    int Score;
};
int main( )
{   struct STU    s[5]={{"YangSan",20041,703},{"LiSiGuo",20042,580},
                        {"wangYin",20043,680},{"SunDan",20044,550},
                        {"Penghua",20045,537}}, * p[5], * t;
    int i,j;
    for(i=0;i<5;i++)    p[i]=&s[i];
    for(i=0;i<4;i++)
      for(j=i+1;j<5;j++)
        if(p[i]->Score>p[j]->Score)
          { t=p[i];p[i]=p[j];p[j]=t;}
    cout<<s[1]. Score<<" "<<p[1]->Score;
}
```

执行后输出结果是_____。

A. 550　550　　　　　　　　　　B. 680　680

C. 580　550　　　　　　　　　　D. 580　680

2. 填空题

(1) 以下程序运行结果是_____。

```
#include<iostream>    using namespace std;
void main( )
{   struct   EXAMPLE {
      struct { int x ;   int   y ;   } in;
      int a;
```

```
      int b;
    }  e;
    e. a=7;  e. b=8;  e. in. x=e. a * e. b;
    e. in. y=e. a+e. b;
    cout<<e. in. x<<e. in. y<<'\n' ;
}
```

(2) 以下程序运行结果是_____。

```
#include<iostream>
using namespace std;
struct st
{  int num;
    char name[20];
    char sex[4];
}a[4]={{1001,"刘","男"},{1002,"吴","女"},{1003,"温","男"},{1004,"张",
"男"}};int main()
{ cout<<"num:"<<a[1]. num<<endl;
    cout<<"name:"<<a[1]. name<<endl;
    cout<<"sex:"<<a[1]. sex<<endl;
}
```

(3) 以下程序运行结果是_____。

```
#include<iostream>
using namespace std;
struct student
{
int num;
char name[20];
float score1,score2,sum,average;
};
int main()
{
struct student stu[5];
int i;
for(i=0;i<5;i++)
{
cout<<"请依次输入第"<<(i+1)<<"个学生的学号,姓名,和两门成绩:";
cin>>stu[i]. num;
cin>>stu[i]. name;
cin>>stu[i]. score1;
cin>>stu[i]. score2;
```

```
    stu[i]. sum=stu[i]. score1+stu[i]. score2;
    stu[i]. average=stu[i]. sum/2;
    }
    cout<<"学号 姓名 成绩 总成绩 平均成绩"<<endl;
    for(i=0;i<5;i++)
    cout<<stu[i]. num<<" "<<stu[i]. name<<" "<<stu[i]. score1<<" "<<stu[i].
score2<<" "<<stu[i]. sum<<" "<<stu[i]. average<<endl;
    return 0;
    }
```

（4）以下程序运行后的输出结果是_____。

```
struct   NODE
{ int   num;   struct NODE   * next;
} ;
int main()
{   struct NODE   s[3]={{1, '\0'},{2, '\0'},{3, '\0'}}, * p, * q, * r;
    int   sum=0;
    s[0]. next=s+1;   s[1]. next=s+2;   s[2]. next=s;
    p=s;      q=p->next;      r=q->next;
    sum+=q->next->num;      sum+=r->next->next->num;
    cout<<sum;
      return 0;
}
```

（5）以下程序运行后的输出结果是_____。

```
struct   NODE
{  int   k;
    struct NODE   * link;
};
main()
{
   struct   NODE   m[5], * p=m, * q=m+4;
   int   i=0;
   while(p!=q)
   {  p->k=++i;   p++;
      q->k=i++;   q--;
   }
   q->k=i;
   for(i=0;i<5;i++)
     cout<<m[i]. k;
}
```

（6）若有如下结构体说明：

struct STRU

{　int　a，b；　char　c；　double　d；

struct　STRU　p1，p2；

}；_____ t[20]；

请填空，以完成对 t 数组的定义，t 数组的每个元素为该结构体类型。

3. 编程题

（1）设计一个通信录的结构体类型，并画出该结构体变量在内存中的存储形式。

（2）用结构体变量表示平面上的一个点（横坐标和纵坐标），输入两个点，求两点之间的距离。

（3）对候选人得票的统计程序：设有 3 个候选人，今有 10 个人参加投票，从键盘先后输入这 10 个人所投的候选人的名字，要求最后输出这 3 个候选人的得票结果。

（4）学生的记录由学号和成绩组成，N 名学生的数据已在主函数中放入结构体数组 s 中，请编写函数 fun，它的功能是：把指定分数范围内的学生数据放在 b 所指的数组中，分数范围内的学生人数由函数值返回。例如：输入的分数范围是 60 和 69，则应当把分数在 60 到 69 的学生数据进行输出，包含 60 分和 69 分的学生数据，主函数中将把 60 放在 low 中、把 69 放在 high 中。

## 二、链表

### （一）new 和 delete 运算符

【知识点梳理】

（1）new 运算符用于动态申请内存空间，如果申请成功系统将返回被分配地址空间的首地址。通常需要通过一个指针变量来指向。

（2）new 申请的两种格式：

① 指针变量=new 类型名［元素个数］

说明：new 是关键字；类型名表示单位空间的大小；元素个数表示要申请多少个这样的单位空间，当省略时，表示只申请一个单位空间；指针变量用来指向分配空间的首地址，方便以后访问。

举例：

char ＊ p=new int[10]　　/＊表示动态申请了单位长度为 int 类型，长度为 10 的动态空间，动态空间的首地址由 p 指针指向。实际就是申请了一个长度为 10 的整型数组空间＊/

② 指针变量=new 类型名（空间初始值）

说明：new 是关键字；类型名表示单位空间的大小；（）内部的值为给这个单位空间进行初始化。

举例：

char ＊ p=new int(10)　　/＊表示动态申请了一个整型类型的空间，空间的初始值为 10；空间的首地址由 p 指针指向＊/

（3）delete 运算符用于释放由 new 运算符分配的空间。两者是配合使用的。

（4）delete 释放的两种格式：

① delete 　指针变量；

说明：释放指针变量所指向的内存空间。

举例：

delete p;

② delete ［ ］指针变量；

说明：释放指针变量所指向的内存空间为首地址的一片连续空间，一般用来释放动态申请的数组空间。

举例：

char ＊ p＝new int［10］ ·//动态申请一片长度为 10 的连续空间

delete ［ ］p； 　　　　　//动态释放了一片以 p 为首地址长度为 10 的连续空间

【基础题】

（1）若有定义：int x，＊ y；则下面赋值正确的是_____。

A. ＊ y＝new int(2)； 　　　　　　　B. ＊ y＝new int［x］；

C. y＝new ＊ int［2］； 　　　　　　　D. y＝new int［x］；

（2）关于 delete 运算符的下列描述中_____是错误的。

A. 它必须用语句 new 返回的指针

B. 它也适用于空指针

C. 对一个指针可以使用多次该运算符

D. 指针名前只用一对方括号符，不管所删除数组的维数

（3）定义 int ＊ p1，＊ p2，＊ p3，＊ p4；则下列动态内存的申请中不可以存放一个 3 行 4 列的整型二维数组的是_____。

A. p1＝(int ＊ )(new int［3］［4］)；

B. p2＝new int［4］；

C. p3＝(int( ＊ )［4］)new int［4 ＊ 3］；

D. p4＝new int［3］［4］；

（4）为了存放一个 5 行 6 列的二维数组，下列动态内存的申请不正确的是_____。

A. int ( ＊ p)［6］＝new int［5］［6］；

B. int ＊ p＝new int ［30］；

C. int ( ＊ p)［6］＝new int ［6］；

D. int ( ＊ p)［6］＝(int( ＊ )［6］)new int［30］；

（5）设有定义 int ( ＊ p)［6］＝new int ［5］［6］；则下列释放动态内存的语句编译系统会给出警告的是_____。

A. delete p； 　　　　　　　　　　　B. delete ［ ］p；

C. delete ［5］p； 　　　　　　　　　D. delete ［30］(int ＊ )p；

（6）对于动态分配内存空间描述正确的是_____。

A. 使用 new 运算符分配的内存空间的长度必须是常量

B. delete 运算符可以释放动态的存储空间和静态的存储空间

C. 由 new 分配的内存空间是不连续的

D. delete 运算符只能释放由 new 分配的动态存储空间

## （二）链表

【知识点梳理】

（1）链表是指利用定义的存储单元来存储线性表元素的一种数据结构,特点是存储空间不连续。类型有:单链表、双向链表、循环链表。如图 2-11 所示。

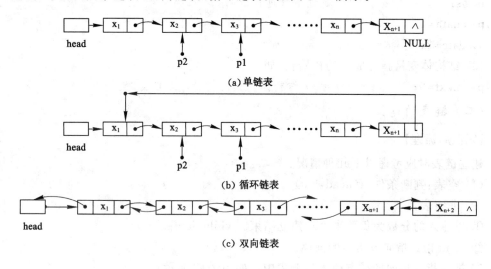

（a）单链表

（b）循环链表

（c）双向链表

图 2-11

（2）几个重要名词:

① 结点:链表中的每一个结构体变量称为一个结点。头结点是指链表中的第一个结点,尾结点是指链表中的最后一个结点。

② 头指针:在链表中用来存放第一个结点的地址的指针变量。通常用 head 表示。

③ 尾指针:在链表中最后一个结点的指针域。通常用"空"来表示,表示后面没有结点了,链表结束了。

④ 前驱:当前结点的前一个结点,如图 2-11 中的 p1 的前驱为 p2。头结点没有前驱。

⑤ 后续:当前结点的后一个结点,如图 2-11 中的 p2 的后续为 p1。尾结点没有后续。

⑥ 约定:常用标识符"NULL"或"null"代替 0 表示指针的值为"空"。

## 三、链表的基本操作

### （一）链表结点的创建

【知识点梳理】

结点的创建分为以下几步:

（1）定义结构体变量,如:

```
struct node
{ int num;
```

```
int data；
node * next            //指针成员,通常用来指向下一个结点
}s1,s2, * p；
```

（2）结构体变量数据成员的初始化,注意通常引入指针来访问实现,如：

```
s1. num=100；
s2. num=200；
p=&s1；                 //通过指针进行访问
p->data=1；
s2. data=2；
```

（3）结构体变量指针成员的初始化,如：

```
p->next=0；             //对 s1 结构体变量的指针域赋值为"空"
```

### （二）链表的建立

【知识点梳理】

建立链表时应考虑以下几种情况：

（1）空表:判断条件 if(head==0)

（2）非空表：

① 以输入的分数为负数来表示建立结束。while(score>=0)

② pend 指针指向 p 指向的前驱。

③ 把 p 指针指向的结点插入到链表中。如图 2-12 所示。

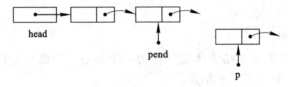

图 2-12

实现语句:pend->next=p； pend=p；

④ 设置尾结点标志:pend->next=0；

（3）把建立的链表的头指针 head 返回给主函数。实现语句:return head；

### （三）链表的输出

【知识点梳理】

链表的输出应考虑以下几个情况：

（1）空表:判断条件 if (head==0),然后直接退出:return；

（2）非空表:先用指针指向头指针:p=head,然后从链表中的第一个结点进行输出：cout<<p->num<<p->score<<endl;输出后指针向后移动:p=p->next;再进行输出,输出完后,继续移动,如此循环,直到 p 指针指向尾结点标志。尾结点的标志为:p->next==0,输出结束。因此,可以把它作为循环结束条件。因为在循环条件中,0 表示"假"。实现语句:while(p)。

（3）注意：

① head头指针不能移动，否则链表就会找不到。

② 循环条件不能是：while(p->next)；因为当p指针指向最后一个结点时，p->next==0，所以循环条件为假，系统将退出循环，最后一个结点的数据成员将不会进行输出。因此，条件应是：while(p)。

### （四）释放链表的结点空间

【知识点梳理】

（1）因为建立链表时是通过动态申请new运算符实现的，在处理结束后，应该通过delete运算符进行空间释放。

（2）在释放时须考虑以下几个情况：

① 表是空表：判断条件if(head==0)，然后直接退出：return；

② 因为是释放表，释放完后，表就不存在了，所以应该移动head头指针，方法是利用语句：delete p；释放一个结点，然后头指针向后移动：head=head->next；如此循环，直到表为空操作结束。语句：while(head)。

（3）注意：不能直接利用语句delete head进行删除，因为这样删除后，只有第一个结点的空间被释放了，后面所有的结点没有释放，并且也无法找到这些结点了。

## 四、链表的综合操作

### （一）结点的删除

【知识点梳理】

要删除某个结点，首先要找到这个结点，所以通常要通过查找语句来实现，找到这个结点。设有如下定义：

```
struct node
{ int data;
    node  * next
} * p1, * p2;
```

存在如下链表（图2-13）：假设要删除data值为"305"的结点。关键语句如下：

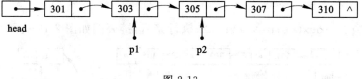

图2-13

（1）查找data成员值为305的语句：

while(p2->data!=305&&p2)  p2=p2->next;

说明：p2->data!=305&&p2条件中的第二个条件"p2"是用来控制查找的范围的，否则如果链表不存在305这个值，就会是死循环。

（2）删除：修改p1的next域的值即可：p1->next=p2->next；，如图2-14所示。

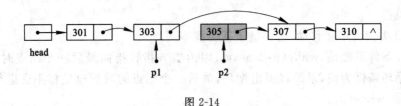

图 2-14

## （二）结点的插入

【知识点梳理】

（1）要进行结点的插入，首先要生成结点，通常是利用 new 动态申请空间然后完成初始化工作。

（2）首先要找到插入的位置，通常也是利用查找语句来实现。假设有如图 2-15 所示链表：

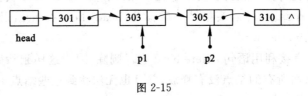

图 2-15

查找关键语句：

while(p2->data<306&&p2) {p1=p2;p2=p2->next;}

设要插入结点数据域值为 306 的结点，使插入后链表保持有序，即数据域有顺序。如图 2-16 所示。

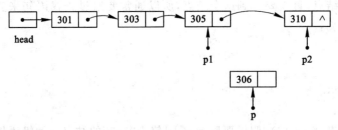

图 2-16

关键语句：p1->next=p;p->next=p2;执行完后，链表图如图 2-17 所示。

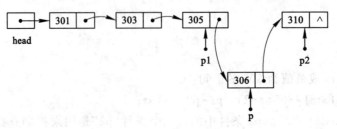

图 2-17

【基础题】

(1) 设单链表中结点的结构为(data,next)。已知指针 q 所指结点的前一个结点,若在 *q 与 *p 之间插入节点 *s,则应执行_____。

(2) Node 类型定义如下:

```
struct Node{
int data;
node * next;
}
```

函数 Node * Insert(int x,Node * head);的功能是用参数 x 产生一个新结点,将其插入链首(该链表无附加的头结点,第一个结点为有效结点),并返回链首指针。请完善函数。

```
Node * Insert(int x,Node * head){
Node * p=new Node;
p->data=x;
_____
head=p;
return head;
}
```

(3) 下列程序建立一个单向链表。函数 push(int x)在链首位置插入一个新结点,该新结点上的数据为 x。函数 pop()从链中取下链首结点,并返回该结点上的数据。若链表无结点,则函数 pop()返回 0。请完善函数。

```
struct Node{
  int data;
  Node * next;
};
Node * top=0;
void push(int x){
  Node * p=   (1)   ;
  p->data=x;
    (2)   ;
  top=p;
}
int pop(void){
  int t=0;
  Node * p=top;
  if(p){
    top=   (3)   ;
    t=p->data;
      (4)   ;
  }
```

```
    return t;
}
```

（4）欲在一个链表的中间结点 Pointer 之后插入一个新结点 NEW，其链域为 next，给出插入操作的链连接语句_____。

（5）设链表上结点的结构定义如下：

```
struct NOD{
    int num;
    node  * next;
};
```

函数 create() 的功能为创建一个有序的链表（结点按 x 的值升序排序），参数 n 为链表上要产生的结点个数，函数返回该有序链表的头指针。算法思想：每产生一个新的结点，插入到链表的恰当位置，使得插入新结点以后的链表仍然保持有序。请完善函数。

```
___(1)___  create(int n){                    //函数定义
    node  * p, * p1, * p2, * h=NULL;
    int i=0;
    if(n<1) return NULL;
    while(___(2)___){
        p=new node;
    cin>>p->num;p->next=NULL;
    if(h==NULL)  ___(3)___;
    else{
        p1=p2=h;
        while(p2&&p->num >=p2->num){
            p1=p2;
            ___(4)___;
        }
        if(p2==h){p->next=p2;h=p;}
        else{p->next=p2;p1->next=p;}
    }
    i++;
    }
    return h;
}
```

## （三）查找结点

【知识点梳理】

查找的关键是利用循环语句来进行，但要考虑几个特殊情况：

空表：判断条件 if(head==0)

用循环语句来查找：while(p->data!="要查找的值"&& p)

找到:if(p->data=="要查找的值")　〔相应的处理〕

没有找到:else 条件成立就是没有找到的情况。

【基础题】

以下函数 creat 用来建立一个带头结点的单向链表,新产生的结点总是插在链表的末尾。单向链表的头指针作为函数值返回,请填空。

```
#include<iostream>
  using namespace std;
struct list
{ char data;
struct list * next;
};
struct list * creat()
{    struct list * h, * p, * q; char ch;
h=_(struct list * )　 (1)   malloc(sizeof(struct list));
p=q=h;
ch=getchar();
while(ch!='?')
{   p=_(struct list * )   (2)   malloc(sizeof(struct list));
p->data=ch;
p->next=p;
q=p;
ch=getchar();
}
p->next='\0';
return(h)   (3)   ;
}
```

## (四) 链表的综合举例

【知识点梳理】

(1) 利用三大基本操作(查找、插入、删除)进行相应的链表综合操作。

(2) 基本的链表的综合操作主要有:排序、合并、逆序等。

(3) 在操作时,常用的方法是链表结构不动,只操作相关数据域的值,进行排序、合并等操作。因为链表的操作比普通数据值的操作要复杂很多。

【基础题】

1. 选择题

(1) 非空的循环单链表 head 的尾结点(由 p 所指向),满足_____。

A. p->next==NULL                     B. p==NULL

C. p->next=head                       D. p=head2

(2) 有一个双向链表,结点结构为:struct node{int num;node * prev;node * next;};

其中 p->prev 指向 p 的前驱结点;p->next 指向 p 的后继结点。在该链表上删除结点 p 的操作是_____。

    A. p->prev->next=p->next;p->next->prev=p->prev;

    B. p->prev->next=p->prev;p->next->prev=p->next;

    C. p->prev->prev=p->next;p->next->next=p->prev;

    D. p->prev=p->next;p->next=p->prev;

（3）以下关于链表与数组的说法中,不正确的是_____。

    A. 链表相邻结点所占的内存并不一定相邻,所以用指针访问链表的下一个结点时不能像访问数组元素那样用指针自增的方法实现

    B. 数组的每个元素是一种基本类型的数据,而链表的结点可以存放不同类型的数据

    C. 对链表中结点的访问要通过链表的其他结点来链接,而对数组元素的访问可以直接指定其下标

    D. 数组定义好后其长度是不可改变的,链表则不然

2. 填空题

（1）设指针 p 指向某链表,该链表结点使用了如下的结构体定义:

```
struct node{
    int x,y,z;
    node * next;
};
```

则指针 p 所指向的结点是为链表尾的条件是___(1)___;设指针 p0 指向 p 所指向的结点的前一个结点,则删除结点 p 的操作为___(2)___和___(3)___;在 p0 和 p 之间插入结点 p1 的操作为___(4)___和___(5)___。

（2）设有如下结构体定义:struct node{int x,y,z;node * next;};则为该结构体定义一个名为 NODE 的类型可使用语句___(1)___,通过该类型名再定义新的结构体变量 n1 和 n2 可使用语句___(2)___。

## 五、章节测试题

1. 选择题

（1）VC++语言结构体类型变量在程序执行期间_____。

    A. 所有成员一直驻留在内存中    B. 只有一个成员驻留在内存中

    C. 部分成员驻留在内存中    D. 没有成员驻留在内存中

（2）已知一个结构体定义如下:

```
struct per
{   int num;
    int age;
    char name[10];
    struct
    {   int year;
```

　　　　int month;

　　　　int day;} birth;　};

　　per w;设变量 w 中的"生日"应该是"1996 年 2 月 28 日",下列对"生日"的正确赋值方式是_____。

　　A. year=1996;month=2;birth. month=28;

　　B. birth. year=1996;birth. month=2;birth. day=28;

　　C. w. year=1996;w. month=2;　w. day=28;

　　D. w. birth. year=1996;w. birth. month=2;　w. birth. day=28;

　　(3) 若有如图 2-18 所示单向有序链表:

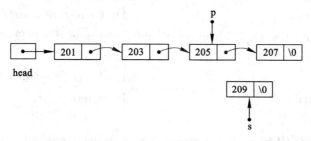

图 2-18

在下面的语句中,不能将指针 s 所指向的结点插入到链表末尾使链表仍然保持有序的语句是_____。

　　A. s->next=Null; p=p->next; p->next=s;

　　B. p=p->next; s->next=p->next; p->next=s;

　　C. p=(*p). next; (*s). next=(*p). next; (*p). next=s;

　　D. p=p->next;　s->next=p;　p->next=s;

　　(4) 设有以下语句:

struct test

{ int x; test * next;};

　　test t[3]={5,&t[1],7,&t[2],9,'\0'},* t1

　　t1=&t[0];

则以下表达式的值为 6 的是_____。

　　A. t1->x++　　　　　　　　　　　B. t1++->x

　　C. (*t1). x++　　　　　　　　　　D. ++t1->x

　　(5) 若有以下说明和语句,则下面表达式中值为 501 的是_____。

struct person

{　int age; int num;};

　　person per[3]={{500,520},{501,521},{503,522}};

　　struct person * p;

　　p=stu;

　　A. (p++)->num　　　　　　　　　　B. (++p)->age

　　C. (*p). num　　　　　　　　　　　D. (*++p). age

（6）设有结构体定义如下：

struct test{int x;float y;}t1={500,501};

struct {int x;float y;}t2；

则下列使用中,正确的是_____。

A. t2=t1；  B. cin>>t2；

C. cout<<test. x；  D. t2. x=t1. x

（7）对于如下的定义：struct node{char data；node * next;} n1,n2, * n3= &n1, * n4= &n2；则不能把结点 n2 连接到结点 n1 之后的语句是_____。

A. n1. next=n4；  B. n3->next= &n2；

C. n3. next= &n2；  D. ( * n3). next=n4；

（8）设有定义 int ( * tt)[500]=new int [500][600]；则下列释放动态内存的语句不正确的是_____。

A. delete tt；  B. delete [30](int * )tt；

C. delete [5]tt；  D. delete [ ]tt；

2. 填空题

（1）设有如下结构体定义：struct student{int number ； student * next;}；则定义该结构体变量 s1,s2 可以使用语句_____。

（2）设有定义：int  a[5][5]；通过动态申请获得 a 数组一样大小的内存空间的语句为 __(1)__ 。执行结束后,动态释放这片空间的语句为 __(2)__ 。

（3）下列程序的输出结果是_____。

```
#include<iostream>
    using namespace std;

int main()
{
    struct date
    {int year,month,day;}today;
    cout<<sizeof(struct date)<<endl;
}
```

（4）以下程序运行结果是_____。

```
#include<iostream>
    using namespace std;
int main( )
{   struct   s1 {
        char c[4], * s ;
    } s1={"abc", "def"} ;
    struct   s2 {
        char * cp ;
        struct s1 ss1 ;
```

```
    } s2={ "ghi", {"jkl", "mno"} } ;
    cout<<s1.c[0]<<'\t'<< * s1.s<<'\n' ;
    cout<<s1.c<<'\t'<<s1.s<<'\n' ;
    cout<<s2.cp<<'\t'<<s2.ss1.s<<'\n' ;
    cout<<++s2.cp<<'\t'<<++s2.ss1.s<<'\n' ;
}
```

（5）下列程序的输出为_____。

```
#include<iostream>
  using namespace std;
    int main( )
      { struct student {
        int a,  b ;
        char str1[4] ;
      } st1[5]={1, 2, 'a', 'b', 'c', 'd', 'e', 'f', 'g', 'h'} ;
      cout<<st1[1].str1<<'\n' ;
}
```

（6）链表上结点的数据结构定义如下：

```
struct node{
  int data;
  node * next;
};
```

设已建立了一条链表，h 为链首指针。函数 Del_add 的功能为：若链表上能找到 x 值为 value 的结点，则从链表上删除该结点（假定链表上各个结点的值是不同的）；否则构造一个新结点，其 x 值为 value，并将新结点插入链尾。该函数返回新链表的头指针。请完善函数。

```
node * Del_add(node * h,int value){
  node * p1,* p2;
  int flag=0;              //flag 值为 1 时,表示已删除值为 value 的结点
  p1=h;
  while(p1&&flag==0){
    if(p1->data==value){
      flag=1;
      if(p1==h){
        ___(1)___ ;
        delete p1;
      }
      else{
        ___(2)___ ;
        delete p1;
      }
```

```
    }
    else{
       p2=p1;
        (3)    ;
    }
  }
  if(flag ==0){
     p1=new node;
     p1->data=value;
     p1->next=0;
     if(h==0)h=p1;
     else   (4)   ;
  }
  return   h;
}
```

（7）以下程序是用比较计数法对结构体数组 a 按成员 num 进行排序。该算法的基本思想是：通过另一成员 con 记录 a 中小于某一特定关键字的元素的个数，待算法结束，a[i].con 就是 a[i].num 在 a 中的排序位置。请完善程序。

```
#include<iostream>
using namespace std;
#define N 8
struct c{
  int num;int con;
}a[16];
int main(void){
  int i,j;
  for(i=0; i<N; i++){
cin>>a[i].num;
    (1)   ;
}
  for(i=N-1;i>=0;i--)
    for(j=N-1;j>=0;j--)
      if (a[i].num<a[j].num)   (2)   ;
      else   (3)   ;
  for (i=0;i<N;i++)cout<<a[i].num<<'\t'<<a[i].con<<'\n';
}
```

（8）下面的程序中 change 函数的作用是将单链表进行逆序，如原链表上 data 值为：1，2，3，4，5，6，逆序后链表上的 data 值为：6，5，4，3，2，1。试完善程序。

```
#include<iostream>
```

```
using namespace std;
struct node
{
    int data;
    node * next;
};
node * change(node * head)
{
    node * p=head, * q;
    head=    (1)    ;
    while(p)
    {
        q=p->next;
        p->next=    (2)    ;
        head=    (3)    ;
        p=    (4)    ;
    }
    return head;
}
int main()
{
    node x[6]={{1},{2},{3},{4},{5},{6}}, * h1=x, * p;
    for(int i=0;i<6;i++)
        x[i]. next =&a[i+1];
    x[5]. next=NULL;
    p=change(h1);
    while(p)
    {
        cout<<p->data<<'\t';
        p=p->next ;
    }
}
```

3. 编程题

(1) 用结构体变量表示复数(实部和虚部),输入两个复数,求两复数之积。

(2) 有 100 个学生,每个学生的数据包括学号(num)、姓名(name)、性别(sex)、五门课程成绩(score[5])。要求编写一个程序,输入学生数据,计算并输出每个学生的总分和平均分。

(3) 本程序中主函数建立一条单向链表,链表上的一个结点为一个学生记录(由学号和成绩组成)。在主函数中建立若干名学生的记录,并存放在链表中。函数 fun 的功能是:先求出链表上所有学生的平均成绩,并通过形参 aver 带回;然后将高于或等于平均成绩的学生记录放在 h 所指向的新链表中;最后返回新链表的头结点指针 h。

(4)本程序首先在主函数中建立一个链表,函数 fun 的功能是将链表上各结点成员 data 的值为偶数的结点依次调到链表的前面。算法思想是:根据结点的值分为奇偶数两个链表,然后将两个链表拼接在一起。在主函数中输出拼接后的链表。

4. 改错题

(1)下面代码每个注释"ERROR ＊＊＊＊＊＊＊＊＊＊found＊＊＊＊＊＊＊＊＊＊"之后的一行语句有错误,请改正这些错误,使程序的输出结果为 1 2 3 4 5 6 7 8 9 10。

代码如下:

```
#include <iostream>
using namespace std;
class MyClass {
public:
    MyClass(int len)
    {
        array =new int[len];
        arraySize =len;
        for(int i =0; i <arraySize; i++)
            array[i] =i+1;
    }
    ~MyClass()
    {
// ERROR ＊＊＊＊＊＊＊＊＊＊found＊＊＊＊＊＊＊＊＊＊
        delete array[i];
    }
    void Print() const
    {
        for(int i =0; i <arraySize; i++)
// ERROR ＊＊＊＊＊＊＊＊＊＊found＊＊＊＊＊＊＊＊＊＊
            cin <<array[i] <<' ';
        cout <<endl;
    }
private:
    int ＊ array;
    int arraySize;
};
int main()
{
// ERROR ＊＊＊＊＊＊＊＊＊＊found＊＊＊＊＊＊＊＊＊＊
```

```
    MyClass obj;
    obj. Print();
    return 0;
}
```

（2）下面程序中有枚举 PetType、宠物类 Pet 和主函数 main 的定义。程序中位于每个//ERROR ＊＊＊found＊＊＊之后的一行语句有错误，请加以更正。更正后程序的输出应为：

There is a dog named Doggie

There is a cat named Mimi

There is an unknown animal named Puppy

代码如下：

```
#include <iostream>
using namespace std;
//宠物类别:狗、猫、鸟、鱼、爬行动物、昆虫、其他
enum PetType{DOG, CAT, BIRD, FISH, REPTILE, INSECT, OTHER};
class Pet{                            //宠物类
    PetType type;                     //类别
    char name[20];                    //名字
public:
    Pet(PetType type, char name[]){
        this->type=type;
        //将参数 name 中的字符串复制到作为数据成员的 name 数组中
        //ERROR ＊＊＊＊＊＊＊＊＊＊found＊＊＊＊＊＊＊＊＊＊
        this->name=name;
    }
//ERROR ＊＊＊＊＊＊＊＊＊＊found＊＊＊＊＊＊＊＊＊＊
    PetType getType()const{ return PetType; }
    const char * getName()const{ return name; }
    const char * getTypeString()const{
        switch(type){
            case DOG: return "a dog";
            case CAT: return "a cat";
            case BIRD: return "a bird";
            case FISH: return "a fish";
            case REPTILE: return "a reptile";
            case INSECT: return "an insect";
        }
//返回一个字符串,以便产生要求的输出
//ERROR ＊＊＊＊＊＊＊＊＊＊found＊＊＊＊＊＊＊＊＊＊
```

```
      return OTHER；
    }
    void show()const{
      cout<<"There is "<<getTypeString()<<" named "<<name<<endl；
    }
};
int main(){
  Pet a_dog(DOG，"Doggie")；
  Pet a_cat(CAT，"Mimi")；
  Pet an_animal(OTHER，"Puppy")；
  a_dog.show()；
  a_cat.show()；
  an_animal.show()；
  return 0；
}
```

## 六、上机实践

1. 上机实践要求

(1) 掌握结构体类型和变量的定义和应用。

(2) 练习并掌握结构体数组的程序设计。

(3) 练习并掌握简单有序链表的基本操作方法。

2. 上机实践内容

[编程]

(1) 为全班同学建立一个通讯录(结构体数组)，完成数据的输入和输出。输出格式为：

| 序号 | 学号 | 姓名 | 地址 | 电话 | 邮编 |
|------|----------|------|--------|---------|--------|
| 1 | 07406011 | 李华 | 江苏镇江 | 4466123 | 212003 |
| 2 | 07406012 | 张平 | 江西南昌 | 4401162 | 330001 |

······

(2) 输入一行字符串，用单向链表统计该字符串中每个字符出现的次数。结点定义如下：

```
struct node{
  char c；
  int count；
  node * next；
};
```

## 七、本章算法分析——链表的移动

(1) 算法说明：链表中各个结点的存储空间不连续，因此，不能像数组一样通过数组下标的加1或减1运算找到上一个元素或下一个元素。在链表中，要使指针从当前结点移动

到下一个结点,必须找到下一个结点的地址,而下一个结点的地址一般存储在当前结点的
next 成员域中。因此,可以通过修改指向当前结点的指针来实现指针的移动,关键语句为:
p=p->nxet。设有如图 2-19 所示链表:

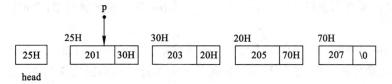

图 2-19

从图 2-19 中可以看出指针 p 指向了第一个结点,要使 p 指向下一个结点,下一个结点的地址为 30H,而这个地址正好存储在当前结点的 next 成员域中,即 p->next 的值为 30H。因此,可以通过语句:p=p->nxet,使 p 指针指向下一个结点。

(2)输出链表中的每一个结点数据域的值,程序代码为:

```
while(p)
{
  cout<<p->data<<'\t';
  p=p->next;
}
```

# 第七节　类和对象

## 一、类和对象

### (一)类和对象的基本概念

【知识点梳理】

(1)类是 C++语言中的一种复合数据类型,具有封装性、继承性和多态性。类是对实体的抽象描述,包含描述实体静态属性的数据成员与描述实体动态属性的成员函数。系统不会为类所描述的数据类型分配内存空间。

类定义一般分为说明部分和实现部分,其语法形式为:

```
class 类名{                    //类的说明部分
  private：
    私有的数据成员和成员函数
  public：
    公有的数据成员和成员函数
  protected：
    保护的数据成员和成员函数
};                            //分号表明类说明语句结束
各个成员函数的实现              //类的实现部分
```

（2）使用时注意：

① class 是定义类的关键字，类名应该符合标识符的规定，类的定义必须以分号结束。

② 类是一种数据类型，定义时系统不为类分配存储空间，不能在类内为数据成员初始化，类中的任何成员不能使用 extern、auto 或 register 限定其存储类型，但可以指定为 static 类型。

③ private、public 和 protected 为限定成员数据和函数的访问权限的关键字，它们的使用次数和使用顺序都不限，有效范围至出现下一个关键字或类的定义结束为止。

④ 类中缺省访问权限系统默认为私有的（private）。而结构体类型缺省访问权限时系统默认情况下为公有（public）。

（3）类是抽象对实体的描述，系统不会为其分配内存空间。而对象是类的实例，系统将会为其分配内存空间。

## （二）对象的定义和使用

【知识点梳理】

（1）用类这种数据类型定义的变量称为对象，或称类的实例。对象的定义方法与定义结构体变量的方法类似，可以先定义类，然后定义对象；也可在定义类的同时，定义对象。

（2）语法格式： 类名　对象名 1，对象名 2，…，对象名 n；

（3）使用时注意：

① 对象必须先定义然后才能使用，这点和变量是一样的。

② 对象通过"."运算符来访问其成员。在类体外访问类的非静态成员时，要指明该成员隶属于哪一个对象。对象之间赋值时，系统将对象的所有数据成员逐一拷贝。如有定义：

```
class Test{
    int x;
public：
    int y;
    void   print( );
};                         //定义了一个类 Test
Test  a1,a2;               //定义了 Test 类的两个对象 a1,a2
a1. x,a2. print( )         //访问了 a1 对象 x 成员,a2 对象的 print( )成员
```

③ 同一类的对象可以相互赋值，如：a2=a1；

④ 能够定义对象数组、指向对象的指针、对象的引用，也可以动态生成对象，由 new 产生。如：A  a[5]，* p，&s=a1；  p=new A；其访问成员的方法如下：

a. 对象名. 数据成员；

b. 对象名. 成员函数名（实参表）；

c. 访问数据成员的格式：（ * 指针对象名）. 数据成员；

d. 访问数据成员的格式：指针对象名->数据成员；

e. 访问成员函数的格式：（ * 指针对象名）. 成员函数名（实参表）；

f. 访问成员函数的格式：指针对象名->成员函数名（实参表）；

⑤ 对象还可以作为函数的参数，也可以作为另一个类的成员。

【典型例题讲解】

【**例 1**】　下列关于类和对象的叙述中不正确的是_____。

A. 对象是类的一个实例

B. 一个类只能有一个对象

C. 类与对象的关系和数据类型与变量的关系相似

D. 任何一个对象都属于一个具体的类

分析:类是对某一事物的抽象的描述,是抽象化的概念。而对象是实际存在的该类事物的个体,是类的具体化,是属于类的一个实例。一个类可以有多个对象,任何对象都属于一个具体的类。选项 A 和 D 是正确的,选项 B 是错误的。类和对象的关系就类似于数据类型和变量的关系,选项 C 是正确的。

答案:B

【**例 2**】　下列有关类的定义中正确的是_____。

A. class A{ int x=0,y=1; }　　　　　　B. class B{ int x=1,y=2; };

C. class C{ int x,y; };　　　　　　　　D. class D{int x;int y;}

分析:类是用户定义的数据类型,在定义时系统并不为其分配存储空间,在定义类时不能为其数据成员进行初始化。所以选项 A 和 B 都不正确。在定义类时必须在类体外加分号。选项 D 错误。

答案:C

【**例 3**】　下列有关类的定义中说法正确的是_____。

A. 在类的定义中可以省略关键字 private

B. 在类的定义中可以省略关键字 public

C. 在类的定义中可以省略关键字 protected

D. 在类的定义中有两个整型数据成员 x,y,不可以定义为 int x,y;

分析:在定义类时,访问控制符的三个关键字 private,protected 和 public 用来修饰类的成员的访问权限,不写时默认为 private。如果类的数据成员有相同类型时,可以将数据成员的定义写在一起,中间用逗号隔开,省略其他数据成员前面的类型。

答案:A

【基础题】

(1) 在类的定义形式中,数据成员、成员函数和_____组成了类。

A. 成员的访问控制信息　　　　　　　　B. 公有信息

C. 私有信息　　　　　　　　　　　　　D. 保护信息

(2) 类的实例化是指_____。

A. 定义类　　　　　　　　　　　　　　B. 创建类的对象

C. 指明具体类　　　　　　　　　　　　D. 调用类的成员

(3) 下面关于类和对象的描述中,错误的是_____。

A. 类就是 VC++语言中的结构体类型,对象就是 VC++语言中的结构体变量

B. 类和对象之间的关系是抽象和具体的关系

C. 对象是类的实例,一个对象必须属于一个已知的类

D. 类是具有共同行为的若干对象的统一描述体

（4）下列关于对象数组的描述中，_____是错误的。

A. 对于对象数组只能赋初值而不能再赋值

B. 对象数组的下标从 0 开始

C. 对象数组的每个元素都是相同类的对象

D. 对象数组的数组名是一个指针常量

（5）下列关于对象的描述中，_____是错误的。

A. 对象成员是类的一种数据成员，它是另一个类的对象

B. 对象成员不可以是自身类的对象

C. 对对象成员的初始化要包含在该类的构造函数中

D. 一个类中只能含有一个对象成员作其成员

（6）下列说明类 A 对象的方法中，不正确的是_____。

A. A a1；　　　　　　　　　　B. A a2()；

C. A a3(10)；　　　　　　　　D. A a4=5；

（7）设有如下类的定义：

```
class Ex{
    int * p;
public：
    Ex(int x=0){p=new int(x);}
    ~Ex(){delete p;}
};
```

则下列对象的定义中，不正确的是_____。

A. Ex ex1；　　　　　　　　　B. Ex ex2=50；

C. Ex ex3=Ex(50)；　　　　　D. Ex ex4(50)；Ex ex5=ex4；

（8）对于下面定义的类 Myclass，在函数 main()中将对象成员 n 的值修改为 50 的语句应该是_____。

```
#include <iostream. h>
class Myclass{
public：
    Myclass(int x){n=x;}
    void setNume(int n1){n=n1;}
    void print(){cout<<n<<endl;}
private：
    int n;
};
void main(){
    Myclass * ptr=new Myclass(45);
    _____;
    ptr->print();
```

　　}

A. Myclass(50)　　　　　　　　B. setNume(50)

C. ptr->setNume(50)　　　　　D. ptr->n=50

## （三）成员函数的定义

【知识点梳理】

（1）成员函数实现对类中数据成员的操作，它描述了类的行为。类中所有的成员函数都必须在类体中说明，但既可在类体内定义，也可以在类体外定义。在类体内定义的成员函数是内联成员函数。成员函数属于类的一部分，因此，该函数可以直接访问类中的所有成员。

（2）定义格式：

① 类内定义格式：成员函数名(形参表){　函数体　}

例如：

```
class Test {
    int x,y;
public :
    int   A( int a,int b){a=x;y=b;}
}
```

② 类外定义格式：函数类型 类名::成员函数名(形参表){

　　　　　　　　　　　函数体

例如：

```
}
Class Test1{
    int x,y;
    public：
        int   A (int ,int);
};
Int Test1::A(int a,int b){x=a;y=b;}
```

③ 定义时注意：在类外定义时需要先在类的内部加上原型说明，其格式为：函数类型 成员函数名(形参表)；

（3）内联成员函数：

如果成员函数直接在类内定义，则它就是内联函数。如果在类外定义时需要在成员函数的函数类型前面加关键字 inline。它的优势是提高程序的运行效率。

（4）重载成员函数：

成员函数也能够实现函数的重载，其条件就是函数名相同，函数的参数个数或参数类型不同。在进行函数调用时，系统根据用户给定的参数来调用相应的函数。

（5）带有参数缺省值的成员函数：

① 成员函数(构造函数除外)的参数缺省值可以在成员函数的原型说明处给出，也可以在成员函数的定义处给出，但不能在两处同时给出。

② 构造函数的参数缺省值只能在函数原型说明处给出,不能在函数定义处给出。

③ 缺省参数的定义按照从右向左的顺序,调用时按照从左向右的顺序。

【典型例题讲解】

【例 1】 下列有关类的定义中说法错误的是_____。

```
class Point{
  int x,y;
public:
  int GetX(){ return x;}
  int GetY(){ return y;}
  void SetXY(int,int);
  void PrintXY(){cout<<x<<'\t';}
};
void Point::SetXY(int a,int b){x=a;y=b;}
void main(){Point S,*P=&S,R;
  S.SetXY(10,30);
  cout<<S.SetX()<<S.SetY()<<endl;
R=S;
cout<<R.SetX()<<R.SetY()<<endl;
P->SetXY(10,40);
P->PrintXY();
}
```

A. 若不说明 P 指向 S,P->SetXY(10,40)和 P->PrintXY()的调用会出错

B. 可以在主函数中直接输出 S、x 和 S、y,与 cout<<S、SetX()<<S、SetY()<<endl;实现的功能相同

C. R=S 是将 S 对象的数据成员 x 和 y 的值分别赋给 R 对象中的数据成员 x 和 y

D. 指针对象 P 固定占用 4 个字节,用来存放对象的地址

分析:同一个类的两个对象直接可以进行整体复制,分别将已知对象中的成员赋值给另一对象的各个成员。指针对象固定占用 4 个字节用来存放同类型的对象的地址,没有赋值时,指针对象没有任何指向,不能调用类的成员。类中的私有数据成员不能在主函数中直接使用,可以通过调用类的公有的成员函数来访问。

答案:C

【例 2】 有关类的说法不正确的是_____。

A. 类是一个用户自定义的数据类型

B. 只有类中的成员函数才能存取类中的私有数据

C. 在类中,如果不作特别说明,所有的数据均为私有类型

D. 在类中,如果不作特别说明,所有的成员函数均为公有类型

分析:如果不特别说明,所有成员均为私有类型。

答案:D

【基础题】

1. 选择题

(1) 在类的定义体外定义成员函数时,需要在函数名前加上_____。

A. 类标记　　　　B. 类域标记　　　　C. 类对象　　　　D. 域运算符

(2) _____功能是对对象进行初始化。

A. 析构函数　　　B. 数据成员　　　　C. 构造函数　　　D. 静态成员函数

(3) 对于结构体中定义的成员,其隐含访问权限为_____。

A. public　　　　B. protected　　　　C. private　　　　D. static

(4) 下列叙述中不正确的是_____。

A. 对象之间可以相互赋值　　　　　　B. 对象可以用作函数参数

C. 对象可以用作数组的元素　　　　　D. C++中可以有指向对象的指针

(5) 在类的定义形式中,数据成员、成员函数和_____组成了类。

A. 成员的访问控制信息　　　　　　　B. 公有信息

C. 私有信息　　　　　　　　　　　　D. 保护信息

(6) 下列关于成员函数的特性中,_____是错误的。

A. 成员函数都可以重载　　　　　　　B. 成员函数都可以设置默认参数

C. 成员函数都是内联函数　　　　　　D. 成员函数可以是公有的,也可以是私有的

2. 填空题

(1) 类的缺省访问特性是___(1)___;在类体外能直接访问的成员特性为___(2)___;在类体外不能直接访问,但在派生类中可以直接访问的成员的特性是___(3)___。

(2) 在类体外定义类的成员函数时,需要在函数名前加上___(1)___;而在类体外使用类的成员函数时,则需要在函数名前加上___(2)___。

(3) 类的缺省访问特性是___(1)___,而结构体的缺省访问特性是___(2)___。

(4) 当一个类对象的成员函数被调用时,该成员函数的___(1)___指向调用它的对象。

(5) 下面程序的输出结果是_____。

```
#include <iostream>
using namespace std;
int n=2;
class example{
int a;
public:
  example(int b){a=n++;}
  void print(){a=a+1;cout<<a<<" ";}
  void print()const{cout<<a<<'\n';}
  };
int main(){
  example x(3);
  const example y(2);
    x.print(); y.print();
```

```
    return 0；
}
```

## （四）类的作用域

【知识点梳理】

（1）类中说明的成员具有类作用域。类中声明的数据成员和成员函数除了类中可以直接使用，其他地方均不能单独存在，必须从属于某个对象。

（2）类的成员函数无论是在类内定义还是在类外定义，都具有类的作用域。

（3）类中作用域中的标识符将屏蔽包含在该类的作用域中的同名标识符。如果要访问全局的变量，需要在变量名前加作用域运算符。

（4）在主函数或普通函数（非友元）中，通过对象一般只能直接访问其公有成员，而不能访问其私有成员和保护成员。

【典型例题讲解】

【例1】 若有如下类定义：

```
class Number{
    double Convert() { return double(value)； }
public：
    void Add()；
    void Add(int x)；
private：
    int value；
};
```

则下列叙述中，错误的是_____。

A. 类中有 1 个私有数据成员

B. 类中有 1 个私有成员函数

C. 编译时会产生 Add()函数重定义错误

D. 成员函数 Convert()是内联函数

分析：若定义类的关键字为 class，那么在类中定义的变量或函数默认为 private。类中有一个私有数据成员 value，一个私有成员函数 Convert()，且为内联函数（内联函数是指那些定义在类体内的函数）。选项 A、B、D 正确。Add()，add(int)为重载函数，编译时不会报错。

答案：C

【例2】 下列关于函数参数的叙述中，正确的是_____。

A. 函数原型中不必声明形参类型

B. 函数体中不能修改形参对应的实参值

C. 函数的形参在函数被调用时获得初始值

D. 函数形参的生存期与整个程序的运行期完全相同

分析：函数原型中必须声明形参类型，形参变量可不写，A 错。函数只有在被调用时，才会将实参传递给形参，即形参才开始初始化，而且实参的值是随程序的需要而改变的，所以 B 错。函数形参是随着函数调用结束而结束的,D 错。

答案:C

【例 3】　下面的程序输出结果为_____。

```
#include <iostream. h>
  Class Test {int x;
      public:int fun(  );
};
int x=102;
int fun(  ){  return 101; }
int A::fun(  ){
  x=100;
::x++;
return x;
}
void main(  ){
A m;
cout<<m、fun(  )<<endl;
cout<<fun(  )<<endl;
cout<<x<<endl;
}
```

答案:100

　　　101

　　　103

【基础题】

(1) 下列关于变量作用域的描述中,不正确的一项是_____。

A. 变量属性是用来描述变量作用域的

B. 局部变量作用域只能是它所在的方法代码段

C. 类变量能在类的方法中声明

D. 类变量的作用域是整个类

(2) 下列关于变量作用域的说法中,正确的一项是_____。

A. 方法参数的作用域是方法外部代码段

B. 异常处理参数的作用域是方法外部代码段

C. 局部变量的作用域是整个类

D. 类变量的作用域是类的某个方法

(3) 关于类的成员函数的描述中,_____是错误的。

A. 类中可以说明一个或多个成员函数

B. 类中的成员函数只能定义在类体外

C. 定义在类体外的成员函数前加 inline 可以成为内联函数

D. 在类体外定义成员函数时,在函数名前除加了类型说明符外,还需作用域运算符来

限定该成员函数所属的类

(4) 在类中说明的任何成员都不能用 register、auto 和_____关键字进行修饰。

A. private      B. public      C. extern      D. static

## 二、构造函数

### (一) 构造函数定义

【知识点梳理】

(1) 定义:

构造函数是指类定义对象时,由系统自动调用的,为对象的数据成员进行初始化的一种特殊的成员函数。定义格式有两种:

① 在类的内部定义:类名(形参表)〔 函数体 〕

② 在类的外部定义:类名::类名(形参表)〔 函数体 〕

(2) 构造函数的特点:

① 构造函数名与类名相同,无函数返回类型,无 return 语句。

② 为保证主函数中生成对象时能被自动调用,构造函数一般声明为公有。

③ 定义对象时由系统"自动"调用,类中没有定义构造函数,则系统提供默认的构造函数。

④ 可以实现函数重载。

⑤ 缺省构造函数:默认的构造函数、用户自定义的不带参数的和所有参数均有缺省值的构造函数称为缺省的构造函数。

(3) 构造函数和 new 运算符:

在程序中用 new 运算符动态建立对象时,系统自动调用构造函数为对象进行初始化。new 运算符申请的内存空间不能自动释放,要用 delete 运算符释放动态内存。如:

A   * p=new A(20);      //动态申请了一个 A 类对象,由指针 p 指向

A   * p=new A[10];      //动态申请了一个 A 类对象数组,由指针 p 指向

(4) 构造函数与对象成员:

① 当一个类中定义一个数据成员,而这个数据成员是另一个类的对象时,这个数据成员就叫对象成员。

② 要初始化对象成员必须在类的成员初始化列表中进行,如果有多个对象成员时,用逗号分开。其初始化格式如下:

类名::类名(形参表):对象成员名 1(实参表),对象成员名 2(实参表)

〔函数体〕

【典型例题讲解】

【例 1】 下列叙述中不正确的是_____。

A. 类的构造函数可以有多个

B. 类中没有参数的构造函数称为缺省构造函数

C. 类中缺省的构造函数可以有多个

D. 类中各参数均有缺省值的构造函数称为缺省构造函数

分析:类中的构造函数可以有多个,类中的缺省构造函数最多只有一个。

答案:C

【例2】 以下有关构造函数的叙述不正确的是_____。

A. 构造函数名必须和类名一致　　　　　　B. 构造函数在定义对象时自动执行

C. 构造函数无任何函数类型　　　　　　　　D. 在一个类中构造函数有且仅有一个

答案:D

【例3】 下列程序的运行结果为_____。

```
#include <iostream. h>
int i=0;
class A{
public:
    A(){i++;}
};
void main(){
    A a,b[3], * c;
    c=b;
    cout<<i<< '\n';
}
```

A. 2　　　　　　　　B. 3　　　　　　　　C. 4　　　　　　　　D. 5

答案:C

【基础题】

(1) 以下有关构造函数的叙述不正确的是_____。

A. 构造函数名必须和类名一致　　　　　　B. 构造函数在定义对象时自动执行

C. 构造函数无任何函数类型　　　　　　　　D. 在一个类中构造函数有且仅有一个

(2) 不属于构造函数特点的是_____。

A. 具有与类名相同的函数名　　　　　　　　B. 带返回值

C. 允许重载　　　　　　　　　　　　　　　　D. 在定义类的对象时自动调用

(3) 有关构造函数的说法不正确的是_____。

A. 构造函数名字和类的名字一样　　　　　　B. 构造函数在说明类变量时自动执行

C. 构造函数无任何函数类型　　　　　　　　D. 构造函数有且只有一个

(4) 关于类的构造函数,下列说法正确的是_____。

A. 必须为类定义一个构造函数

B. 只能为类定义一个构造函数

C. 构造函数的类型为 void

D. 构造函数在产生对象时由系统自动调用

(5) 关于类的构造函数,下列说法不正确的是_____。

A. 每个类都有构造函数

B. 可以不为类定义构造函数

C. 如果类的成员使用了指针,为了初始化指针,一般要定义构造函数

D. 构造函数一定是公有的访问特性

（6）下列哪种构造函数不能由系统自动产生_____。

A. 类的缺省构造函数      B. 申请动态内存的构造函数

C. 实现拷贝功能的构造函数      D. 实现类型转换的构造函数

## （二）拷贝构造函数

【知识点梳理】

（1）拷贝构造函数是参数类型为该类对象引用的构造函数。它的功能是用一个已知的对象来初始化一个被创建的同类的对象。拷贝构造函数的一般形式为：

Class Test ｛

private：

  int x；

public：

  Test ()｛x=5；｝

  Test Test(&t)｛ x=t. x；｝

｝a；

（2）调用方法：

① 类名　对象名(已存在的对象名)；例如：Test (a)；

② 类名　对象名=已存在的对象名；例如 Test t=a；

（3）使用时注意：

① 拷贝构造函数的参数一定是同类对象的引用。

② 如果类中没有定义拷贝构造函数，系统会自动产生一个默认的拷贝构造函数，默认的拷贝构造函数的参数和函数体都不为空。

③ 当类中含有指针成员时，必须显式地定义拷贝构造函数，如果不定义拷贝构造函数，在生成该类对象时将会出现语法错误。

【典型例题讲解】

【例1】 设 aa 为类 A 的对象并且赋有初值，则语句 A bb=aa；表示_____。

A. 语法错误

B. 为对象 aa 定义一个别名

C. 调用复制构造函数，将对象 aa 复制给对象 bb

D. 仅说明 bb 和 aa 是属于同一个类

分析：A bb=aa；是调用了拷贝构造函数的一种形式，根据拷贝构造函数的作用可知是用 aa 对象来初始化 bb 对象。

答案：C

【例2】 系统提供的默认拷贝构造函数中形参表和函数体分别是_____。

A. 形参表为空，函数体为空      B. 形参表为空，函数体不为空

C. 形参表不为空，函数体不为空      D. 形参表不为空，函数体为空

分析：拷贝构造函数的功能是用已存在的对象为正在创建的对象进行初始化，即用已存在对象的数据为另一个对象的数据赋初值，所以形参表和函数体都不能为空。

答案:C

【例3】 假定 Myclass 为一个类,则该类的拷贝初始化构造函数的声明语句为_____。

A. Myclass&(Myclass x)                  B. Myclass(Myclass x)

C. Myclass(Myclass &x)                  D. Myclass(Myclass * x)

分析:拷贝构造函数的参数一定是同类对象的引用。

答案:C

【例4】 下列关于拷贝构造函数的特点,_____是错的。

A. 如果一个类中没有定义拷贝构造函数时,系统将自动生成一个默认的

B. 拷贝构造函数只有一个参数,并且是该类对象的引用

C. 拷贝构造函数的名字不能用类名

D. 拷贝构造函数是一种成员函数

分析:拷贝构造函数的名字是类名。

答案:C

【基础题】

1. 选择题

(1) 拷贝(复制)构造函数的作用是_____。

A. 进行数据类型的转换              B. 用对象调用成员函数

C. 用对象初始化对象                D. 用一般类型的数据初始化对象

(2) 通常拷贝初始化构造函数的参数是_____。

A. 某个对象                        B. 某个对象的成员名

C. 某个对象的引用名                D. 指向某个对象的指针名

(3) 假设 A 为一个类,则该类的拷贝构造函数的声明语句为_____。

A. A &(A &)                        B. A(A x)

C. A(A &)                          D. A(A * x)

(4) 下列情况中,哪一种情况不会调用拷贝构造函数_____。

A. 用派生类的对象去初始化基类对象时

B. 将类的一个对象赋值给该类的另一个对象时

C. 函数的形参是类的对象,调用函数进行形参和实参结合时

D. 函数的返回值是类的对象,函数执行返回调用者时

(5) 下列关于拷贝构造函数的特点,_____是错的。

A. 如果一个类中没有定义拷贝构造函数时,系统将自动生成一个默认的

B. 拷贝构造函数只有一个参数,并且是该类对象的引用

C. 拷贝构造函数的名字不能用类名

D. 拷贝构造函数是一种成员函数

2. 填空题

(1) 以下程序执行后第 1 行的结果为___(1)___,第 2 行为___(2)___,第 3 行为___(3)___。

#include<iostream>

using namespace std;

```
class exam{
public：
    exam();
    exam(const exam& o);
    exam fun();
};
exam::exam(){cout<<"Constructing normally\n";}
exam::exam(const exam& o){cout<<"Constructing copy\n";}
exam exam::fun(){                    //返回对象的函数
    exam temp;
    return temp;
}
int main(){
    exam obj;
    obj=obj.fun();
    return 0;
}}
```

(2) 以下程序的执行结果第 1 行为　(1)　,第 2 行为　(2)　第 3 行为　(3)　。

```
#include<iostream>
using namespace std;
class exam{
public：
exam();
exam(const exam& o);
    exam fun();
};
exam::exam(){cout<<"Constructing normally\n";}
exam::exam(const exam& o){cout<<"Constructing copy\n";}
exam exam::fun(){                    //返回对象的函数
exam temp;
return temp;
}
int main(){
    exam obj;
    obj=obj.fun();
    return 0;
}
```

### （三）类型转换构造函数

【知识点梳理】

类型转换构造函数是用来实现类中数据特殊转换功能的一个函数,有两种实现方法:

(1) 隐式转换方法:

当类定义中的构造函数的参数为 1 个时,该类可以将一种其他数据类型的数值或变量转换为用户所定义的数据类型。

例如:

```
A c(10); c=20;                    // 系统自动调用隐式类型转换构造函数
```

(2) 显式转换方法:

当类定义中的构造函数的参数为多个(两个以上),且没有设置参数缺省值时,必须通过调用类型转换构造函数进行强制类型转换。

【典型例题讲解】

【例 1】 以下函数输出结果为_____。

```
class A{ private: int x,y;
public:B(B &a){x=a. x;y=a. y; }
};
B m(3,4);                         //系统调用类型转换构造函数进行强制转换
class A
{
public:
    int a;
    A(int a) :a(a) {}
    A reta()
    {
        return a;
    }
};
int main()
{
    A a(2);
    A b =a. reta();
    A c =3;
    cout<<b. a<<"\n"<<c. a<<endl;
    return 0;
}
```

分析:这是由隐式转换机制造成的,转换构造函数的作用是将某种类型的数据转换为类的对象,当一个构造函数只有一个参数,而且该参数又不是本类的 const 引用时,这种构造函数称为转换构造函数。

答案:2
    3

【例2】 以下函数输出结果为_____。

```cpp
class A
{
public:
    int a;
    A(int a) :a(a) {}
    operator int()
    {
        return a;
    }
};
int main()
{
    A a(2);
    int b =a +3;
    A c =a +4;
    cout<<b<<"\n"<<c.a<<endl;
    return 0;
}
```

分析:类型转换函数的一般形式为:

operator 类型名()

{实现转换的语句}

答案:5
    6

【例3】 以下函数输出结果为_____。

```cpp
#include<iostream>
using namespace std;
class One{
public:
    One(){
        cout << "One()" <<endl;
        cout << "&vr=" <<(long)this<<endl;
    }
    ~One(){
        cout << "~One()" <<endl;
    }
};
```

```
class Two{
public：
    Two(const One& vr){                    /＊Two 的构造函数,有一个 One 类型的
                                           引用当作参数＊/
        cout <<"Two(const One&)" <<endl；
        cout <<"&vr=" <<(long)&vr <<endl；
    }
    ~Two(){
        cout <<"~Two()" <<endl；
    }
}；
void fun(const Two& vr){
    cout <<"fun(Two)" <<endl；
    cout <<"&vr=" <<(long)&vr <<endl；  /＊最后发现,在 fun 中的对象的地址和 main
                                        函数中定义的 One 对象的地址不一样,可以
                                        推断,是从新生成了一个新的对象＊/
}
int main(){
    One one；
    fun(one)；
    return 0；
}
```

分析：当编译器看到 f()以类 One 的对象为参数调用时,编译器检查 f()的声明并注意
到 f()函数需要一个类 Two 的对象作为参数,然后编译器检查是否有从对象 One 到 Two
的方法。它发现了构造函数 Two∷Two(const One&),然后 Two∷Two(const One&)被调
用,就会生成一个 Two 对象,然后 Two 对象被传递给 f()。

答案：
One()
&ur=4585631
Two(const One&)
&ur=4585631
fun(Two)
&ur=4585415
~Two()
~One()

【基础题】
(1) 以下函数输出结果为_____。
#include<iostream>
using namespace std；

```
class Student
{
    private：
        float score;
        int age;
    public：
        Student(void){age =18;   score =0;}
        Student(int a, float s){age =a; score =s;}
        operator float(){return score;}
};
int main()
{

    Student stu1(18,   86), stu2(18, 97.5);
    float f;
    f =6.75 +stu2;                    //当需要的时候,编译器会自动调用这些函数
    cout <<f <<endl;
    return 0;

}
```

（2）以下函数输出结果为_____。

```
#include<iostream>
using namespace std;
class Complex
{
private：
    double real;
    double imag;
public：
    Complex(double x=0,double y=0);
    operator float();
    void print();
};
Complex：:Complex(double x,double y)
{
    real=x;
    imag=y;
}
Complex：:operator float()
{
    return float(real);
```

```
}
void Complex::print()
{
    cout<<real<<","<<imag<<endl;
}
int main()
{
    Complex a(4.3,5.2);
    Complex b(4.3,5.2);
    a.print();
    cout<<float(a)*0.5<<endl;
    Complex c=a+b;
    c.print();
return 0;
}
```

（3）以下函数输出结果为_____。

```
#include <iostream>
using namespace std;
class D{
public：
    D(double d)：
        d_(d){}
        operator int()const{
            cout<<"(int)d called!!"<<endl;
            return static_cast<int>(d_);
        }
private：
    double d_;
};
int add(int a,int b){
    return a+b;
}
int main(){
    D d1=1.1;
    D d2=2.2;
    cout<<"add(d1,d2)="<<add(d1,d2)<<endl;
    return 0;
}
```

（4）以下函数输出结果为_____。

```
#include <iostream>
using namespace std;
class Complex                        //复数类
{
    private:                         //私有
    double real;                     //实数
    double imag;                     //虚数
    public:
        Complex(double real,double imag)
        {
            this->real=real;
            this->imag=imag;
        }
        Complex(double d=0.0)        //转换构造函数
        {
            real=d;                  //实数取 double 类型的值
            imag=0;                  //虚数取 0
        }
        Complex operator+(Complex com1);
                                     /* 或 friend Complex operator+(Complex
                                        com1,Complex com2) */
        void showComplex();
};
Complex Complex::operator+(Complex com1)
{
    return Complex(real+com1、real,imag+com1、imag);
}
void Complex::showComplex()
{
    std::cout<<real;
    if(imag>0)
        std::cout<<"+";
    if(imag!=0)
        std::cout<<imag<<"i"<<std::endl;
}
int main()
{
    Complex com(10,10),sum;
        sum =com +5.5;
```

```
        sum. showComplex();            //输出运算结果
    return 0;
}
```
(5) 以下函数输出结果为_____。
```
#include<iostream>
#include<math. h>                      //math. h 包括 sin,cos 等
using namespace std;
class Polar{                           //极坐标中的点
private:
  double radius;                       //定义极径变量
  double angle;                        //定义极角变量
public:
  Polar(){
    radius=0. 0;
    angle=0. 0;
  }
  Polar(double r,double a){
radius=r;
    angle=a;
  }
void display(){
  cout<< "("<<radius<<","<<angle<<")";}
double getr(){
  return radius;}
double geta(){
  return angle;}
};
class Rec
{
private:
double xco;                            //定义 x 坐标变量
double yco;                            //定义 y 坐标变量
public:
Rec()
{
xco=0. 0;
yco=0. 0;
}
Rec(Polar p)
```

```
{
float r=(float)p. getr();                //从polar对象中获得极径和极角
float a=(float)p. geta();
xco=r * cos(a);                          //变成x坐标和y坐标
yco=r * sin(a);
}
void display()
{cout<<"("<<xco<<","<<yco<<")";}
};
int main()
{
Rec rec;
Polar pol(10.0,0.785398);
rec=pol;                                 //使用转换函数(或rec=Rec(pol))
cout<<"\nPol=";
pol. display();                          //显示原始极坐标
cout<<"\Rec=";
rec. display();
return 0;                                //显示等价的直角坐标
}
```

### （四）构造函数的使用

【知识点梳理】

（1）构造函数是在系统定义对象时自动调用的,不能由用户显式调用。

（2）调用构造函数时将进行函数参数的传递。注意产生对象时传递的实参必须与构造函数的形参是一致的,否则对象不能产生。

（3）当一个类中定义有多个对象成员时,调用构造函数的调用顺序以对象成员的定义顺序为准,先定义的对象成员,先调用其类的构造函数。

【典型例题讲解】

【例1】 关于类的构造函数,下列说法正确的是_____。

A. 必须为类定义一个构造函数　　　　B. 只能为类定义一个构造函数

C. 构造函数的类型为void　　　　　　D. 构造函数在产生对象时由系统自动调用

答案:D

【例2】 已定义类A和类B,该程序的输出结果为_____。

```
class A{
   int x,y;
public:
A(int a,int b){x=a;y=b; cout<<"A"<<endl;}
void show(){cout<<x<<'\t'<<y<<endl;}
```

```
};
class B{
    int length,weight;
public:
B(int a,int b){length=a;weight=b; cout<<"B"<<endl;}
void show(){cout<<length<<'\t'<<weight<<endl;}
};
class C{
    int m,n;
    A a1;
    B b1;
public:
C(int a,int b):b1(3,4),a1(5,6)
{   m=a;n=b; cout<<"C"<<endl;   }
    void show(){
    cout<<m<<'\t'<<n<<endl;
    a1.show();
    b1.show();
    }
};
    void main(){
    C c1(7,8); c1、show();
    }
```

分析:用类 C 定义对象 c1 时,调用构造函数的顺序以对象成员的定义顺序为准。先调用 A 的构造函数,再调用 B 的构造函数,最后调用 C 的构造函数。

答案:A

　　　B

　　　C

　　　7　　　8

　　　5　　　6

　　　3　　　4

【例 3】  下列程序运行后输出为_____。

```
#include <iostream. h>
class A{
    int a,b,c;
public:
    A(int x=5,int y=10,int z=15) {a=x;b=y;c=z; }
    void print(){cout<<a<<' '<<b<<' '<<c<<'\n';}
};
```

```
void main(){
  A a1(1);
  a1.print();
}
```

A. 5 10 1          B. 1 10 15          C. 10 15 1          D. 1 5 10

答案：D

【基础题】

(1) 下列哪种构造函数不能由系统自动产生_____。

A. 类的缺省构造函数          B. 申请动态内存的构造函数

C. 实现拷贝功能的构造函数          D. 实现类型转换的构造函数

(2) 下面程序的运行结果为_____。

```
#include<iostream>
using namespace std;
class A{
  int num;
public：
  A(int i){num=i;}
  A(A &a){num=a.num++;}
  void print(){cout<<num;}
};
int main(){
  A a(1),b(a);
  a.print(); b.print();
  return 0;
}
```

A. 11          B. 12          C. 21          D. 22

(3) 下列关于默认构造函数的叙述中，正确的是_____。

A. 每个类都有默认构造函数

B. 每个类都有默认复制构造函数

C. 默认构造函数即参数表为空的构造函数

D. 默认构造函数是指调用时不需提供参数的构造函数

(4) 下列关于构造函数的叙述中，正确的是_____。

A. 每个类都有默认构造函数

B. 创建类对象时会自动调用构造函数

C. 不能为构造函数的参数设置默认值

D. 类的复制构造函数的参数为指向类对象的指针

(5) 有如下程序：

```
#include <iostream>
using namespace std;
```

```
class TV{
public：
    TV(int s=41)：size(s) { }
    void Print() { cout<<size; }
    void Print(int s) { cout<<s+size; }
private：
    int size;
};
int main(){
    TV room1,room2(31);
    room1.Print();
    room2.Print(20);
    return 0;
}
```

运行后的输出结果是_____。

A. 4151　　　　　B. 4131　　　　　C. 3120　　　　　D. 2041

（6）有如下程序：

```
#include<iostream>
#include<string>
using namespace std;
class Appliance{
public：
    Appliance(string t="A")：type(t) { cout<<type; }
    ～Appliance() { }
public：
    string type;
};
class TV：public Appliance{
public：
    TV()：size(1) { cout<<size; }
    TV(int s)：Appliance("B"), size(s) { cout<<size; }
    ～TV() { }
private：
    int size;
};
int main(){
    TV room1,room2(3);
    return 0;
}
```

运行后的输出结果是_____。

A. A1B3      B. B3A1      C. AB13      D. BA31

## （五）this 指针

【知识点梳理】

（1）this 指针是一种隐含在成员函数中的指针，当对象调用某个成员函数时，this 指针将指向调用这个成员函数的对象。而 $*$ this 指的是当前对象。

（2）使用格式：

this->数据成员

this->成员函数（实参表）；

（3）This 指针只能在类的成员函数中使用，它指向调用该成员函数的对象。静态成员函数没用 this 指针，友元函数不是类的成员函数，也没有 this 指针。

【典型例题讲解】

【例1】 设有程序：

```
#include <iostream.h>
class Test{
    int a,b,c;
public：
    Test (){}
    Test (int x,int y=2,int z=3){a=x;b=y;c=z;}
    void print(){cout<<a<<'\t'<<b<<'\t'<<c<<'\n';}
};
void main(){
    Test *p;
    Test a1,a2=1,a3=Test (1,2),a4= *(p=new Test (1,2,3));
    a1.print();a2.print();a3.print();a4.print();
    delete p;
}
```

下列对程序输出的描述中正确的是_____。

A. 除第 4 行外，其他 3 行输出相同      B. 除第 2 行外，其他 3 行输出相同

C. 除第 3 行外，其他 3 行输出相同      D. 除第 1 行外，其他 3 行输出相同

分析：本例中类 Test 重载了构造函数，并定义了成员函数 print。主函数定义了一个类 Test 的指针对象 p 及 4 个一般对象，其中生成对象 a1 时自动调用第 1 个构造函数，生成对象 a2、a3、a4 时均调用第 2 个构造函数，由于第 1 个构造函数没有为对象的成员赋初值，故对象 a1 的初始值不确定，而对象 a2、a3、a4 的定义形式虽然各异，但其 a,b,c 成员的初值均分别为 1、2、3，故应选择 D。

答案：D

【例2】 已定义类 B，该类构造函数的参数都没有缺省值，执行语句 B b1(3),b2(4,5), $*$ p=new B[3]；则自动调用该类缺省的构造函数的次数为_____。

A. 1          B. 2          C. 3          D. 4

分析：每个对象要产生必须要系统自动调用对应的构造函数，否则没有与之对应的构造函数该对象不能产生。b1 对象产生调用带有一个参数的构造函数，b2 对象产生调用带有两个参数的构造函数，B * p=new B[3];定义一个不带参数的对象数组，每个数组元素是一个对象，需要调用不带参数的构造函数三次。

答案：C

**【例 3】** 若类中有指针成员时，必须要显式定义构造函数，通常在构造函数中用 new 运算符动态申请空间来初始化指针成员，为什么要动态申请空间？可以直接用 String(char * p){str=p;}吗？或 String(char * p){ * str= * p;}的形式吗？

分析：不可以。在类中如果有指针成员 str，必须要显式写成构造函数，并且用 new 运算符动态申请空间，把该空间的地址赋值给指针变量，然后为这个空间赋值。例如下面实现过程。如果用 String(char * p){str=p;}这种形式，指针成员 str 并没有空间存放 p 所指向的字符串，str 与 p 指向同一个字符串。String(char * p){ * str= * p;}这种形式中 str 没有指向时，不能去掉 * str，系统会出错，如下面程序所示。

```
#include<iostream. h>
#include <string. h>
class String{char * str;
public：
String(char * p){
  if(p){
  str=(char * )new   char[strlen(str)+1];
  strcpy(str,p);
  }
  else str=0;
  }
};
```

答案：不可以

【基础题】

1. 选择题

(1) 下列关于 this 指针的说法正确的是_____。

A. this 指针存在于每个函数之中

B. 在类的非静态函数中 this 指针指向调用该函数的对象

C. this 指针是指向虚函数表的指针

D. this 指针是指向类的函数成员的指针

(2) 关于 delete 运算符的下列描述中，_____是错误的。

A. 它必须用于 new 返回的指针

B. 它也适用于空指针

C. 对一个指针可以使用多次该运算符

D. 指针名前用一对方括号符,不管所删除数组的维数

(3) 设有说明语句：char a[ ] ="string!"，* p=a；以下选项中正确的是_____。

A. sizeof(a)的值与 strlen(a)的值相等

B. strlen(a)的值与 strlen(p)的值相等

C. sizeof(a)的值与 sizeof(p)的值相等

D. sizeof(a)的值与 sizeof( * p)的值相等

(4) 以下关于两个同类型指针变量的叙述中，在一定条件下，运算结果没有实际意义的是_____。

A. 两个指针变量可以互相赋值　　　　B. 两个指针变量进行比较运算

C. 两个指针变量进行加法运算　　　　D. 两个指针变量进行减法运算

(5) 设 int a[]={1,2,3,4}，* p=a　则不能计算数组 a 的元素个数的是_____。

A. sizeof(a)/sizeof(int)　　　　　　B. sizeof(a)/sizeof(a[0])

C. sizeof(p)/sizeof(int)　　　　　　D. sizeof(a)/sizeof(1)

(6) 下列程序的运行结果为_____。

```cpp
#include <iostream>
using namespace std;
int i=0;
class A{
public:
    A(){i++;}
};
int main(){
    A a,b[3], * c;
    c=b;
    cout<<i<<'\n';
    return 0;
}
```

A. 2　　　　　　　B. 3　　　　　　　C. 4　　　　　　　D. 5

(7) 仔细阅读下列程序，程序中会出现编译错误的是_____。

```cpp
#include <iostream. h>
class A{
int a,b;
public:
A(int x,int y){ a=x;b=y;}
void print(){cout<<a<<'\t'<<b<<'\n';}
};
void main(){
A t                        //A
A * p=&t;                  //B
t=A(10,5);                 //C
```

```
    p->print();                         //D
}
```
A. A行　　　　　B. B行　　　　　C. C行　　　　　D. D行

（8）设有如下类的定义：

```
class Ex{
   int *p;
public：
   Ex(int x=0){p=new int(x);}
   ~Ex(){delete p;}
};
```

则下列对象的定义中,不正确的是_____。

A. Ex ex1；　　　　　　　　　　B. Ex ex2=50；

C. Ex ex3=Ex(50)；　　　　　　D. Ex ex4(50)；Ex ex5=ex4；

（9）对于下面定义的类 Myclass,在函数 main()中将对象成员 n 的值修改为 50 的语句应该是_____。

```
#include <iostream.h>
class Myclass{
public：
   Myclass(int x){n=x;}
   void setNume(int n1){n=n1;}
   void print(){cout<<n<<endl;}
private：
   int n;
};
void main(){
   Myclass *ptr=new Myclass(45);
   _____;
   ptr->print();
}
```

A. Myclass(50)　　　　　　　　B. setNume(50)

C. ptr->setNume(50)　　　　　　D. ptr->n=50

（10）设有 int a[ ]={10,11,12}, *p=&a[0];则执行完 *p++; *p+=1;后 a[0],a[1], a[2]的值依次是_____。

A. 10,12,12　　　B. 10,11,12

C. 11,11,12　　　D. 11,12,12

2.填空题

（1）当一个类对象的成员函数被调用时,该成员函数的_____指向调用它的对象。

（2）局部对象和全局对象中,在同一程序中　(1)　生存期最长;this 指针始终指向当前正在发出成员函数调用命令的　(2)　。

（3）在 VC++语言中,访问一个对象的成员所用的运算符是___(1)___,访问一个指针所指向的对象的成员所用的运算符是___(2)___。

（4）执行以下语句:int a[5]={25,14,27,18}, * p=a;( * p)++; 则 * p 的值为_____,再执行语句:* p++;则 * p 的值为_____。

（5）下列程序的运行结果是_____。

```
#include<iostream>
using namespace std;
class A{
    private:int x;
    public:
        A(int n){x=n;}
        int fun(A a){
        if(this->x==a、x)return 1;
        else return 0;
        }
};
int main(){
    A a(5),b(10), c(5);
    cout<<a. fun(b)<<endl;
    cout<<c. fun(a)<<endl;
    return 0;
}
```

（6）设有定义:int n1=0,n2, * p= &n2, * q= &n1;,写出一个与 n2=n1;语句等价的语句:_____。

# 三、析构函数

## （一）析构函数的定义

【知识点梳理】

（1）析构函数是一种特殊的成员函数,其主要作用是在系统撤销对象时,释放该对象所占用的内存空间。如释放用 new 动态申请的空间。定义格式如下:

```
类名::~类名(){
    函数体
}
```

（2）使用时注意:

① 函数名与类相同,没有函数返回值类型,也无 return 语句。

② 一个类只能定义一个析构函数,无形参,不允许函数重载。

③ 类定义对象时由系统自动调用。

④ 可以定义为虚函数。

⑤ 当用户没有定义时系统自动产生一个默认的析构函数。默认的析构函数的函数体为空,该函数什么也不做。

（3）析构函数与 delete 运算符：

使用运算符 delete 释放由 new 动态生成的对象和对象数据所占用的内存空间时,系统会自动调用析构函数。new 和 delete 运算符必须成对出现。

【典型例题讲解】

【例1】　有如下程序：

```cpp
#include<iostream>
using namespace std;
class test {
private：
int a；
public：
test() { cout<<"constructor"<<endl； }
test(int a) { cout<<a<<endl； }
test(const test &_test) {
a=_test. a；
cout<<"copy constructor"<<endl；
}
~test() { cout<<"destructor"<<endl； }
};
int main() {
test A(3)；
return 0；
}
```

执行这个程序的输出结果是_____。

A. 3

B. constructor
　　destructor

C. copy constructor
　　destructor

D. 3
　　destructor

分析：本题考查默认构造函数和带参数的构造函数以及析构函数,本题中定义了一个对象 A(3),对象带着参数,所以执行带参数的构造函数,输出 3,然后执行析构函数,输出 destructor。

答案：D

【例2】　有如下程序：

```cpp
#include<iostream>
#include<string>
using namespace std;
class Appliance{
```

```
public：
    Appliance(string t="A"):type(t) { }
    ～Appliance() { cout<<type; }
public：
    string type；
};
class TV：public Appliance{
public：
    TV()：size(0) { }
    TV(int s)：Appliance("T")，size(s) { }
    ～TV() { cout<<size; }
private：
    int size；
};
int main(){
    TV room1,room2(41);
    return 0;
}
```

运行后的输出结果是_____。

A. 041          B. 410          C. 0A41T          D. 41T0A

分析：执行派生类构造函数的顺序是：(1) 调用基类构造函数；(2) 调用子对象构造函数；(3) 再执行派生类析构函数；(4) 执行基类的析构函数。所以本题中分别定义了 room1，room2 后，调用构造函数后没有输出，而调用析构函数的顺序依次为 room2 的析构函数，输出 41，然后执行 Appliance 的析构函数输出 T，然后执行 room1 的析构函数输出 0，最后执行 Appliance 的析构函数输出 A。

答案：D

【例3】 下列关于类的析构函数的叙述中，错误的是_____。

A. 定义析构函数时不能指定返回值

B. 析构函数的函数名就是类名前加上字符 ～

C. 析构函数可以重载

D. 在一个类中如果没有定义析构函数，系统将自动生成一个析构函数

分析：本题考查类的析构函数的定义，析构函数（destructor）与构造函数相反，当对象脱离其作用域时（例如对象所在的函数已调用完毕），系统自动执行析构函数。析构函数往往用来做"清理善后"的工作（例如在建立对象时用 new 开辟了一片内存空间，应在退出前在析构函数中用 delete 释放）。以 C++语言为例，析构函数名也应与类名相同，只是在函数名前面加一个波浪符～，例如～stud( )，以区别于构造函数。它不能带任何参数，也没有返回值（包括 void 类型）。只能有一个析构函数，不能重载。如果用户没有编写析构函数，编译系统会自动生成一个缺省的析构函数，它也不进行任何操作。所以 C 选项错误。

答案：C

【基础题】

(1) 有如下程序：

```
#include<iostream>
using namespace std;
class Appliance{
public:
    Appliance() { }
    ~Appliance() { cout<<'A'; }
};
class TV:public Appliance{
public:
    TV(int s=41):size(s) { }
    ~TV() { cout<<'T'<<size; }
private:
    int size;
};
int main(){
    TV room1, * room2;
    return 0;
}
```

运行后的输出结果是_____。

A. T41    B. T41A    C. T41T41    D. T41AT41A

(2) 当一个派生类对象结束其生命周期时,自动做的事情是_____。

A. 先调用派生类的析构函数后调用基类的析构函数

B. 先调用基类的析构函数后调用派生类的析构函数

C. 如果派生类没有定义析构函数,则只调用基类的析构函数

D. 如果基类没有定义析构函数,则只调用派生类的析构函数

(3) 有如下类定义：

```
class Bag{
public:
    Bag(string s="Small",string cr="Black"):size(s),color(cr) { }
    ~Bag() { }
private:
    string size,color;
};
```

若执行语句

Bag * ptr,my,colleage[2],&sister=my;

则 Bag 类的构造函数被调用的次数是_____。

A. 2次    B. 3次    C. 4次    D. 5次

（4）有如下程序：

```
#include<iostream>
using namespace std;
class AA{
public:
    AA(){ cout<<"A"; }
    ~AA(){ cout<<"~A"; }
};
class BB{
public:
    BB(){ cout<<"B"; }
    ~BB(){ cout<<"~B"; }
};
int main(){
    AA  * pa=new AA;
    BB b;
    delete pa;
    return 0;
}
```

运行这个程序的输出是_____。

A. AB~A~B     B. BA~A~B     C. AB~B~A     D. BA~B~A

（5）有如下程序：

```
#include<iostream>
using namespace std;
class AA{
    char c;
public:
    AA(char ch):c(ch){ cout<<c; }
    ~AA(){ cout<<"a"; }
};
class BB{
    AA m1;
    AA m2;
public:
    BB()：m2('p'),m1('q'){ cout<<"B"; }
    ~BB(){ cout<<"b"; }
};
int main(){
    BB bb;
```

```
    return 0;
}
```

运行这个程序的输出是_____。

A. pgBaab      B. pgBbaa      C. qpBaab      D. qpBbaa

(6) 有如下类声明:

```
class Base1{ };
class Base2{ };
class Derived：public Base2，public Base1{ };
```

在一个 Derived 对象消亡时,析构函数被调用的顺序是_____。

A. ～Derived、～Base1、～Base2      B. ～Derived、～Base1、～Base2

C. ～Base1、～Base2、～Derived      D. ～Base2、～Base1、～Derived

## (二) 析构函数的使用

【知识点梳理】

(1) 析构函数的语法形式如下:

类名::～类名( ){

析构函数体}

(2) 析构函数是在释放对象时由系统自动调用,也可以由用户来显式调用。

(3) 当有多个析构函数进行调用时,其顺序与构造函数的调用顺序正好相反。

(4) 析构函数没有参数,也不能重载。

(5) 当用运算符 delete 释放对象时自动调用析构函数。

(6) 若不定义析构函数,系统自动生成一个默认的析构函数,其形式如下:

类名::～类名( )

    { }

特别提示:当构造函数中用 new 申请了空间,则必须自定义析构函数,并在其中用 delete 释放空间。

【典型例题讲解】

【例1】 以下有关析构函数的叙述中不正确的是_____。

A. 一个类只能定义一个析构函数      B. 析构函数和构造函数一样可以有形参

C. 析构函数不允许有返回值      D. 析构函数名前必须加符号～

分析:析构函数不允许重载,在类中只能定义一个不带参数的析构函数。

答案:B

【例2】 下列程序输出的第一行是 (1) ,第二行是 (2) 。

```
#include <iostream. h>
 class A{ int a;
public：A(int aa=0){a=aa;}
    ～A(){cout<< "Destructor A！"<<a<<endl;}
};
class B{ int b; A m;
```

```
public：B(int aa=0,int bb=5)：m(aa){b=bb;}
    ～B(){cout<<"Destructor!"<<b<<endl;}
};
void main(){ B x(10);}
}
```

分析：类定义对象时构造函数的调用顺序是先调用对象成员的类的构造函数，然后是自身类的构造函数。析构函数的调用顺序与构造函数的调用顺序正好相反。

答案：运行结果：Destrucotr B！5

                Destrucotr A！10

**【例 3】** 有如下程序：

```
#include <iostream. h>
#include <string. h>
class String{   char * str;
  String(char * p){
    if(p) { str=(char * )new char [strlen(p)+1];
strcpy(str,p);
}
          else str=0;
}
～String(){ if(str)   delete []str;}
};
```

下列说法中正确的是_____。

A. 在析构函数中的下标运算符［ ］可以省略不写

B. 在构造函数中不能直接用 str=p，必须用 new 动态申请空间，将其起始地址赋值给 str

C. 在构造函数中可以直接用 str=p 为指针成员 str 进行赋值

D. 该 String 类的定义中可以不显式定义构造函数

分析：类中有指针成员时必须要显式定义构造函数和析构函数。在构造函数中要为指针成员动态申请空间并赋值，否则指针成员没有空间存放形参传过来的内容。在析构函数中必须要释放动态申请的空间，如果不加下标运算符，则只释放 str 所指向的第一个单元，无法完全释放。

答案：B8

**【例 4】** 有如下程序：

```
#include <iostream>
using namespace std;
class Employee{
public：
    _____ { cout<< 'E'; }
};
```

```
class Manager:public Employee{
public:
    ~Manager() { cout<<'M'; }
};
int main(){
    Employee * obj=new Manager;
    delete obj;
    return 0;
}
```

若运行时的输出结果是"ME",则划线处缺失的部分是_____。

A．Employee()　　　　　　　　B．～Employee()

C．virtual Employee()　　　　　D．virtual ～Employee()

分析:由题意可知,M 是调用了类 Manager 的析构函数输出的,输出 M 后输出 E,又由于在调用派生类 Manager 的析构函数后,接着会调用 Employee 的析构函数,所以划线处缺失的必定是 Employee 的析构函数,且基类的析构函数需要声明为虚函数,否则不会调用派生类的析构函数。

答案:D

【基础题】

1. 选择题

(1) 类 a 的析构函数的正确形式为_____。

A．void a::a();　　　　　　　　B．void a::~a();

C．a::~a();　　　　　　　　　　D．a::~a(const a&);

(2) 下列属于析构函数特征的是_____。

A．析构函数名与类名不能相同　　B．析构函数的定义必须在类体内

C．析构函数可以带或不带参数　　D．在一个类中析构函数只能有一个

(3) 以下有关析构函数的叙述不正确的是_____。

A．一个类只能定义一个析构函数　B．析构函数和构造函数一样可以有形参

C．析构函数不允许有返回值　　　D．析构函数名前必须冠有符号"～"

(4) 析构函数与构造函数的非共同具有的特点是_____。

A．函数名与类名相同　　　　　　B．允许重载

C．不能使用 void 说明返回类型　　D．不带返回值

(5) 下列关于构造函数与析构函数的叙述中错误的是_____。

A．均无返回值

B．均不可定义为虚函数

C．构造函数可以重载,而析构函数不可重载

D．构造函数可带参数,而析构函数不可带参数

(6) 当对象要消除的时候,系统自动调用的函数是_____。

A．拷贝构造函数　　　　　　　　B．复制函数

C．构造函数　　　　　　　　　　D．析构函数

（7）以下有关析构函数的叙述不正确的是_____。

A. 析构函数没有任何函数类型

B. 析构函数的作用是在对象被撤销时收回先前分配的内存空间

C. 析构函数可以有形参

D. 一个类只有一个析构函数

2. 填空题

（1）对于每一个类，均有构造函数和析构函数，在这两种函数中能定义为虚函数的是_____。

（2）下列程序的运行结果是_____。

```cpp
#include<iostream>
    using namespace std;
  class Sample{
  public： int x,y;
  Sample(int m){x=m;}
  Sample(int m,int n){ x=m;y=n; cout<<x<<endl;}
    ~Sample(){cout<<"delete!"<<endl;}
};
int main(){
  Sample ss(10);
ss. ~Sample();
return 0;
}
```

（3）下列程序输出的结果第一行是___(1)___，第二行是___(2)___。

```cpp
#include<iostream>
using namespace std;
class S
{ int x,y;
  public：
    S( ) { x=y=0; }
    S(int a,int b) { x=a;y=b; }
    ~S( ){ if(x==y)   cout<<"x=y"<<endl;
      else cout<<"x!=y"<<endl;
      }
};
int main( )
{  S s1,s2(2,3);
return 0;}
```

（4）下列程序运行后输出的第三行为___(1)___，第五行为___(2)___。

```cpp
#include <iostream. h>
```

```
class A{
    int a;
public:
    A(int x=0){a=x;cout<<"构造函数 A\n";}
    ~A(){cout<<"析构函数 ～A\n";}
};
class B{
    int b;
public:
    B(int x){b=x;cout<<"构造函数 B\n";}
    ~B(){cout<<"析构函数 ～B\n";}
};
class C{
    A a1;
    B *p;
    B b1;
public:
    C(int x,int y,int z):b1(x),a1(y){
        cout<<"构造函数 C\n";
        p=new B(z);
        delete p;
    }
    ~C(){cout<<"析构函数 ～C\n";}
};
void main(){
    C c1(1,2,3);
}
```

## 四、章节测试题

1. 选择题

(1) _____是不可以作为该类的成员的。

A. 自身类对象的指针　　　　　　　　B. 自身类的对象

C. 自身类对象的引用　　　　　　　　D. 另一个类的对象

(2) _____不是构造函数的特征。

A. 构造函数的函数名与类名相同　　　B. 构造函数可以重载

C. 构造函数可以重载设置缺省参数　　D. 构造函数必须指定类型说明

(3) 设 A 为 test 类的对象且赋有初值,则语句 test B=A;表示_____。

A. 语法错

B. 为对象 A 定义一个别名

C. 调用复制构造函数,将对象 A 复制给对象 B

D. 仅说明 B 和 A 属于同一类

(4) 下列关于成员函数的叙述中不正确的是_____。

A. 成员函数一定是内联函数　　　　　B. 成员函数可以重载

C. 成员函数可以设置参数的缺省值　　D. 成员函数可以是静态的

(5) 在类中说明时可以用于修饰其成员的关键字是_____。

A. extern　　　　B. protected　　　　C. static　　　　D. private

(6) 当对象要被撤销的时候,系统自动调用的函数是_____。

A. 拷贝构造函数　　　　　　　　　　B. 复制函数

C. 构造函数　　　　　　　　　　　　D. 析构函数

(7) 通常拷贝构造函数的形参是_____。

A. 指向对象的指针　　　　　　　　　B. 对象的引用

C. 一个对象　　　　　　　　　　　　D. 类

(8) 关于类和对象,下列说法不正确的是_____。

A. 对象是类的一个实例

B. 任何一个对象必定属于一个特定的类

C. 一个类只能有一个对象

D. 类与对象的关系类似于数据类型与变量的关系

(9) 在 delete 运算符的下列描述中,_____是错误的。

A. 用它可以释放用 new 运算符创建的对象和对象数组

B. 用它释放一个对象时,它作用于一个 new 所返回的指针

C. 用它释放一个对象数组时,它作用的指针名前须加下标运算符([ ])

D. 用它释放一个对象时,它同时释放 new 所返回的指针

(10) 关于 delete 运算符的下列描述中,_____是错误的。

A. 它必须用于 new 返回的指针

B. 它也适用于空指针

C. 对一个指针可以使用多次该运算符

D. 指针名前只用一对方括号符,不管所删除数组的维数

(11) 具有转换函数动能的构造函数,应该是_____。

A. 不带参数的构造函数　　　　　　　B. 带有一个参数的构造函数

C. 带有两个以上参数的构造函数　　　D. 缺省构造函数

(12) 下列定义中,_____是定义指向数组的指针 p。

A. int $*$ p[5]　　　　　　　　　　　B. int $(*$ p)[5]

C. (int $*$)p[5]　　　　　　　　　　D. int $*$ p[]

(13) 通过使用关键字_____创建对象。

A. object　　　B. instantiate　　　C. create　　　　D. new

(14) 设 i , j 为类 X 中定义的 int 型变量名,下列 X 类的构造方法中不正确的是_____。

A. void X(int k){ i=k; }　　　　　　B. X(int k ){ i=k; }

C. X(int m, int n ){ i=m; j=n; }　　　　D. X( ){i=0;j=0; }

(15) 有一个类 A,以下为其构造方法的声明,其中正确的是_____。

A. void A(int x){…}　　　　　　　B. public A(int x){…}

C. public a(int x){…}　　　　　　D. static A(int x){…}

(16) 类 Test1 定义如下:

public class Test1{

　　public float aMethod(float a,float b){ } ()

}

将以下_____方法插入( )是不合法的。

A. public float aMethod(float a, float b,float c){ }

B. public float aMethod(float c,float d){ }

C. public int aMethod(int a, int b){ }

D. public int aMethod(int a,int b,int c){ }

(17) 下列方法定义中,不正确的是_____。

A. float x( int a,int b ) { return (a−b); }

B. int　x( int a,int b) { return a−b; }

C. int　x( int a,int b ); { return a * b; }

D. int　x(int a,int b) { return 1. 2 * (a+b); }

(18) 设 i、j、k 为类 School 中定义的 int 型变量名,下列类 School 的构造方法中不正确的是_____。

A. School ( int m){ … }　　　　　B. void　School ( int m){ … }

C. School ( int m, int n){ … }　　　D. School ( int h,int m,int n){ … }

(19) 设 i,j 为类 X 中定义的数据成员,在下面的类定义中,错误的语句是_____。

class sample{

public:

　　sample(int val);　　　　　　　//①

　　～sample( );　　　　　　　　//②

private:　　int a=2.5;　　　　　　//③

public:　　sample( );　　　　　　//④

};

A. ①　　　　　B. ②　　　　　C. ③　　　　　D. ④

(20) 给出下面代码段:

1) public class Test {

2) int m, n;

3) public Test() {}

4) public Test(int a) { m=a; }

5) public static void main(String arg[]) {

6) Test t1,t2;

7) int j,k;

8）j=0；k=0；

9）t1=new Test()；

10）t2=new Test(j,k)；

11）}

12）}

哪行将引起一个编译时错误？_____。

A. line 3        B. line 5        C. line 6        D. line 10

（21）下列程序的运行结果是_____。

```
#include <iostream. h>
class A {
public：
    int a；
    A(){a=0；}
    A(int as){a=as；}
};
void main(){
    A x,y(2),z(3)；
    cout<<x. a<<y. a<<z. a<<'\n'；
}
```

A. 123        B. 023        C. 032        D. 231

（22）设有如下类的定义，则对成员函数 print( )的定义正确的是_____。

```
class S{
public：void print( )；
};
```

A. void S：：print( ){}

B. S：：void print( ){cout<<1<<"\n"；}

C. void print( ){cout<<1<<"\n"；}

D. void S：：print(int k=1){cout<<k<<"\n"；}

A. 指向对象的指针            B. 对象的引用

C. 一个对象            D. 类

（23）假定 A 为一个类，执行语句 A a；后，则_____。

A. 系统将自动调用构造函数        B. 系统将自动调用析构函数

C. 系统将自动调用拷贝构造函数        D. 系统将自动调用复制构造函数

（24）以下程序中，错误的行是_____。

```
#include  <iostream. h>          //①
class A{                         //②
public：                         //③
    int n=2；                     //④
    A(int val){n=val；}           //⑤
```

```
    ～A(){}                              //⑥
};                                       //⑦
void main(){                             //⑧
    A a(0);                              //⑨
}                                        //⑩
```
A. ④　　　　　　　B. ⑤　　　　　　　C. ⑥　　　　　　　D. ⑨

(25) 参照以下 Java 代码，以下四个叙述中最确切的是_____。

```
class A{
int x;
static int y;
void fac(String s){System. Out. println("字符串:"+s);}
}
```

A. x、y 和 s 都是成员变量　　　　　B. x 是实例变量、y 是类变量、s 是局部变量
C. x 和 y 是实例变量、s 是参数　　　D. x、y 和 s 都是实例变量

2. 填空题

(1) 类中可以包含两类成员，分别是 ___(1)___ 和 ___(2)___ 。

(2) 引用通常用作函数的 ___(1)___ 和 ___(2)___ ，对数组只能引用 ___(3)___ ，不能引用 ___(4)___ 。

(3) 在类的成员函数中，由系统提供的隐含使用的指针是 ___(1)___ 。

(4) 一个类有 ___(1)___ 个析构函数，___(2)___ 时，系统会自动调用析构函数。

(5) 类的缺省访问特性是 ___(1)___ ，而结构体的缺省访问特性是 ___(2)___ 。

(6) 若 AB 为一个类的类名，执行语句：AB a[10]；则系统自动调用该类的构造函数的次数为 ___(1)___ 。

(7) 类的访问限定符包括 ___(1)___ ，___(2)___ 和 ___(3)___ 。

(8) 构造函数的任务是 ___(1)___ ，构造函数无 ___(2)___ ，类中可以有 ___(3)___ 个构造函数，它们由 ___(4)___ 区分，如果类说明中没有给出构造函数，则 C++编译器会 ___(5)___ ，拷贝构造函数的参数是 ___(6)___ ，当程序没有给出复制构造函数时，系统会自动提供 ___(7)___ 支持，这样的复制构造函数中每个类成员 ___(8)___ 。

(9) 下列程序第一行输出结果是 ___(1)___ ，第二行输出结果是 ___(2)___ 。

```
class Local{
int X;
public：
    void init(){X=0;}
    void init(int x){X=x;}
    void print(){cout<<X<<endl;}
}a;
void main(){
Local b;
a. init();
```

```
    b. init(5);
    a. print();
    b. print();
}
```

(10) 下列程序的执行结果是_____。

```
#include <iostream. h>
class B{
int x,y;
public:
B(){x=y=0;cout<<"Con1"<<'\t';}
B(int i){x=i ;y=0 ;cout<<"Con2"<<'\t'; }
B(int I,int j){x=I,y=j;cout<<"Con3"<<'\t';}
~B(){cout<<"Des"<<'\t';}
};
void main(){
B * Ptr;
Ptr=new B[3];
Ptr[0]=B();
Ptr[1]=B(1);
Ptr[2]=B(2,3);
delete []Ptr;
}
```

(11) 下列程序的输出结果分别是__(1)__和__(2)__。

```
class A
{  public:
       A(double i=5,int j=10) { m=i; n=j; }
       double m; int n;
};
void main( )
{  A a(5,6);
   a=A(20);
   cout<<a. m<<'\t'<<a. n;
}
```

(12) 下列程序的输出结果是_____。

```
#include<iostream. h>
class A
{  public:
       int X;
       A(int x) { X=x * x; }
```

```
};
class S
{    int x;
     A a;
     public：
     S(int b，int c)：a(c) { x=b+a、X； }
     void show( )   { cout<<"x="<<x<<endl； }
};
void   main( )
{   S s1(2,3)；
    s1.show( )；
}
```

(13) 如下程序的输出结果第一行是__(1)__,第二行是__(2)__,第三行是__(3)__。

```
#include<iostream.h>
class Test
{     int x,y；
    public：
        Test(int a,int b) { x=a； y=b； cout<<"调用了构造函数!\n"； }
        Test(Test &t) { x=t.x； y=t.y； cout<<"调用了拷贝构造函数!\n"； }
        void show( ) { cout<<"x="<<x<<"\ty="<<y<<endl； }
};
void main( )
{   Test t1(10,20)；
    Test t2=t1；
    Test t3(t1)；
}
```

(14) 下列程序的输出结果是_____。

```
#include<iostream>
using namespace std；
class Sample
{  int x；
   public：
   Sample ( ) { }
   Sample (int a) {x=a；}
   Sample (Sample &a) {x=a.x++10;}
   void disp(char * ob) { cout<<" "<<ob<<". x="<<x；}
};
int main()
{   Sample s1,s2 (20),s3 (s2)；
```

```
    s1=s2;
    s1.disp("s1");
    s2.disp("s2");
    s3.disp("s3");
    return 0;
}
```

（15）下列程序执行结果是_____。

```
#include<iostream>
using namespace std;
class Test {
  public:
    Test( ) { n+=2; }
    ~Test( ) { n-=3;}
    static int getNum( ) { return n;}
  private:
    static int n;
};
int Test::n=1;
int main( ){
  Test *  p =new Test;
  delete p;
  cout<<"n="<<Test::getNum( )<<endl;
  return 0;
}
```

（16）下列程序执行结果是_____。

```
#include<iostream>
using namespace std;
class AA{
  int n;
  public:
    AA(int k):n(k){}
    int get( ) {return n;}
    int get( )
    const{ return n+1;} };
int main( ){
  AA a(5);
  const AA b(6);
  cout<<a.get()<<","<<b.get();
  return 0;
```

```
}
```

（17）下列程序的输出结果是_____。

```
#include<iostream>
using namespace std;
class Count {
  public:
  Count () {  count++;  }
  static int HM(){ return count; }
  ~Count( ) { count--; }
  private:
static int count; };
  int Count::count=100;
int main() {
  Count c1,c2,c3,c4;
  cout<<Count::HM()<<endl;
  return 0;
}
```

（18）根据程序的输出结果，完善程序。

```
#include <iostream>
using namespace std;
class Base {
public:
  int k;
  Base(int n):k(n) { }
};
class Big {
public:
  int v; Base b;
  Big   (1)   { }
Big   (2)   { }
};
int main() {
  Big a1(5); Big a2 =a1;
  cout <<a1. v <<"," <<a1. b. k <<endl;
  cout <<a2. v <<"," <<a2. b. k <<endl;
  return 0;
}
```

输出结果是：

5,5

5,5

(19) 下列程序的输出结果是_____。

```cpp
#include<iostream. h>
class Sample
{
int x,y;
public:
Sample(){x=y=0;}
Sample(int a,int b){x=a;y=b;}
~Sample()
{
if(x==y)
cout<<"x=y"<<endl;
else
cout<<"x!=y"<<endl;
}
void disp()
{
cout<<"x="<<x<<",y="<<y<<endl;
}
};
void main()
{
Sample s1(2,3);
s1. disp();
}
```

(20) 下列程序的输出结果是_____。

```cpp
#include<iostream. h>
#include<stdlib. h>
class Sample
{
public:
int x,y;
Sample(){x=y=0;}
Sample(int a,int b){x=a;y=b;}
void disp()
{
cout<<"x="<<x<<",y="<<y<<endl;
}
```

```
};

void main()
{
Sample s1(2,3);
s1.disp();
}
```

(21) 有如下类定义：

```
class Test{
  public:
  Test( ){a=0;c=0;}            //①常成员必须在初始化列表中初始化
int f(int a) const {this->a=a;}  //②常函数不能修改成员
void h(int b) {Test::b=b;};      //③
static int g( ) {return a;}       //④静态函数要通过对象访问成员
private:
  int a;
static int b;
const int c;
};
int Test::b=0;
```

在标注号码的行中，能被正确编译的是_____。

(22) 下列程序的输出结果是_____。

```
#include<iostream>
using namespace std;
class Test{
private:
static int val;
int a;  public:
static int func( );
void sfunc(Test &r);
};
int Test::val=200;
int Test::func( ){   return val++; }
void Test::sfunc(Test &r){
r.a=125;
cout<<"Result3="<<r.a<<endl;
}
Void main(){
cout<<"Result1="<<Test::func( )<<endl;
```

```
Test a;
cout<<"Result2="<<a.func()<<endl;   a.sfunc(a);
}
```

3．编程题

（1）内置数据类型可以进行类型强制转换，类也可以进行同样的转换，这是通过定义类型转换函数实现的。它只能是类的成员函数，不能是友元函数。格式为：

类名∷operator　转换后的数据类型（ ）｛…｝

如：operator float（）是转换为浮点数的成员函数。使用时的格式为：

float(对象名)；　或　（float）对象名；

定义人民币类，数据成员包括：圆、角、分，均为整型。类型转换函数将人民币类强制转换为浮点数，以圆为单位。并编程进行检验。

（2）定义一个圆类（Circle），属性为半径（radius）、圆周长和面积，操作为输入半径并计算周长、面积，输出半径、周长和面积。要求定义构造函数（以半径为参数，缺省值为 0，周长和面积在构造函数中生成）和拷贝构造函数。

（3）创建一个 adress 类，该类中有字符数组，分别表示姓名、街道地址、市、省和邮政编码。类中含构造函数、changename（）函数、show（）函数，其中构造函数初始化每个成员，changename（）函数修改姓名，show（）函数显示对象数据。其中的数据成员是保护的，成员函数是公共的。

分析：设计字符数组分别表示受保护的成员：姓名、街道地址、市、省、邮政编码，设计整型成员，表示记录序号。构造函数及 changename（）函数的参数也用数组，用库函数实现逐个拷贝。

（4）修改上例，设计姓名类 name，其中名和姓在该类中为保护数据成员，构造函数为接收一个指向完整姓名字符串的指针，show（）函数输出姓名。然后将 adress 类中的姓名成员（字符数组）换成 name 类对象。已知主函数如下：

```
void main(){
adress P1("陈 红","梦溪路 2 号","镇江市","江苏省","212003",1);
P1.show();
P1.changename("陈 红红");
P1.show();
}
```

分析：在类 name 中用字符数组分别表示受保护的成员姓和名，设计两个构造函数，一个是缺省的，另一个是用字符串为姓和名赋初值，再设计两个成员函数 changename 及 show，分别表示修改姓名与显示姓名。

4．改错题

（1）分析下列代码，在每个注释："//ERROR＊＊＊＊＊＊＊＊found＊＊＊＊＊＊＊＊"后面的一行有错，请改正这些错误，使程序的输出结果为：The value is:10

```
//proj1.cpp
#include <iostream>
using namespace std;
```

```
class Member {
//ERROR ＊＊＊＊＊＊＊＊found＊＊＊＊＊＊＊＊
private：
    Member(int val)：value(val) {}
    int value;
};
class MyClass {
    Member _m;
public：
//ERROR ＊＊＊＊＊＊＊＊found＊＊＊＊＊＊＊＊
    MyClass(int val) {}
    int GetValue() const { return _m、value; }
};
int main()
{
    MyClass ＊obj＝new MyClass(10);
//ERROR ＊＊＊＊＊＊＊＊found＊＊＊＊＊＊＊＊下列语句输出 obj 指向类中的 value 值
    cout <<"The value is：" <<obj.GetValue() <<endl;
    delete obj;
    return 0;
}
```

(2) 分析下列代码,在每个注释:"//ERROR ＊＊＊＊＊＊＊＊found＊＊＊＊＊＊＊＊"后面的一行有错,请改正这些错误,使程序的输出结果为：This object is no. 1

```
//proj1. cpp
#include <iostream>
using namespace std;
class MyClass
{
public：
    MyClass()：count(0) { cout<< "This object is "; }
//ERROR ＊＊＊＊＊＊＊＊found＊＊＊＊＊＊＊＊
    void Inc() const
    { cout<< "no. "<<++count<<endl; }
private：
//ERROR ＊＊＊＊＊＊＊＊found＊＊＊＊＊＊＊＊
    int count=0;
};
int main()
{
```

```
    MyClass *obj=new MyClass;
//ERROR ********found ********
    *obj.Inc();
    return 0;
}
```

（3）分析下列代码,在每个注释:"//ERROR *******found ********"后面的一行有错,请改正这些错误,使程序的输出结果为:You are right.

```
//proj1.cpp
#include <iostream>
using namespace std;
class MyClass
{
public:
    MyClass(int x):number(x) {}
//ERROR **********found **********
    ~MyClass(int x) {}
//ERROR **********found **********
    void Judge(MyClass &obj);
private:
    int number;
};
void Judge(MyClass &obj)
{
    if(obj.number==10)
        cout<<"You are right. "<<endl;
    else
        cout<<"Sorry"<<endl;
}
int main()
{
//ERROR **********found **********
    MyClass object;
    Judge(object);
    return 0;
}
```

（4）分析下列代码,在每个注释:"//ERROR *******found ********"后面的一行有错,请改正这些错误,使程序的输出结果为:

Constructor called.

The value is 10

Copy constructor called.

The value is 10

Destructor called.

Destructor called.

代码为：

```cpp
//proj1. cpp
#include <iostream>
using namespace std;
class MyClass {
public：
//ERROR ＊＊＊＊＊＊＊＊＊＊found＊＊＊＊＊＊＊＊＊＊
MyClass(int i)
        { value =i; cout << "Constructor called. " <<endl; }
//ERROR ＊＊＊＊＊＊＊＊＊＊found＊＊＊＊＊＊＊＊＊＊
MyClass(const MyClass p)
{
value=p. value；
cout << "Copy constructor called. " <<endl；
}
void Print()
        { cout << "The value is " <<value <<endl; }
//ERROR ＊＊＊＊＊＊＊＊＊＊found＊＊＊＊＊＊＊＊＊＊
void ~MyClass()
        { cout << "Destructor called. " <<endl; }
private：
int value；
};
int main()
{
MyClass obj1;
obj1. Print();
MyClass obj2(obj1);
obj2. Print();
return 0；
}
```

## 五、类的编程题实现方法

（1）搭建类的框架：先根据题目把类的框架搭起来，类的数据成员和函数成员可以根据题目要求移植过来。

（2）类的成员函数实现：对于类的成员函数实现，建议在类的外部进行实现，在实现的过程中要加上类名进行限定，根据题目要求对所有成员函数进行实现。

（3）测试类部分：定义主函数并在主函数中定义类的对象，通过对象调用成员函数对编写好的类进行相应的测试工作。

## 六、上机实践

1. 上机实践要求

（1）熟悉类和对象的概念。

（2）掌握类的构造函数和析构函数的使用方法。

（3）掌握面向对象的程序设计的基本思想和方法。

2. 上机实践内容

[编程]

（1）定义一个数组类 Array，将二维数组的各行元素逆序。具体要求如下：

① 私有数据成员：

int（ * a）[5]；                          //表示二维数组

② 公有成员函数：

Arry(int b[5][5])：构造函数，根据给定的 5×5 数组初始化成员数据；

void fun()：功能函数，将二维数组的各行元素逆序；

void show()：功能函数，输出成员数组；

析构函数。

③ 设计一个完整的程序对该类进行测试。

（2）定义求一元二次方程实数根的类 Fx。具体要求如下：

① 私有数据成员：

float a0，a1，a2；                       //分别表示常数项、一次项和二次项系数

float delta；                          //根的判别式

double x1，x2；                        //实数根

② 公有成员函数：

Fx(float x，float y，float z)：构造函数，以形参初始化各次项系数；

void f()：求根的判别式；

void fun()：求方程的实根；

void show()：输出方程；

void print()：输出方程的实根。

③ 设计一个完整的程序对该类进行测试。

（3）定义一个类 NUM，将一维数组中值为奇数的元素按从小到大的顺序排列，值为偶数的元素按从小到大的顺序排列，并且值为奇数的元素排序后仍位于原来奇数元素所在的位置上，值为偶数的元素排序后仍位于原来偶数元素所在的位置上。具体要求如下：

① 私有数据成员：

int * p；指向待处理的数据；

int n；待处理数据的个数。

② 公有成员函数：

NUM(int *t,int m)；构造函数,用参数 t 初始化成员 p,m 初始化 n；

void fun()；将数组 p 按题意要求处理；

void print()；输出数组；

～NUM()；析构函数,完成必要的操作。

③ 在主函数中定义并初始化一个数组 a,用 a 对类 NUM 进行测试。

输出示例：

原数组为:1 4 2 6 3 6 8 7 5 9

处理后的数组为:1 8 6 6 3 4 2 5 7 9

# 第八节　继承和派生

知识点
- 继承与派生
  - 继承和派生的概念（理解）
  - 单一派生的语法定义（重点）
  - 多重派生的语法定义（重点）
  - 初始化基类成员和对象成员的方法（难点）
  - 虚基类的应用（重点）
- 静态成员——静态数据成员的说明与使用（掌握）
- 友元
  - 友元函数的说明及使用（掌握）
  - 成员函数作友元函数（掌握）
  - 友元类（理解）
- 支配规则和赋值兼容性
  - 支配规则（掌握）
  - 赋值兼容性（掌握）

## 一、基类与派生类

【知识点梳理】

(1) 继承是面向对象程序设计的重要方法之一,作用是用来提高代码的重用性。

(2) 通过继承已有的一个或多个类的特征和功能,来产生一个新类,从而简化程序设计,提高软件的重要性,并使软件更容易维护。

(3) 一个已存在的类作为基类或父类,派生出的新类称为派生类或子类。

(4) 子类在作为派生类或子类的同时也能作为另一个类的基类,一直衍生下去。

(5) 派生类具有基类的数据成员和成员函数,又有自己新加的成员。

## 二、继承

### (一) 单一继承

【知识点梳理】

(1) 单一继承的定义格式：

class 派生类名:派生方式,基类名

　　　　　｛ 派生类中新增加的成员　 ｝；

（2）使用总结：

① 继承方式又称派生方式，是用来表示基类中的成员在派生类中的使用权限的。

② 花括号内的成员表示派生类新增加的成员。

③ 基类中的私有数据在派生类中是不允许直接访问的，所以继承方式只是影响基类中的公有和保护成员数据。

④ 继承方式有三种：公有派生、保护派生、私有派生，默认是私有派生。

——公有派生：基类中公有和受保护成员在派生类中保持原访问权限属性。

——私有派生：基类中公有和受保护成员在派生类中为私有访问属性。

——保护派生：基类中公有和受保护成员在派生类中为受保护访问属性。

【典型例题讲解】

【例1】 设有如下类的定义：

```
class A{
int a；
protected： int a1；
public：
A(int x=0,int y=0){a=x;a1=y;}
void fun1(){cout<<a<<'\t'<<a1<<'\n';}
};
class B：protected A{
public： void fun2(){fun1();}
};
```

关于类 B 的对象 b 的成员的访问特性，下列说法正确的是_____。

A. b、a 和 b、a1 为保护特性，b、fun1()为公有特性

B. b、a 为私有特性，b、a1 为保护特性，b、fun1()为公有特性

C. b、a、b、a1 和 b、fun1()均为保护特性

D. b、a 为私有特性，b、a1 和 b、fun1()为保护特性

分析：派生类 B 保护继承类 A，基类中公有成员和保护成员在派生类中均变为保护的，私有的仍为私有的。

答案：D

【例2】 下列对派生类的描述中，_____是错误的。

A. 派生类中继承的几类成员的访问权限到派生类保持不变

B. 一个派生类至少有一个基类

C. 一个派生类可以作为另一个派生类的基类

D. 派生类的成员除了它自己的成员外，还包含它的基类成员

分析：一个派生类可以作为另一个派生类的基类。无论是单继承还是多继承，派生类至少有一个基类。派生类的成员除了它自己的成员外，还包含它的基类成员。派生类中继承的基类成员的访问权限到派生类受继承方式影响，对于私有继承，积累的 public，protected 成员在派生类中作为 private 成员；对于公有继承，基类的 public，protected 成员在派生类中

访问属性不变；对于保护继承，基类的 public，protected 成员在派生类中作为 protected 成员。

答案：A

【基础题】

1. 选择题

（1）若派生类的对象 p 可以用 p、b 的形式访问基类成员 b，则 b 是_____。

A. 公有继承的公有成员　　　　　　　　B. 公有继承的私有成员

C. 公有继承的保护成员　　　　　　　　D. 私有继承的公有成员

（2）在基类和派生类的关系描述中，_____是错误的。

A. 派生类是基类的具体化　　　　　　　B. 派生类是基类的子集

C. 派生类是基类定义的延续　　　　　　D. 派生类是基类的组合

（3）以下对派生类的描述，错误的是_____。

A. 派生类至少有一个基类

B. 派生类可以作为另一个派生类的基类

C. 派生类除了包含它自己定义的成员外，还可以继承基类的成员

D. 派生类所继承的基类成员的访问权限保持不变

（4）对于公有继承，基类中的私有成员在派生类中将_____。

A. 可直接使用成员名访问　　　　　　　B. 能通过成员运算符访问

C. 仍然是基类的私有成员　　　　　　　D. 成为派生类中的私有成员

（5）采用保护继承时，基类的_____在派生类别中成为保护成员。

A. 任何成员　　　　　　　　　　　　　B. 公有成员和保护成员

C. 保护成员　　　　　　　　　　　　　D. 私有成员

（6）为了使类中的某个成员不能被类的对象通过成员操作符访问，则不能把该成员的访问权限定义为_____。

A. public　　　　　　　　　　　　　　B. protected

C. private　　　　　　　　　　　　　　D. private 和 protected

（7）在定义一个派生类时，默认的继承方式为_____。

A. 私有继承　　　　　　　　　　　　　B. 保护继承

C. 私有继承和保护继承　　　　　　　　D. 任何继承

2. 填空题

（1）类继承中，缺省的继承方式是_____。

（2）基类的__(1)__不能被派生类的成员访问，基类的__(2)__在派生类中的性质和继承的性质一样，而基类的__(3)__在私有继承时在派生类中成为私有成员，在公有和保护继承时在派生类中为保护成员。

（3）若类 B 是类 A 的私有派生类，类 C 是类 B 的公有派生类，则类 C 的对象_____直接访问类 A 的公有成员。

（4）分析下列程序：

```
#include <iostream. h>
class A{
```

```
        int a；
public：A(int x=0){a=x；}                        //A 行
};
class B{
int b;
public：B(int x=0){b=x；}                        //B 行
};
class C：public A{
B b1;
public：
void show(){
cout<<a<<'\t'；                                 //C 行
cout<<b1.b<<'\n'；                              //D 行
}
};
void main(){
C c1;                                          //E 行
c1.show()；                                     //F 行
}
```

程序编译时出现语法错误的行和原因：

　　__(1)__ 行,原因是__(2)__。

　　__(3)__ 行,原因是__(4)__。

(5) 在 C++中,三种派生方式的说明符号为__(1)__、__(2)__、__(3)__,不加说明,则默认的派生方式为__(4)__。

(6) 当公有派生时,基类的公有成员成为派生类的__(1)__;保护成员成为派生类的__(2)__;私有成员成为派生类的__(3)__。

(7) 当保护派生时,基类的公有成员成为派生类的__(1)__;保护成员成为派生类的__(2)__;私有成员成为派生类的__(3)__。

## (二) 多重继承

【知识点梳理】

多重继承指派生类有多个基类,派生类与每个基类之间的关系仍然可以看作一个单一继承。

多重继承的语法格式为：

class 派生类名：派生方式1 基类名1,派生方式2 基类名2,…,派生方式 n 基类名 n{

派生类中新增加的成员};

其用法与访问规则与单一继承类同。

【典型例题讲解】

【例1】 下列关于派生类的描述中,错误的是_____。

A. 一个派生类可以作为另一类的基类

B. 一个派生类可以有多个基类

C. 一个派生类除了有它自己的成员外,还包含它的基类的成员

D. 在类的继承中,基类成员的访问特性在派生类中保持不变

分析:当基类的继承方式是私有继承或者是保护继承时,基类成员的访问特性就发生改变。

答案:D

【例2】 单一继承和多重继承的举例分析:

```
#include <iostream.h>
class I{
    int i;
public:I(int m=0){i=m;}
};
class Q{
    int q;
public:Q(int m=1){q=m;}
};
class S:public I {                    //单一继承,一个基类
    int s;
public:S(int m=3){s=m;}
};
class N:public I,public Q{             //多重继承,两个基类
    int n;
public:N(int m=4){N=x;}
};
void main()
{
    N n;
}
```

分析:在本例中 Q 类由 I 类派生得到,并且在 S 类中新增加了一个数据成员 s,因此,构成单一继承。而 N 类由 I 类和 Q 类共同派生得到,并且也新增加了一个数据成员 n,构成了多重继承。

【例3】 设有如下多重继承示例程序:

```
#include <iostream.h>
class L{
    intl;
    public:
    L(int x=0){l=x;}
    int getl(){return l;}
```

```
};
class M:virtual public L{
  Int m;
  public:
  M(int x=1,int y=1):L(y){m=x;}
  int getm(){return m;}
};
class N:virtual public L{
  intn;
  public :
  N(int x=2,int y=2):A(y){n=x;}
  int getn(){return n;}
};
class O:public M,public N{
  public:
    O(int x=4,int y=5,int z=6):L(x),M(y),N(z){}
    void print(){cout<<getl()<<'\t'<<getm()<<'\t'<<getn()<<'\n';}
};
void main(){
  O o1;
  o1.print( );
}
```

程序运行后输出为_____。

A. 0  4  2          B. 0  1  6          C. 0  5  2          D. 4  5  6

分析：VC++用虚基类进行多重派生时，是通过生成对象的类（本题为类 O）的构造函数直接调用虚基类的构造函数来初始化基类的成员的。因此类 O 的基类 L 的构造函数中形参 x 的值为 4，基类 M 的构造函数中形参 x 的值为 5，基类 N 的构造函数中形参 x 的值为 6。

答案：D

【例 4】 C++将继承类分为 ___(1)___ 和 ___(2)___ 两种。

分析：派生类可以只从一个基类中派生，也可以从多个基类中派生。从一个基类中派生的继承方式称为单继承，从多个基类中派生的继承方式称为多继承。

答案：(1) 单继承   (2) 多继承

【基础题】

1. 选择题

(1) 关于多重继承二义性的描述中，_____是错误的。

A. 一个派生类的两个基类中都有某个同名成员，在派生类中对这个成员的访问可能出现二义性

B. 解决二义性最常用的方法是对成员名的限定法

C. 基类和派生类中出现的同名函数,不存在二义性问题

D. 一个派生类是从两个基类派生来的,而这两个基类又有一个共同的基类,对该基类成员进行访问时,也可能出现二义性

(2) 在基类和派生类的关系描述中,_____是错误的。

A. 派生类是基类的具体化      B. 派生类是基类的子集

C. 派生类是基类定义的延续      D. 派生类是基类的组合

(3) 关于多继承二义性的描述,_____是错误的。

A. 派生类的多个基类中存在同名成员时,派生类对这个成员访问可能出现二义性

B. 一个派生类是从具有共同的间接基类的两个基类派生来的,派生类对该公共基类的访问可能出现二义性

C. 解决二义性最常见的方法是作用域运算符对成员进行限定

D. 派生类和它的基类出现同名函数时,可能出现二义性

(4) 关于类的继承特性,错误的是_____。

A. 具有代码和数据的共享特性

B. 一般情况下,派生类和基类之间有所差别

C. 类间具有层次结构

D. 会产生代码的冗余

(5) 下列关于继承和派生的叙述错误的是_____。

A. 派生类有可能是基类,基类也可能是派生类

B. 子类可能有多个父类,父类也可以派生出多个子类

C. 派生类中成员的数量有可能少于其基类成员数量之和

D. 类的继承中,派生类中包含基类所有成员

(6) 下列关于继承二义性的描述中,错误的是_____。

A. 一个派生类的两个基类中都有某个同名成员,在派生类中对这个成员的访问可能出现二义性

B. 解决二义性的最常用的方法是对成员名的限定法

C. 基类和派生类中同时出现的同名函数,也存在二义性问题

D. 一个派生类是从两个基类派生出来的,而这两个基类又有一个共同的基类,对该基类成员进行访问时,可能出现二义性

(7) 下列关于继承的描述中,错误的是_____。

A. 继承是重用性的重要机制

B. C++语言支持单重继承和双重继承

C. 继承关系不是可逆的

D. 继承是面向对象程序设计语言的重要特性

2. 填空题

(1) C++将继承类分为__(1)__和__(2)__两种。

(2) 在继承机制下,当对象消亡时,编译系统先执行__(1)__的析构函数,然后执行__(2)__的析构函数,最后执行__(3)__的析构函数。

(3) 派生类中可以定义其_____中不具备的数据和操作。

（4）派生类只有一个基类的称为_____。

（5）派生类构造函数的初始化列表中包含_____。

（6）消除继承中的二义性的两种方法分别是__(1)__和__(2)__。

## （三）派生类的构造函数（对所有成员的初始化）

【知识点梳理】

（1）派生类中有从基类中继承过来的数据成员和新定义的数据成员，同时也可能有对象成员，派生类的构造函数的作用便是通过调用基类或对象成员中的构造函数对这些数据进行初始化。

（2）派生类构造函数的一般格式：

派生类的构造函数名(形参表列)：基类名(实参表列1)，对象成员(实参表列2)…

{　　派生类中新成员的初始化　　}

（3）派生类构造函数调用总结：

① 只有定义派生类对象，派生类构造函数才能被调用。派生类构造函数的调用顺序为：先调用基类的构造函数，初始化基类中继承的成员；再调用对象成员的构造函数，初始化成员对象的数据成员；最后调用派生类的构造函数，初始化派生类。

② 当派生类是多重继承或有多个对象成员时，按基类或对象成员的说明顺序调用相关的构造函数。

③ 当基类中的构造函数是缺省构造函数或未定义构造函数时，在派生类中的构造函数书写可以省略。而当生成派生类对象时，仍会先去调用基类构造函数，初始化基类中继承的成员，再调用成员对象的构造函数，初始化成员对象的数据成员，最后调用派生类的构造函数，初始化派生类新增加的成员。

【典型例题讲解】

【例1】 设有如下类的定义：

```
class A{
  public：
    int m;
    A(int x=0){m=x;}
};
class B：protected A{
    A m1;
  public：
    void show(){cout<<m<<'\t'<<m1.m<<'\n';}
};
```

关于派生类B的构造函数，下列定义不正确的是_____。

A. 可以缺省派生类的构造函数定义　　　B. B::B(int x,int y)：A(x),m1(y){}

C. B::B(int x,int y)：A(x),A(y){}　　　D. B::B(){}

分析：在类的继承中，派生类构造函数的成员初始化列表中应列出基类的构造函数的调用，如果类中含有另一个类的对象，则在派生类构造函数的成员初始化列表中也应列出该对象名调用其构造函数。如果基类中含有缺省的构造函数,则派生类中可以省略构造函数的定义,此时调用基类的缺省构造函数或成员对象的缺省构造函数。C选项中类 B 的构造函数的成员初始化列表中连续两次调用基类 A 的构造函数,因而是错误的。

答案:C

【例2】　下列程序的输出为_____。

```cpp
#include <iostream. h>
#include <string. h>
class A{
int a ;
    public :
A(int x) { a=x ;    cout<<"喜欢 A 的妈妈\n" ; }
int geta( ) { return a ;    }
~A( ) { cout<<"喜欢 A 的爸爸!!!\n" ;   }
} ;
class B{
int b ;
public :
B(int x) { b=x ;    cout<<"喜欢 B 的妈妈\n" ; }
    int getb( ) { return b ;    }
~B( ){ cout<<"喜欢 B 的爸爸!!!\n" ;   }
} ;
class C{
int c ;
public :
C(int x) { c=x ;    cout<<"喜欢 C 的妈妈\n" ; }
int getc( ) { return c ;    }
~C( ) { cout<<"调用了 C 的爸爸!!!\n" ;   }
} ;
class D : public A, public B{    //派生的顺序决定了构造函数和析构函数的调用顺序
    int d ;
    C c1 ;
public :
    D(int x,   int y,   int z,   int m) : A(x), B(y), c1(z)
    { d=m ;    cout<<"喜欢 D 的妈妈\n" ; }
    void show( )
    { cout<<geta( )<< '\t'<<getb( )<< '\t'<<c1. getc( )<< '\t'<<d<< '\n' ; }
~D( ) { cout<<"喜欢 D 的爸爸!!!\n" ;   }
} ;
void main( )
```

```
{   D d1(2,4,6,8);
    d1.show();
}
```

分析:类 D 的构造函数提供了四个形参,分别用于初始化基类成员和派生类中新增的成员,其形参的使用与形参名相对应而与形参顺序无关。冒号后列举了各基类和成员对象的构造函数的调用(不是定义)。如果基类或成员对象的构造函数无参数,则其构造函数的调用可以不列出。注意,基类构造函数的调用是通过基类名实现的,成员对象的构造函数的调用是通过对象名实现的。

派生类的对象撤销时由派生类的析构函数调用基类的析构函数和成员对象的析构函数,其调用顺序与构造函数的调用顺序正好相反,且这种调用是系统自动完成的,如果在派生类中需显式地定义析构函数,不必考虑基类和成员对象的析构函数。

答案:喜欢 A 的妈妈

　　　喜欢 B 的妈妈

　　　喜欢 C 的妈妈

　　　喜欢 D 的妈妈

　　　2　　　4　　　6　　　8

　　　喜欢 D 的爸爸!!!

　　　喜欢 C 的爸爸!!!

　　　喜欢 B 的爸爸!!!

　　　喜欢 A 的爸爸!!!

【基础题】

1. 选择题

(1) 派生类的构造函数的成员初始化列表中,不能包含_____。

A. 基类的构造函数　　　　　　　　B. 派生类中子对象的初始化

C. 基类的子对象初始化　　　　　　D. 派生类中一般数据成员的初始化

(2) 派生类中定义的析构函数与它所属的基类_____。

A. 一定有关　　　　　　　　　　　B. 一定无关

C. 可以有关系,也可以无关系　　　　D. 以上都不对

(3) 有关基类和派生类的关系描述中,_____是错误的。

A. 派生类是基类的具体化　　　　　B. 派生类是基类的子集

C. 派生类是基类定义的延续　　　　D. 派生类是基类的组合

(4) C++中的类有两种用法:一种类的实例化,即生成类对象,并参与系统的运行;另一种是通过_____派生了新的类。

A. 复用　　　　B. 继承　　　　C. 封装　　　　D. 引用

(5) C++类体系中,不能被派生类继承的有_____。

A. 构造函数　　　　　　　　　　　B. 虚函数

C. 静态成员函数　　　　　　　　　D. 赋值操作函数

(6) 下列对继承的描述中,错误的是_____。

A. 析构函数不能被继承

B. 派生类也是基类的组合

C. 派生类的成员除了它自己的成员外,还包含它的基类的成员

D. 派生类是基类的子集

2. 填空题

(1) 设有如下类的定义:

```
class A{
    int a;
  protected：
    int b;
  public：
    int c;
};
class B：public A{
    int a;
  protected：
    int b;
  public：
    int c;
    A a1;
};
```

则可以通过类 B 对象直接访问的成员数据有 ___(1)___ ,在类 B 的成员函数中可以直接访问的成员数据有___(2)___。

(2) 下面程序的执行结果是_____。

```
#include <iostream>
using namespace std;
class A{
public：
A(){cout<<"2";}
~A(){cout<<"5";}
};
class B：public A{
public：
B(){cout<<"7";}
~B(){cout<<"9";}
};
int main(){    B b;return 0;}
```

(3) 下列程序的运行结果是_____。

```
#include <iostream>
using namespace std;
```

```
class Base{
private:char c;
public:Base(char n):c(n){ }
~Base(){
cout<<c;}
};
class Derived:
public Base{
private:char c;
public:Derived(char n):Base(n+2),c(n){ }
~Derived(){
cout<<c;}
};
int main(){
Derived obj('x');
return 0;
}
```

(4) 下列程序的运行结果是＿＿＿＿＿＿。

```
#include <iostream>
using namespace std;
class A
{
int x;
public:
int z;
void setx(int i){x=i;}
int getx(){return x;}
};
class B:public A
{
int m;
public:
void setvalue(int a,int b,int c){
setx(c);
z=b;
m=a;
}
void display(){
cout<<getx()<<","<<m<<endl;
```

```
}
};
int main(){
B obj;
obj. setvalue(10,13,16);
obj. display();
return 0;
}
```

（5）若希望用一个已有的对象来构造另一个同类型的对象,可以使用_____来实现。

## （四）派生类的析构函数

【知识点梳理】

（1）当派生类的对象撤销时,系统自动调用析构函数进行空间释放。

（2）析构函数调用顺序与构造函数的调用顺序相反:先调用派生类的析构函数,再调用对象成员的析构函数,最后调用基类的析构函数。

【典型例题讲解】

【例1】　下列有关析构函数的说法,错误的是_____。

A. 析构函数无任何函数类型

B. 析构函数的作用是在对象被撤回时收回先前分配的内存空间

C. 析构函数和构造函数一样可以有形参

D. 一个类中析构函数有且只有一个

分析:C++中,当一个对象消失时,或用 new()创建的对象,用 delete()删除时,由系统自动调用类的析构函数,一个类中只能定义一个析构函数,所以析构函数不能重载,析构函数中没有形参。

答案:C

【基础题】

1. 选择题

（1）以下有关析构函数的叙述不正确的是_____。

A. 一个类中只能有一个析构函数

B. 析构函数不允许用返回值

C. 析构函数和构造函数一样都可以有形参

D. 析构函数名前必须冠有符号～

（2）下列关于派生类构造函数和析构函数的说法中,错误的是_____。

A. 派生类的构造函数会隐含调用基类的构造函数

B. 如果基类中没有缺省构造函数,那么派生类必须定义构造函数

C. 在建立派生类对象时,先调用基类的构造函数,再调用派生类的构造函数

D. 在销毁派生类对象时,先调用基类的析构函数,再调用派生类的析构函数

（3）C++中派生类的析构函数的调用顺序为_____。

A. 基类、派生类和对象成员类的析构函数

B. 派生类、对象成员类和基类的析构函数

C. 对象成员类、派生类和基类的析构函数

D. 派生类、基类和对象成员类的析构函数

2. 填空题

(1) 下列程序运行后输出为_____。

```cpp
#include <iostream. h>
#include <iostream>
using namespace std;
class O{
    public:
    O(){cout<<"构造函数 O\n";}
    ~O(){cout<<"析构函数 ~O\n";}
};
class P{
    public:
    P(){cout<<"构造函数 P\n";}
    ~P(){cout<<"析构函数 ~P\n";}
};
class Q:public P,public O{
    public:
    Q():O(),P(){cout<<"构造函数 Q\n";}
    ~Q(){cout<<"析构函数 ~Q\n";}
};
int main(){Q q1; return 0;}
```

(2) 下列程序运行后输出为_____。

```cpp
#include <iostream>
using namespace std;
class O{
    public:
    O(){cout<<"构造函数 O\n";}
    ~O(){cout<<"析构函数 ~O\n";}
};
class P:virtual public O{
    public:
    P():O(){cout<<"构造函数 P\n";}
    ~P(){cout<<"析构函数 ~P\n";}
};
class Q:public virtual O{
    public:
```

```
    Q():O(){cout<<"构造函数 Q\n";}
    ~Q(){cout<<"析构函数 ~CQ\n";}
};
class R:public Q,public P{
    public:
    R(){cout<<"构造函数 R\n";}
    ~R(){cout<<"析构函数 ~R\n";}
};
int main(){R r1; return 0;}
```

（3）在继承机制下，当对象消失时，编译系统先执行 ___(1)___ 的析构函数，然后执行 ___(2)___ 的析构函数，最后执行 ___(3)___ 的析构函数。

（4）假定用户没有给一个名为 fish 的类定义析构函数，则系统自动给出的缺省析构函数定义为 _____。

### 三、冲突、支配规则与赋值兼容性

#### （一）冲突

【知识点梳理】

（1）定义：在多重继承情况下，当一个派生类的不同基类中出现成员同名的现象时，就形成了数据访问的二义性。这时派生类使用基类中的同名成员，出现不唯一性，称为发生冲突。

（2）解决方案：使用作用域运算符"::"对成员名限定访问，限定所访问成员属于哪一个基类。

（3）注意：作用域运算符"::"不能嵌套使用，只能直接限定类的成员。

#### （二）支配规则

【知识点梳理】

（1）派生类中新增加的成员名与其基类的成员名相同。当没有使用作用域运算符时，派生的成员优先于基类的成员（"局部优先"原则），这种优先关系称为支配原则。

（2）当派生的成员与基类的成员同名时，在派生类中或派生类外使用基类的同名成员时，要使用基类作用域运算符（基类名::）。当没有使用作用域运算符时，指的是派生类中定义的成员。

【典型例题讲解】

【例 1】 下列程序的运行结果是_____。

```
#include <iostream.h>
class O{
public:int n;
    void set(int x){ n=x+2;}
    void show(){cout<<n<<'\t';}
```

```
};
class P{
public: int n;
    void set(int x){ n=x*2;}
    void show(){cout<<n<<'\t';}
};
class Q:public O,public P {
    int n;
public:
    void set(int x){n=x;}
    void show(){cout<<n<<'\t';}
};
void main(){
    Q q;
    q.set(10);
    q.show();
}
```

分析：基类 O 和 P 有成员重名的现象，但在类 Q 的函数 set 中，编译器并没有因为无法确定 n 属于哪个类而报错，这是因为支配规则在起作用，类 Q 的成员名优先于基类中的成员名，所以最终输出的是派生类新增的成员 n。

答案：10

【例 2】 下列程序运行结果是_____。

```
#include <iostream.h>
class A{
protected:
int a,x,y;
public:
A(){a=5;x=0;y=3;}
};
class B{
protected:
int b,x,y;
public:
B(){b=10;x=5;y=4;}
};
class C:public A,public B{
int c,y;
public:
(){c=7;y=9;}
```

```
void show(){
cout<<"a="<<a<<",b="<<b<<",c="<<c<<'\n';
cout<<"A::x="<<A::x<<",B::x="<<B::x<<'\n';
cout<<"A::y="<<A::y<<",B::y="<<B::y<<'\n';
}
};
void main(){C t; t.show();}
```

分析:派生类 C 中有基类 A、B 和新增类,基类 A 中有 a,x,y;基类 B 中有 b,x,y;新增中有 c,y;类 C 中有两个 x,分别用 A::x 和 B::x 表示,有 3 个 y,可以分别用 A::y,B::y 和 C::y 表示。

答案:a=5,b=10,c=7

A::x=0,B::x=5

A::y=3,B::y=4,C::y=9

【基础题】

(1) 设有如下类的定义:

```
class O{
    into1
  protected:
    into2;
  public:
    O(int x=0,int y=0){o1=x;o2=y;}
    void fun1(){cout<<o1<<'\t'<<o2<<'\n';}
};
class P:protected O{
  public:
    void fun2(){fun1();}
};
```

关于类 P 的对象 p 的成员的访问特性,下列说法正确的是_____。

A. p、o1 和 p、o2 为保护特性,p、fun1()为公有特性

B. p、o1 为私有特性,p、o2 为保护特性,p、fun1()为公有特性

C. p、o1、p、o2 和 p、fun1()均为保护特性

D. p、o1 为私有特性,p、o2 和 p、fun1()为保护特性

(2) 下面叙述不正确的是_____。

A. 派生类一般都用公有派生

B. 对基类成员的访问必须是无二义性的

C. 赋值兼容规则也适用于多重继承的组合

D. 基类的公有成员在派生类中仍然是公有的

### （三）赋值兼容性

【知识点梳理】

（1）产生原因：用派生类数据初始化基类数据。因为派生类数据包含了基类数据。

（2）实现方法：

① 公有派生类可将派生类的对象赋给其基类的对象，反之不可，系统是将派生类对象中从对应基类中继承来的成员赋给基类对象。

② 用派生类对象初始化基类的引用。

③ 用指向派生类对象的指针赋给基类对象的指针。

④ 用派生类对象的地址赋给基类对象的指针。

（3）使用时注意：基类的指针或引用对象，可以指向或引用派生类对象，但只能访问从相应的基类中继承的成员，而不允许访问其他基类的成员或在派生类中新增加的成员。

【基础题】

（1）关于多重继承二义性的描述中，_____是错误的。

A. 一个派生类的两个基类中都有某个同名成员，在派生类中对这个成员的访问可能出现二义性

B. 解决二义性最常用的方法是对成员名的限定法

C. 基类和派生类中出现的同名函数，不存在二义性问题

D. 一个派生类是从两个基类派生来的，而这两个基类又有一个共同的基类，对该基类成员进行访问时，也可能出现二义性

（2）关于 C++ 与 C 语言的关系描述中，错误的是_____。

A. C 语言与 C++ 是兼容的  　　B. C 语言是 C++ 的一个子集

C. C++ 和 C 语言都是面向对象的  　　D. C++ 是对 C 语言进行了一些改进

（3）关于 C++ 与 C 语言的关系描述中，错误的是_____。

A. C++ 兼容  　　B. C++ 部分兼容

C. C++ 不兼容  　　D. 全面兼容 C++

（4）下面的叙述中，不符合赋值兼容规则的是_____。

A. 派生类的对象可以赋值给基类的对象

B. 基类的对象可以赋值给派生类的对象

C. 派生类的对象可以初始化基类的引用

D. 派生类的对象的地址可以赋值给指向基类的指针

## 四、静态成员

### （一）静态数据成员

【知识点梳理】

（1）定义：在类定义中，由关键字 static 修饰的数据成员称为静态数据成员。

（2）使用时注意：

① 静态数据成员必须在类体内作引用性说明，同时在类体外对其作定义性说明。只有

对其作定义性说明时系统才为其分配内存。定义性说明时不能加关键字"static"。定义性说明时对其初始化。若不指定初始值,则缺省初始值为 0。

② 在类的构造函数中对静态数据成员进行初始化。

③ 静态成员在类体外使用时的格式为:类名::静态成员名,另一种静态数据成员的引用方式为:对象. 静态成员名。

④ 静态成员在成员函数中使用时与其他非静态成员类似。

⑤ 所有该类所生成对象的所有同名静态成员共用同一存储空间。

【典型例题讲解】

【例 1】　程序示例:

```
#include <iostream. h>
class A{
public ： static int a, b;                //类体内作引用性说明
} ；
int A：:a, A：:b;                          /ᐧ A 类体外对其作定义性说明,此时系统才
                                            为其分配内存 ᐧ/

int main( ){
A a1, a2;
cout<<A：:a<<'\t'<<A::b<<'\n' ；    //B
cout<<a2. a<<'\t'<<a2. b<<'\n' ；
a2. a=20 ；
A：:b=40 ；                            //C
cout<<a1. a<<'\t'<<a1. b<<'\n' ；
cout<<A：:a<<'\t'<<A::b<<'\n' ；    //D
}
```

分析:由于类的静态成员不属于某一特定的对象,所以,对类的静态成员操作时可以用类名代替对象名。如程序中的 B 行、C 行和 D 行都是合法的。

程序中类 A 的成员 a 和 b 为静态类型,所以在类体外还必须作定义性说明(如 A 行),但定义性说明时不能再指定其为静态类型。由于静态类型的变量有缺省的初值 0,所以程序中 A 行虽然没有给成员 a 赋初值,但它也有确定的初值。

程序运行后的结果为:

```
0       0
0       0
20      40
20      40
```

从运行结果可以看出,类 A 的对象 a1,a2 的静态成员共享相同的内存空间,改变了 a2 的静态成员数据,a1 的静态成员数据也相应地改变了。

【例 2】　下列关于静态数据成员的说法正确的为_____。

A. 静态数据成员可以在类内初始化

B. 静态数据成员不能被类的对象调用

C. 静态数据成员不能受 private 修饰符的作用

D. 静态数据成员可以直接用类名调用

分析：选项 A 错误，只有基本类型的静态常量才可以在类内初始化；选项 B 错误，静态数据成员可以被类的对象调用；选项 C 错误，静态数据成员可以被 private 修饰，只有类的友元和成员函数可以访问。选项 D 中，静态变量可以使用 class name::静态变量名这种方式进行访问，访问权限根据其被 public、private 之类的修饰限定。

答案：D

【基础练习】

1. 选择题

（1）下列描述正确的是_____。

A. 在定义静态数据成员时，只需在类中数据成员定义语句前加上关键字 static

B. 不能在构造函数中对静态数据成员置初值

C. 静态数据成员只能被静态成员函数访问

D. 在对象创建之前就存在了静态数据成员

（2）对静态成员（用 static 修饰的变量或方法）的描述不正确的是_____。

A. 静态成员是类的共享成员

B. 静态变量要在定义时就初始化

C. 调用静态方法时要通过类或对象激活

D. 只有静态方法可以操作静态属性

（3）下列关于静态数据成员的叙述，正确的是_____。

A. 静态数据成员是类的所有对象共享的数据

B. 类的每个对象都有自己的静态数据成员

C. 类的不同对象有不同的静态数据成员值

D. 静态数据成员不能通过类的对象调用

2. 填空题

（1）下列程序运行后输出结果为_____。

```
#include<iostream>
using namespace std;
class A{
    int i,j;
    static int x,y;
public：A(int a=0,int b=0,int c=0,int d=0){i=a;j=b;x=c;y=d;}
void show(){
cout<<"i="<<i<<"\tj="<<j<<'\t';
cout<<"x="<<x<<"\ty="<<y<<endl;
}
};
int A::x=0;
int A::y=0;
```

```
int main(){
    A a(2,3,4,5);
    a. show();
    A b(100,200,300,400);
    b. show();a. show();
    return 0;
}
```

(2) 完善程序,使该程序执行结果为 37。

```
#include <iostream. h>
class Tool{
public：
    __(1)__;
    Tool (int i=0){x=i+x;}
    int Getnum(){return Tool：：x+7;}
};
    __(2)__;
void main(){
    Tool tool;
    cout<<tool. Getnum()<<endl;
}
```

(3) 在定义全局变量和静态变量时,若没有设置其初始值,则这两种变量的初值为_____。

(4) 不能用_____对静态数据成员初始化。

## (二) 静态成员函数

【知识点梳理】

(1) 定义:在类定义中,用关键字"static"修饰的成员函数称为静态成员函数。

(2) 使用时注意:

① 静态成员函数可以直接在类体中定义,也可以先在类体中作原型说明,再在类体外定义,注意在类体外定义时不能再用 static 修饰。

② 静态成员函数只能直接使用本类的静态成员,静态成员函数中不含 this 指针,不能直接使用非静态成员。若使用非静态成员,可通过形参对象引用。

③ 静态成员函数在类外的调用格式为:

类名::静态成员函数名(实参) 或 对象.静态成员函数名(实参)

【典型例题讲解】

【例 1】 以下程序的运行结果为_____。

```
#include <iostream. h>
#include <string. h>
class O{
```

```
public：
int o；
O(int x) { o=x ; }
static void double O( O &t)   {   t. o=2 * t. o ;    }
void show( ) {   cout<<o<<'\t' ;   }
} ；
INT main( ){
O o1(10) ；
o1. show( ) ；
o1. doubleO(o1) ；                    //可以通过类名调用函数：O：：doubleO(o1) ；
o1. show( ) ；
}
```

分析：程序中的静态函数 double A 要操作非静态成员数据必须传入一个对象参数，且此时的参数传递方式为"引用传递"，即会实现参数的双向传递。

答案：10      20

【例 2】  下述程序的运行结果是_____。

```
#include <iostream. h>
class O{
int i；
static int count；                    //A 行
public：
O(int o=0){
i=o；count++；
cout<< "Number of Objects= "<<count<< '\n' ；
}
static void Show(O&r) {               //B 行
cout<< "i= "<<r. i<< '\n' ；          //C 行
cout<< "count= "<<count<< '\n' ；     //D 行
}
} ；
int O：：count；                      //E 行
void main(){
O o1(100) ；
O：：Show(o1) ；
O b1(200) ；
O：：Show(o1) ；
}
```

分析：静态成员函数和静态数据成员一样，它们属于类的静态成员，不是对象成员，因此不需要使用对象来对静态成员进行引用。在类外，可通过类名加作用域运算符来使用静态

成员。如 O∷Show(o1);

在静态成员函数的实现中不能直接引用类中说明的非静态成员,可以通过对象非静态成员,如上述程序 C 行,静态成员函数可以直接引用静态成员,如上述程序 D 行。

答案:Number　of　Objects=1
　　　i=100
　　　count=1
　　　Number　of　Objects=2
　　　i=100
　　　count=2

【例3】　定义静态成员函数的主要目的是_____。

A. 方便调用　　　　　　　　　　　B. 有利于数据的隐蔽

C. 处理类的静态成员变量　　　　　D. 便于继承

分析:静态成员函数可以直接访问类的静态数据成员,但不能访问类的非静态成员,故正确答案为 C 项。

答案:C

【例4】　静态成员函数没有_____。

A. 返回值　　　　B. this 指针　　　　C. 指针参数　　　　D. 返回类型

分析:this 指针是系统隐含的用于指向当前对象的指针。由于静态函数是同类中所有对象都共有的函数,在内存中只存在一份,不属于某个对象所有,所以静态函数没有 this 指针。

答案:B

【基础练习】

1. 选择题

(1) 下列关于静态数据成员的特性中,不正确的是_____。

A. 说明静态数据成员时前面要加修饰关键字 static

B. 静态数据成员要在类体外作定义性说明

C. 引用静态数据成员时,要用作用域运算符“∷”指明该成员属于哪个类

D. 类的静态成员属于该类的全部对象所共有

(2) 下列程序中,会引起编译错误的语句行号是_____。

```
#include <iostream. h>
classO{
    int i;
    public:
    static int j;
    O(int o,int p){i=o;j=p;}
    int geti();
    static int getj();
    };
int O∷j=0;                          //A 行
```

```
int O∷geti(){return i;}                    //B 行
static int O∷getj(){return j;}             //C 行
void main(){
   O o1(4,8);
   cout<<o1.geti()<<'\t';
   cout<<O∷getj()<<'\n';                   //D 行
}
```

A. A 行           B. B 行           C. C 行           D. D 行

(3) 下面关于静态成员函数的描述正确的是_____。

A. 在静态成员函数中可以使用 this 指针

B. 在建立对象前，就可以为静态数据成员赋值

C. 静态成员函数在类外定义是要用 static 前缀的

D. 静态成员函数只能在类外定义

(4) 如果类外有函数调用 APoint∷funa();则函数 funa()是类 APoint 的_____。

A. 私有静态成员函数           B. 公有数据成员

C. 保护数据成员              D. 静态数据成员

(5) 一个类的所有对象共享的是_____。

A. 私有静态成员函数           B. 公有数据成员

C. 保护数据成员              D. 静态数据成员

(6) 下面关于静态成员函数的叙述中错误的是_____。

A. 静态成员函数可以有返回值      B. 静态成员函数可以有函数类型

C. this 指针可以指向静态成员函数      D. 静态成员函数可以有指针参数

2. 填空题

(1) 下列程序的执行结果为_____。

```
#include<iostream.h>
class Sample{
   public∶
      Sample(){cout<<"构造函数. "<<endl;}
};
void fun(int i){
   static Sample c;
   cout<<"i="<<i<<'\t';
}
void main(){
   fun(10);
   fun(50);
   cout<<endl;
}
```

(2) 静态成员在定义或说明时前面要加上关键字_____。

（3）静态成员函数的实现中不能直接引用类中说明的_____成员。

（4）静态成员函数可以直接访问类的__（1）__成员，不能直接访问类中的__（2）__。

（5）下面程序的运行结果是_____。

```
#include<iostream>
using namespace std;
class count
{
static int n;
public:
count(){
n++;
}
static int test(){
for(int i=0;i<4;i++){
n++;
return n;
}
}
int count::n=0;
int main(){
cout<<count::test()<<" ";
count c1,c2;
cout<<count::test<<endl;
return 0;
}
```

（6）下列程序输出的第一行为_____,第二行为_____。

```
#include <iostream>
    using namespace std;
class O{
        int o;
static int s;
        public:
O(int x){
        o=x;
s+=o;
}
void show(){
cout<<s<<endl;
}
```

```
};
int O∷s=5;
int main(){
O e(10);
e. show();
O e1(30);
e1. show();
return 0;
}
```

## 五、友元函数与友元类

### (一) 友元函数

【知识点梳理】

(1) 定义:在定义一个类的时候,若在类中用关键字 friend 修饰函数,则该函数就成为该类的友元函数,它可以访问该类的所有成员。

(2) 友元函数格式为:

类中定义:

friend 函数类型 函数名(形参)

〔函数体〕

类中说明,类外定义:

类中说明:

friend 函数类型 函数名(形参);

类外定义:

函数类型　函数名(形参)

〔函数体〕

(3) 使用时注意:

① 类外定义时,函数类型前不能有关键字 friend,不能加类名,也不能加作用域运算符。

② 友元函数的形参通常是类的对象(或对象的引用,指针),因为友元函数不能直接调用类的成员,只能通过对象调用。

③ 友元函数可以直接被调用,但不能通过"对象.函数"形式调用。

④ 友元函数虽可访问私有数据,但不是成员函数,不能使用 this 指针。

【典型例题讲解】

【例 1】　试分析以下程序,注意友元函数的使用。

```
#include<iostream. h>
class A{
    int n;
public:
    A(){n=0;}                    //构造函数(初始化 n)
```

```
    A(int i){n=i;}                //构造函数(初始化 n)
    friend int square(A);         //在类中说明友元函数 square
    void display( ){cout<<"n="<<n<<end;}
};
int square(A x){                  //在类外定义友元函数 square
    int   t=x. n * x. n;          //只能用对象 x 调用成员 n,而不能直接使用成员 n
    return   t;
}
void   main(void ){
    A   a(5),   b;                //定义类 A 的对象 a 和 b
    b=square(a);                  //调用友元函数 square,返回 t,又调用类型转换构造函数
    b. display();                 //对象 b 调用函数 display
}
```

分析:square 函数是友元函数,因此在该函数中可直接访问 A 类的私有数据 n,但要注意对于私有数据 n 应用"对象名. 成员名"的方法访问,否则将会产生错误。

【例 2】　设计一个类 B,另外为类 B 设计一个友元函数 ffun()。实现这种设计的下列选项中,不正确的是_____。

```
A.  class B{
        private:                  //定义私有成员
            …
            public:               //定义公有成员
                friend void ffun(B);
        };
        void ffun(B b1){…}        //友元函数的函数体
B.  class B{
        private:
            …
            public:
                friend void ffun(B &b){…}
        };
C.  class B{
        private:
        friend void ffun(B &b){…}
        public:
            …
        };
D.  void ffun(B b1){…}           //友元函数的函数体
    class B{
        private:
```

```
…
    public：
        friend void ffun(B)；
    }；
```

分析：友元函数不是类的成员，它不受类中访问权限的限制，故选项 B 和选项 C 是相同的。选项 A 友元函数在类中进行函数原型说明，在类外定义函数体。选项 D 中定义函数 ffun 时用到类 B 的对象作形参，但此时类 B 还没有定义，所以，在使用类之前至少应对类 B 作原型声明。

答案：D

【基础练习】

1. 选择题

(1) 下面关于类的成员函数与友元函数的叙述正确的是_____。

A. 都可以访问对象的所有成员

B. 在访问对象时都使用成员运算符"."

C. 定义时都不用使用作用域运算符"∷"

D. 都必须定义在类外

(2) 友元函数的作用是_____。

A. 提高程序的运行效率　　　　　　B. 加强类的封闭性

C. 实现数据的隐藏性　　　　　　　D. 增加成员函数的种类

(3) 关于类的友元函数，下列描述正确的是_____。

A. 友元函数是类的公有函数

B. 友元函数可以访问类的所有成员

C. 友元函数只可访问类的公有成员

D. 友元函数就是定义在类体外的普通函数

(4) 下面叙述不正确的是_____。

A. friend 是 VC++中的一个关键字，用于说明友元

B. 类的友元函数可以访问该类的所有成员

C. 友元函数也是类的成员

D. 友元函数的定义，可在类体内进行，也可在类体外进行

2. 填空题

(1) 下列程序运行后输出结果为_____。

```cpp
#include <iostream>
#include<math.h>
    using namespace std;
class Point{
public：
    int x,y;
    Point(int x1,int y1){x=x1,y=y1;}
};
```

```
class Line{
    int o,m,n;
public：
    Line(int o1,int m1,int n1){o=o1;m=m1;n=n1;}
    friend double dist(Line,Point);
};
double dist(Line l,Point p){
    double t;
    t=abs(l.o*p.x+l.m*p.y+ll.n)/(sqrt(l.o*l.o+l.m*l.m));
    return t;
}
int main(){
    Point p(0,5);
    Line l(0,1,-3);
    cout<<"t="<<dist(l,p)<<endl;
}
return 0;
}
```

（2）友元函数在类的声明中由关键字_____修饰说明的非成员函数,在它的函数中通过对象名访问 private 和 protected 成员。

（3）在 C++中,要访问类中的私有函数,可以使用__(1)__函数和__(2)__函数。

（4）如果把返回值为 void 的函数 D 声明为 O 的友元函数,则在类 O 中的定义加入的语句是_____。

## （二）友元类

【知识点梳理】

（1）友元类是指一个类声明为另一个类的友元,友元类的所有成员函数都是另一个类的友元函数,都可以访问另一个类的所有成员。

（2）定义格式：

class B

　　｛　friend class 友元类名(A)；　//将类 A 声明为类 B 的友元类

　　　　……

　　｝；　　　　　　　　　　　//类 A 中的所有成员函数都是类 B 的友元函数

（3）使用时注意：

① 友元关系不能传递。如:类 A 是类 B 的友元,类 B 是类 C 的友元,但并不表示 A 是 C 的友元。

② 友元关系不具有交换性。如:类 A 是类 B 的友元,但并不表示类 B 是类 A 的友元。

③ 友元关系不能继承,因为友元函数不是类的成员函数。

【典型例题讲解】

【例 1】　把类 D 作为类 C 的友元类：

```
#include <iostream. h>
#include <string. h>
class C{
    friend class D;                    //说明类 D 是类 C 的友元类
    char * name;
    int stuNum;
public:C( char * str, int i );
};
C::Cchar * str, int i) {               //C 的构造函数定义
    name=new char[strlen(str)];
    strcpy(name,str);                  //为类 C 的成员赋值
    stuNum=i; }
class D{
public: void show(C x);               //类 D 中并没有说明类 C 为类 D 的友元类
};
void D::show(C x) {                    //对类 D 中的 show 函数定义
    cout<<"\n 姓名:"<<x. name<<endl;   //类 D 中直接访问类 C 的私有成员
    cout<<"\n 学号:"<<x. stuNum<<endl;
}
void main(){
    C c("张三",21581115452207);        //生成对象 c
    D d;                               //生成对象 d
    d. show(c);                        //调用 d. show,去访问 c 的成员
}
```

**【例 2】** 以下程序的执行结果为_____。

```
#include <iostream. h>
class Team{
int n;
public:
Team(int i){n=i;}
friend int add( Team&t1, Team&t2);
};
int add(Team&t1, Team&t2){
return t1. n+t2. n;
}
Void main(){
Team t1(10),t2(15);
Cou<<add(t1,t2)<<endl;
}
```

分析:本题说明了友元函数的使用方法。add()是一个友元函数,它返回引用对象的 n 值之和(注意:友元函数不是类的成员函数)。所以输出为:25。

答案:25

【基础练习】

1. 选择题

(1) 关于类的友元函数,下列描述不正确的是_____。

A. 一个类可以说明若干个友元函数

B. 在友元函数的函数体内,不能像类的成员函数那样直接访问对象的成员

C. 友元函数在类体内说明时,不受类中访问权限的限制

D. 友元函数的作用域与类中的成员函数的作用域相同

(2) 下列叙述中不正确的是_____。

A. 普通函数在一个类中进行友元的说明后,即可访问该类的私有成员

B. 一个类的成员函数可以成为另一个类的友元函数

C. 一个类的私有成员函数不可成为另一个类的友元函数

D. 普通函数只能访问类中的公有成员

(3) 下面关于友元的描述,错误的是_____。

A. 友元函数可以访问该类的私有数据成员

B. 一个类的友元类中的成员函数都是这个类的友元函数

C. 友元可以提高程序的运行效率

D. 类和类之间的友元关系可以继承

(4) 下面关于友元的说法错误的是_____。

A. 友元函数可以访问类中的所有数据成员

B. 友元函数不可以在类内部定义

C. 友元类的所有成员函数都是另一个类友元函数

D. 友元函数必须声明在 public 区

2. 填空题

(1) 以下程序的执行结果为_____。

```
#include <iostream>
using namespace std;
        class B;
        class A
{
int i;
public:
int set(B&);
int get(){return i;}
A(int x){i=x;}
};
class B{
```

```
int i;
public:
B(int x){i=x;}
friend A;
};
int A::set(B&b){
return i=b.i;
}
int main(){
A a(2);
B b(4);
cout<<a.get()<<",";
a.set(b);
cout<<a.get()<<endl;
return 0;
}
```

（2）友元的缺点是_____。

（3）以下程序的执行结果为_____。

```
#include<iostream>
using namespace std;
  class Sample{
  int n;
public:
Sample(){}
Sample(int m){n=m;}
friend void squre(Sample&s){
s.n=s.n*s.n;
}
void disp()
{
cout<<"n="<<n<<endl;
}
};
int main(){
Sample a(10);
squre(a);
a.disp();
return 0;
}
```

3．编程题

（1）用友元函数的方法求圆柱体的体积。

（2）有一个学生类 student，包括学生姓名、成绩，设计一个友元函数，输出成绩对应的等级，大于等于 90：优秀；80-90：良；70-79：中；60-69：及格；小于 60：不及格。

（3）定义 Boat 与 Car 两个类，两者都有 weight 属性，定义两者的一个友元函数 totalWeight()；计算两者的重量之和。

## 六、虚基类

【知识点梳理】

（1）虚基类的定义：若一个基类 A 派生出类 B 和类 C，而类 B 和类 C 又共同派生出类 D，这样容易造成多个拷贝间的数据不一致。

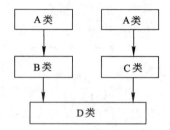

（2）定义格式：

    class　派生类名：virtual　继承方式 基类名{……}；

或

    class　派生类名：继承方式 virtual　基类名{……}；

（3）虚基类的构造函数：

① 如果一个派生类中有一个直接或间接的虚基类，那么派生类的构造函数的初始化成员列表中必须列出对虚基类构造函数的调用。如：

```
class  B：virtual  public  A
{  …
    B(int a,int b)：A(b)        //列出对虚基类构造函数的调用
{  …  }
};
```

② 当类 A 为虚基类，且若类 A 有缺省构造函数时，其派生类中可以不列出对虚基类构造函数的调用。如：

```
class A{
  int x;
Public：A(int  m=0){x=m;}        //类 A 有缺省构造函数
};
class  B：virtual  public  A{
  int i,j;
Public：
```

B(int a,int b) {i=a;j=b;}　　　　　//此时可以不列出对虚基类构造函数的调用

};

③ 若虚基类 A 有两个派生类 B 和 C,而派生类 D 是由基类 B 和 C 派生而来,那么类 D 中的构造函数运行时,先调用虚基类 A 的构造函数,再调用类 B 和类 C 的构造函数。如:

class D:public B, public C{

…

public：D(int a,int b,int d,int e,int f):C(a,b),B(d,e),A(f) { … }

};　　　　　　　　　　　　　//调用顺序为:A,B,C

【典型例题讲解】

**【例 1】** 下列关于基类和派生类的叙述,正确的是_____。

A. 每个类最多只能有一个直接基类

B. 派生类中的成员可以访问基类中的任何基类

C. 基类的构造函数必须在派生类的构造函数中调用

D. 派生类除了继承基类的成员外,还可以定义新的成员

分析:考查派生类的定义及访问权限:

① 派生类具有基类的数据成员和成员函数,同时还可以增加自己的新成员。

② 如果基类中定义了默认的构造函数或者没有定义任何一个构造函数时,在派生类的构造函数的定义中可以省略对基类构造函数的调用。

答案:D

**【例 2】** 设有如下多重继承示例程序:

```cpp
#include <iostream. h>
class L{
  intl;
  public：
  L(int x=0){l=x;}
  int getl(){return l;}
};
class M:virtual public L{
  Int m;
  public：
  M(int x=1,int y=1):L(y){m=x;}
  int getm(){return m;}
};
class N:virtual public L{
  int n;
  public ：
  N(int x=2,int y=2):A(y){n=x;}
  int getn(){return n;}
};
```

```
class O:public M,public N{
  public:
  O(int x=4,int y=5,int z=6):L(x),M(y),N(z){}
  void print(){cout<<getl()<<'\t'<<getm()<<'\t'<<getn()<<'\n';}
};
void main(){
  O o1;
  o1.print();
}
```

程序运行后输出为_____。

A. 0　1　2
B. 0　1　1
C. 0　2　2
D. 4　5　6

分析:VC++用虚基类进行多重派生时,是通过生成对象的类(本题为类 O)的构造函数直接调用虚基类的构造函数来初始化基的成员的。因此类 O 的基类 L 的构造函数中形参 x 的值为 4,基类 M 的构造函数中形参 x 的值为 5,基类 N 的构造函数中形参 x 的值为 6。

答案:D

【基础练习】

1. 选择题

(1) 设置虚基类的目的是_____。

A. 简化程序
B. 消除二义性
C. 提高运行效率
D. 减少目标代码

(2) 下列关于继承的叙述不正确的是_____。

A. 继承可以实现软件复用
B. 虚基类可解决多继承产生的二义性问题
C. 派生类不继承基类的私有成员
D. 派生类的构造函数必须调用基类的构造函数

(3) 多重继承的构造顺序可分为如下 4 步:

① 所有非虚基类的构造函数按照它们被继承的顺序构造;
② 所有虚基类的构造函数按照它们被继承的顺序构造;
③ 所有子对象的构造函数按照它们声明的顺序构造;
④ 派生类自己的构造函数体。

这 4 个步骤的正确顺序是_____。

A. ④③①②
B. ②④③①
C. ②①③④
D. ③④①②

(4) 带有虚基类的多层派生类构造函数的成员初始化列表中都要列出虚基类构造函数,这样将对虚基类初始化_____。

A. 与虚基类下面的派生类个数有关
B. 多次
C. 二次
D. 一次

（5）下列虚基类的声明中正确的是_____。

A. class virtual B：public A

B. virtual class B：public

C. class B：public A virtual

D. class B：virtual public A

2．填空题

（1）如果类 A1 由类 B1 和类 B2 共同派生而成，类 A2 由类 B2 和类 B3 共同派生而成，类 C 由类 A1 和类 A2 共同派生而成，则应将_____设为虚基类。

（2）设置虚基类的目的是_____。

（3）虚函数一定是类的_____。

（4）若虚基类由非虚基类派生而来，则仍然先调用___(1)___函数，再调用___(2)___函数。

## 七、章节测试题

1．选择题

（1）以下关于友元函数的叙述中，正确的是_____。

A. 友元函数不能访问类的私有成员

B. 友元函数破坏了类的封装性和隐藏性

C. 友元函数的使用与类的成员函数相同

D. 友元函数的实现必须在类的说明中定义

（2）设有如下类的定义：

```
class A{
  public：
    int a,b;
};
class B{
  public：
    int a,b;
};
class D：public A，public B{
  public：
    int a;
};
```

下列对于类 D 的对象 c1 的成员的访问中，产生二义性的是_____。

A. d1. a

B. d1. b

C. d1. A：：a

D. d1. A：：b

（3）设有如下类的定义：

```
class A{
  public：
    int a;
};
class B{
```

```
public：
    int a；
}；
class C：public A，public B{
    public：
        int a；
}；
class D：public C{
    public：
        int a；
}；
```

则如下赋值会出错的是_____。

A. D d1；d1. a=20；                B. D d2；d2. C：：a=20；

C. D d3；d3. C：：A：：a=20；        D. D d4；d4. A：：a=20；

(4) 类的成员函数中，没有 this 指针的是_____。

A. 构造函数                        B. 析构函数

C. 虚函数                          D. 静态成员函数

(5) 在基类和派生类的关系描述中，_____是错误的。

A. 派生类是基类的具体化

B. 派生类是基类的子集

C. 派生类是基类定义的延续

D. 派生类是基类的组合

(6) 下列派生类的构造函数的定义不会出现编译错误的是_____。

A.
```
class A{
    int a；
  public：
    A(int x){}
}；
class B：public A{
    int a，b，c；
  public：
    B(int x，int y=0，int z=0)：A(x+y+z){}
    B(){ a=0；b=0；c=0；}
  }；
```

B.
```
class A{
    int a；
  public：
    A(int x=0){}
}；
```

```
    class B:public A{
        int a, b, c;
      public:
        B(int x,int y=0,int z=0):A(x+y+z){}
        B(){a=0;b=0;c=0;}
    };
C. class A{
        int a;
      public:
        A(int x){}
    };
    class B:public A{
        int a,b,c;
      public:
        B(int x=0,int y=0,int z=0):A(x+y+z){}
        B(){a=0;b=0;c=0;}
    };
D. class A{
        int a;
      public:
        A(int x){}
    };
    class B:public A{
        int a, b, c;
      public:
        B(){a=0;b=0;c=0;}
    };
```

(7) 如果类 B 和类 C 均由虚基类 A 派生而成,类 D 又由类 B 和类 C 共同派生而成,如果类 A、类 B、类 C 和类 D 中均不含子对象,则在生成类 D 的对象时,下列说法正确的是_____。

A. 类 A 的构造函数在类 B 和类 C 中不调用,只在类 D 中调用一次

B. 类 A 的构造函数在类 B 或类 C 中只调用一次,再在类 D 中调用一次

C. 类 A 的构造函数在类 B 或类 C 中只调用一次,在类 D 中不调用

D. 类 A 的构造函数在类 B、类 C 和类 D 中各调用一次

(8) 下列程序的执行结果是_____。

```
#include <iostream>
using namespace std;
class C{
public: C(){cout<<"1";}
```

```
};
class D:public C{
public:D(){cout<<"5";}
};
int main(){
C c;D d;
return 0;
}
```

A. 1                              B. 15

C. 115                            D. 155

(9) 下列关于赋值兼容规则的叙述中,不正确的是_____。

A. 派生类的对象可以赋值给基类的对象

B. 基类的对象可以赋值给派生类的对象

C. 派生类的对象可以初始化其基类的引用

D. 可以将派生类对象的地址赋值给其基类的指针变量

(10) 已知在函数 func 中,语句 this->ff=0;与语句 ff=0;的效果完全相同。根据这一结论,以下叙述中不正确的是_____。

A. ff 是某个类的数据成员,func 是该类的友元函数

B. ff 是某个类的数据成员,func 是该类的成员函数

C. func 不是该类的静态成员函数

D. This->ff 和 ff 是同一个变量

(11) 若有以下类定义:

```
class C{
void fun1(){}
protected:
double var1;
public:
void fun2(){}
};
class D:public C{
protected:
void fun3(){}
};
```

已知 obj 是类 D 的对象,下列语句中不违反类成员访问控制权限的是_____。

A. obj. fun1()                    B. obj. var1

C. obj. fun2()                    D. obj. var2

(12) 下面程序的运行结果是_____。

```
#include<iostream>
using namespace std;
```

```
class A{
protected： int a；
public： A(){cout<<"1";}
}；
class B：virtual A{
public： B(){cout<<"2";}
}；
class C：virtual A{
public： C(){cout<<"3";}
}；
class D：public B，public C{
public： D(){cout<<"4";}
}；
int main()
{ derived obj； cout<<endl；return 0；}
```

A．1123                                          B．1213

C．1321                                          D．1234

2．填空题

(1) 下列程序输出的第一行是＿＿(1)＿＿,第二行是＿(2)＿。

```
#include <iostream>
using namespace std；
class A{
int x；
public：
A(int x1){x=x1；}
int print(){cout<<"x="<<x<<endl；}
}；
class B：private A{
int y；
public：
B(int x1,int y1)：A(x1){y=y1；}
A：：print；
}；
int main(){
A a(5)；
a. print()；
B b(10,20)；
b. print()；
return 0；
```

（2）下列程序输出的第三行是_____。

```
#include <iostream>
class C{
public：
C(){cout<<'C'<<endl;}
};
class S{
C c;
public：
S(){cout<<'S'<<endl;}
};
class X：public C{
S s;
public：
X(){cout<<'X'<<endl;}
};
int main(){
X obj;
return 0;}
```

（3）面向对象的_____机制提供了重复利用程序的一种途径。

（4）在 VC++中，派生类的构造函数的执行顺序取决于_____。

（5）__(1)__提供了类对外部的接口，__(2)__是类的内部实现而不允许对外访问,但允许派生类的成员访问。

（6）类继承中,缺省的继承方式是_____。

（7）设有如下类的定义：

```
class A{
    int a1；
  protected：
    int a2；
  public：
    int a3；
    A(int x=0,int y=0,int z=0){a1=x;a2=y;a3=z;}
    void funa(){cout<<a1<<'\t'<<a2<<'\t'<<a3<<'\n';}
};
class B：protected A{
    int b；
  public：
    B(int x=0,int y=0,int z=0,int q=0):A(x, y, z){b=z;}
    void funb(){cout<<a1<<'\t'<<a2<<'\t'<<a3<<'\t'<<b<<'\n';}
```

```
};
```

如果另有类 C 由类 B 公有派生而成,并且没有新增数据成员,则在类 C 的成员函数中,能够操作的成员数据为_____。

(8) 分析下列程序,根据输出结果完善程序。

```
#include <iostream. h>
class A{
    ___(1)___:                          //最合理的访问特性
        int a;
    public:
        A(int x=0){a=x;}
};
class B{
    ___(2)___:                          //最合理的访问特性
        int b;
    public:
        B(int x=0){b=x;}
};
class C:public A{
        int c;
        B b1;
    public:
        ___(3)___ {c=k;}                //根据运行结果定义构造函数
        void show(){ ___(4)___ }        //输出类 C 的所有成员数据
};
void main(){
    C c1(12,10,50);
    c1、show( );
}
```

程序运行结果为:
12      10      50

(9) 根据提示和输出结果完善程序。

```
#include <iostream. h>
class A{
public:
    int a,b;
    A(int x=0, int y=0)   {a=x;b=y;}
};
class B{
    A a1;
```

```
    int b；
public：
    B(int x，int y，int z)：(1)                //对照输出，完善构造函数
    { b=y；      }
    void Print( )
    {   (2)   ；}                             //输出所有成员数据
};
void main( )
{   B b1(1,2,3);
    b1. Print( );
}
```

## 八、上机实践

1. 上机实践要求

(1) 掌握类的继承和派生方法；

(2) 掌握类中友元函数的方法和应用。

2. 上机实践内容

［改错］

(1) 改正下列程序中的错误。

```
#include <iostream. h>
class A{
    int m；
  public：
    static int n；
    A(int a,int b){m=a;n=b;}
    static void get(){
      cout<<"m="<<m<<'\n';
      cout<<"n="<<n<<'\n';
    }
};
int A::n=0；
void main(){
  A a1(4,8);
  A::get();
}
```

(2) 改正下列程序中的错误。

```
#include <iostream. h>
class A{
    int a；
```

```
    public：
        A(int x){a=x;}
};
class B：public A{
    int a;
    public：
        B(int x=0){a=x;}
        void show(){cout<<a<<'\t'<<A::a<<'\n';}
};
void main(){
    B b1;
    b1.show();
}
```

[编程]

（1）编写一个程序，定义了一个用 3 条边 a,b,c 描述一个三角形的类，并且定义了一个友元函数 Print()输出给定 3 条边的三角形的周长。

（2）设计一个类 Set，包含有一个私有数据成员，2 个公有成员函数，其中一个成员函数实现对象间数据成员的相加，另一个输出对象数据。

（3）编写一个程序，设计一个类 score 用于统计一个班的学生成绩。其中类的成员数据有学生姓名、学号、数学分数、英语分数以及物理分数；使用一个静态数据成员 sumfs 存储总分和一个静态成员函数 rsumfs()返回该总分。

（4）用友元函数的方法求圆柱体的体积，设圆柱体的半径为 r、高为 h。

要求如下：

① 定义一个类 B,r 和 h 为类 B 的私有数据成员，利用构造函数对 r 和 h 赋初值；

② 定义类 B 的两个公有成员函数 Getr()和 Geth()，分别用于提取私有数据 r 和 h；

③ 分别定义友元函数 double V1(B)和普通函数 double V2(double,double)计算圆柱体的体积。

（5）设计一个类 employee，定义一个公司雇员的基类，再由该类派生出部门经理类及一般员工类。其中部门经理具有缺省的月薪，普通员工具有缺省的周工作时数及每小时工资。

（6）设计一个程序，其中有 3 个类 A,B,C,分别为中国银行类、工商银行类和农业银行类。每个类中都包含私有数据 balance 用于存放储户在该行的存款数，另有一个友元函数 total()用于计算储户在这 3 家银行的总存款数。

（7）定义一个所有的成员均为私有访问特性的长方体类，用友元函数的方法计算长方体的体积及表面积。

# 第九节　多　态　性

知识点
- 虚函数与运行多态性——多态性的概念（理解）
- 虚函数与运行多态
  - 虚函数的概念（理解）
  - 虚函数的语法定义（掌握）
  - 用虚函数实现多态性（熟练掌握）
  - 纯虚函数（掌握）
- 运算符重载编译多态性
  - 运算符重载的概念（理解）
  - 运算符重载的方法（掌握）
  - 一元运算符的重载（掌握）
  - 强制类型转换（转换函数）
  - 赋值运算符重载（熟练掌握）
- 抽象类——抽象类的概念（理解）

## 一、多态性的概念

【知识点梳理】

（1）多态性是面向对象程序设计的基本特征之一。C++支持多态性，在 C++程序设计中能够实现多态性，多态性通过虚函数（virtual function）来实现。

（2）多态性的表现形式之一：具有不同功能的函数可以用同一个函数名，这样就可以实现用一个函数名调用不同内容的函数。

（3）多态性的实现是通过利用同一个函数名调用不同内容的函数。向不同的对象发送同一个消息，不同的对象在接收时会产生不同的行为（即方法）。

（4）从系统角度，多态性的分类：静态多态性和动态多态性。

① 静态多态性：通过函数重载实现，通过函数重载和运算符重载形成的多态性属于静态多态性，要求在程序编译时系统就能决定调用哪个函数，因此静态函数又称编译时的多态性（实质上是通过函数的重载实现）。静态多态性的函数调用速度快、效率高，但缺乏灵活度。

② 动态多态性：不在编译时确定调用的是哪个函数，而是在程序运行过程中才动态地确定操作指针所指的对象。又称运行时的多态性，主要通过虚函数来实现。

【典型例题讲解】

【例 1】　下面是合法重载函数的有多少？

```
int func1(int,int);                    //A
int func1(int,long);                   //B
double func1(int,long);                //C
double func1(long);                    //D
```

分析：函数重载又称为函数的多态性，是指函数同名不同参。所谓的不同参是指：形参的个数不同，或者是形参的类型不同，或者是两者都不相同，否则将无法实现函数重载。如果仅仅是返回值不同不能称为重载。

根据以上分析可知：A、B、D 三行相互之间构成重载函数关系。A、C、D 三行相互之间也能构成重载函数关系。但 B 行与 C 行函数不能构成重载函数。

除形参名外都相同的情况，编译器不认为是重载函数，只认为是对同一个函数原型的多次声明。在调用一个重载函数 func1()时，编译器必须判断函数名 func1 到底是指哪个函数。它是通过编译器，根据实参的个数和类型对所有 func1()函数的形参一一进行比较，从而调用一个最匹配的函数。

【例2】 指出下列对定义重载函数的要求中，哪些是错误的提法。

A. 要求参数的个数不同

B. 要求参数中至少有一个类型不同

C. 要求函数的返回值不同

D. 要求参数的个数相同，参数类型不同

分析：将函数体与函数调用相联系称为捆绑或约束，与多态性称为静态联编。因为静态联编的函数调用是在编译阶段就确定了的，所以对重载的要求就是在编译阶段能够根据这个标识符号来确定到底要调用哪个函数。不必要求参数个数相同，但是如果参数个数相同时参数类型一定不能全部相同。这就是 B 选项表达的意思。

答案：A、C

## 二、虚函数与运行的多态性

### （一）虚函数

【知识点梳理】

（1）虚函数的概念：虚函数是在基类中用关键字 virtual 说明的成员函数。虚函数具有继承性，即基类中的虚函数在派生类中也一定是虚函数。虚函数不能是静态成员函数，更不能是友元函数。

（2）定义形式：

virtual 函数类型 函数名(参数表)

{函数体 }

（3）通过虚函数实现运行时的多态性：在基类中说明一个虚函数；在派生类中重新定义一个与基类中的虚函数同名、同参的函数（同原型）；在主函数中实现运行时的多态性。

（4）使用时注意：

① 要构成虚函数，必须要在基类与派生类中的相应函数实现"同名同参"。即：函数名相同，参数表相同。

② 只有基类的指针才能指向基类的对象和派生类的对象，且以"指针->虚函数"的方式调用；若通过"对象.虚函数"的方式调用虽然也能得到结果，但是不是运行时的多态性。

③ 虚函数一定是成员函数，但不能申明为静态成员函数。

【典型例题讲解】

【例1】 下面关于虚函数的叙述正确的是_____。

A. 虚函数必须是类的成员函数

B. 类的成员函数都可以说明为虚函数

C. 含有纯虚函数的类不能产生对象,因为它是虚基类

D. 只要说明了含虚函数的类,就能实现运行的多态性

分析:虚函数是运行多态性的必要条件,但不是充分条件。虚函数一定是类的成员函数,但有些成员函数,如构造函数是用来建立对象的,它必须具有确定性,就不能是虚函数,此外,静态的成员函数也不能是虚函数。说明虚基类是为了防止基类的成员在派生类中重复出现,它与虚函数之间没有直接关系。

答案:A

【例2】　下列程序的输出结果是_____。

```cpp
#include <iostream>
class A{
public:
virtual  void  r1(){cout<<"类A中的r1\n";}       //1
virtual  void  r2(){cout<<"类A中的r2\n";}       //2
virtual  void  r3(){cout<<"类A中的r3\n";}       //3
};
class B:public A{
public:
virtual  void  r1(){cout<<"类B中的r1\n";}       //4
virtual  void  r2(){cout<<"类B中的r2\n";}       //5
virtual  void  r3(){cout<<"类B中的r3\n";}       //6
};
void main(){
A a1,* p;
B b1;
p=&b1;                                          //7
p->r1();                                         //8
p->r2();                                         //9
p->r3();                                         //10
}
```

分析:本题意在考察虚函数特性和赋值兼容,类B公有继承类A,类A中程序1行和2行定义了虚函数,子类B中程序4行定义了与基类A中1行同名同参的r1函数,主函数中程序7行表示基类指针指向子类对象,8行的基类指针引用的r1函数是子类B中定义的r1函数,具有虚函数特性,所以输出“类B中的r1”。根据赋值兼容性,9行的基类指针引用的r2函数是基类A中定义的r2函数,所以输出“类A中的r2”,同理,输出“类A中的r3”。

答案:类B中的r1

　　　类A中的r2

　　　类A中的r3

【例3】　下面关于虚函数的描述,错误的是_____。

A. 凡是虚函数必须要用 virtual 说明

B. 虚函数属于成员函数

C. 虚函数一定是成员函数，但不能申明为静态成员函数

D. 虚函数定义形式：virtual　函数类型　函数名（参数表）

〈函数体〉

分析：继承的时候，不用 virtual 就能实现虚函数，只要父类说明了。

答案：A

【基础题】

1. 选择题

（1）下面关于虚函数的描述不正确的是_____。

A. 虚函数一定是成员函数

B. 不能把析构函数说明为虚函数

C. 虚函数不可能是静态的成员函数

D. 为了实现运行的多态性，子类必须重定义父类的虚函数

（2）关于虚函数的描述，_____是正确的。

A. 虚函数是一个静态成员函数

B. 虚函数是一个非成员函数

C. 虚函数可以在函数说明时定义，也可以在函数实现时定义

D. 派生类的虚函数与基类中对应的虚函数具有相同的参数个数和类型

（3）编译时的多态性可以通过使用_____获得。

A. 虚函数和指针 　　　　　　　　　　B. 重载函数和析构函数

C. 虚函数和对象 　　　　　　　　　　D. 虚函数和引用

（4）下面描述中，_____可以定义成抽象类。

A. 可以说明虚函数 　　　　　　　　　B. 可以进行构造函数重载

C. 可以定义友元函数 　　　　　　　　D. 不能说明其对象

2. 填空题

（1）C++语言的多态性分为＿＿(1)＿＿和＿＿(2)＿＿。

（2）C++中的虚函数能实现_____（静态多态性/动态多态性）。

（3）要实现运行时的多态性，要使用＿＿(1)＿＿和＿＿(2)＿＿。

（4）在 C++中，运行时的多态性主要通过_____实现。

（5）一个抽象类的派生类可以实例化的必要条件是实现了所有的_____。

## （二）通过虚函数实现运行的多态性

【知识点梳理】

（1）虚函数的作用：在同一类中是不能定义两个名字、参数个数和类型都相同的函数的，否则就是"重复定义"。但是在类的继承层次结构中，在不同的层次中可以出现名字、参数个数和类型都相同而功能不同的函数。

（2）C++中的虚函数就是用来解决动态多态问题的，所谓虚函数，就是在基类声明函数是虚拟的，并不是实际存在的函数，然后在派生类中才正式定义此函数。

使用时注意：

① 虚函数的作用是允许在派生类中重新定义与基类同名的函数，并且可以通过基类指针或引用来访问基类和派生类中的同名函数。

② 虚函数用于不同的有继承关系的类中的相同原型的函数(同名，且参数类型、顺序及个数都相同)，仅函数名相同则属于函数的重载；单独的一个虚函数没有实际意义。

③ 虚函数的多态性必须通过相同的指针来实现，通过对象名来调用虚函数不能体现虚函数多态性。一般来说，实现虚函数的多态性是通过基类的指针指向不同的对象来处理虚函数的。

④ 虚函数是类的成员函数，但不能是静态成员函数，更不能是友元函数。友元函数不是类的成员。

⑤ 如果派生类中没有重新定义虚函数，则不能体现虚函数的多态性。

(3) 虚函数与重载函数的关系：

① 虚函数与重载函数都是利用同名函数实现面向对象的多态性。

② 虚函数同名同参，函数的重载同名不同参。

③ 虚函数必须在类的继承关系中来实现，而函数的重载则不需要。

【典型例题讲解】

【例 1】 试分析下面的程序如果去掉 A 行的 virtual，则程序的结果为_____。

```
#include <iostream. h>
class C{
public：
    virtual void f( ) { cout<<"类 C 中的函数\n";}              //A
};
class D:public C{
public：
    void f( ) { cout<<"类 D 中的函数\n";}                       //B
};
void main( )
{   C c1, * p;D d1;
    p=&c1;p->f( );                                             //C
    p=&d1;p->f( );                                             //D
}
```

分析：因为去掉关键字 virtual 后 A 行 f 函数不再是虚函数，当基类指针指向基类的对象和派生类对象时，都调用基类的成员函数。

答案：类 C 中的函数

　　　 类 C 中的函数

【例 2】 下列程序的结果为_____。

```
#include <iostream. h>
class C{
    public ：
```

```
        virtual void fun( ) { cout<<"类 C 中的函数\n" ;        }      // A
    } ;
class B：public C{
    public：
        void fun( ) { cout<<"类 B 中的函数\n" ;        }
    } ;
void main( )
{   C c1 , ＊p ;    B b1 ;
    p=&c1 ;
    p->fun( ) ;                                           //B
    p=&b1 ;
    p->fun( ) ;                                           //C
    }
```

分析：程序基类中 C 行将函数 fun( )说明为虚函数,则在类 C 的派生类 B 中函数 fun( )虽然没有用"virtual"修饰,它也为虚函数,在主函数中的 B 行和 C 行虽然调用形式相同,但两次调用时指针 p 所指向的对象不同,因而调用的是不同对象的成员函数,所以其输出也不同。

答案：类 C 中的函数

　　　　类 B 中的函数

【例 3】 下面程序的输出结果是_____。

```
#include<iostream. h>
class base
{
    private：
    int x,y;
public：
    base(int xx=0,int yy=0)
    {   x=xx; y=yy;   }
    virtual void disp()
    {   cout<<"base："<<x<<"  "<<y<<endl;   }
};
class base1:public base
{
    private：
        int z;
    public：
        base1(int xx,int yy,int zz):base(xx,yy)
        {   z=zz;   }
        void disp()
```

```
        {   cout<<"base1:"<<z<<endl;   }
};
    void main()
    {
    base obj(7,8),* objp;
    base1 obj1(1,2,5);
    objp=&obj;
    objp->disp();
    objp=&obj1;
    objp->disp();
}
```

分析:base 类中的 disp 函数与 base1 类中的 disp,因为同名同参,所以构成虚函数关系。在主函数中定义 base 类的对象 obj,因此 obj. x=7;obj. y=8;定义 base1 类的对象 obj1,因此,obj1. x=1;obj1. y=2;obj1. z=5;当执行语句 objp=&obj;后,objp->disp();将调用基类中的 disp 函数。因此,输出 base:7 8。当执行 objp=&obj1;和 objp->disp();语句后,因为 diap 构成了虚函数关系,因此,将调用派生类 obj1 中的 diap 函数。输出 base1:5。

答案:base:7    8

base1:5

【基础题】

1. 选择题

(1) 设有类的定义如下:

```
class B{
  public:
    virtual void f(){}
};
class C:public B{
  public:
    void f(){}
};
```

下列叙述中正确的是_____。

A. B::f()和 C::f()都是虚函数

B. B::f()和 C::f()都不是虚函数

C. B::f()是虚函数,C::f()不是虚函数

D. B::f()不是虚函数,C::f()是虚函数

(2) 下面程序的执行结果是_____。

```
#include<iostream. h>
class O{
  public:
    virtual void fun(){cout<<'w'<<'x';}
```

```
};
class N:public O{
  public：
      void fun(){cout<<'y'<<'z';}
};
void main(){
  N n;
  O * op=&n;
  op->fun();
  y.fun();
}
```

A. wx      B. yz      C. wxyz      D. yzyz

（3）下列叙述中不正确的是_____。

A. 虚函数是成员函数      B. 虚函数是非静态的成员函数

C. 构造函数可以是虚函数    D. 析构函数可以是虚函数

（4）对于如下的类定义，正确的叙述是_____。

```
class A{
  public：
      virtual void func1(){ }
      void func2(){ }
};
class B:public A{
public：
      void func1(){cout<<"class B func 1"<<endl;}
      virtual void func2(){cout<<"class B func 2"<<endl;}
};
```

A. B::func1()不是虚函数，而 A::func2()是虚函数

B. B::func1()是虚函数，而 A::func2()不是虚函数

C. A::func2()和 B::func1()都是虚函数

D. A::func2()和 B::func1()都不是虚函数

2. 填空题

（1）下面程序的执行结果是 (1) ，若去掉 A 行中的 virtual，则程序输出结果是 (2) 。

```
#include<iostream.h>
class A{
  public：
      virtual void f(){cout<<"qq"<<endl;}            //A 行
};
class B:public A{
```

```
public：
    void f(){cout<<"zz"<<endl;}
};
void main(void){
    A a,* pa=&a；pa->f()；
    B b,* pb=&b；
    pa=&b；pa->f()；
    pb->f()；
}
```

（2）下面程序的执行结果是＿＿＿＿＿。

```
#include <iostream.h>
class A{
    public：
        virtual void show(int a , int b=10 ){
        cout<<"a="<<a<<'\t'<<"b="<<b<<'\n'；
        }
};
class B：public A{
    public：
        void show(int a){cout<<"a="<<a<<'\n'；}
};
void main(){
    A * p；
    B b1；
    p=&b1；
    p->show(6)；p->show(10,15)；
}
```

## （三）虚函数与构造函数、析构函数

【知识点梳理】

（1）构造函数不能定义为虚函数。因为构造函数是用来产生对象的，而虚函数的多态性是通过指向不同对象的相同指针来实现的。

（2）可以把析构函数定义为虚函数，当一个基类的析构函数被说明为虚函数时，其派生类的析构函数均具有虚特性而不管定义其派生类的析构函数时是否用关键字"virtual"修饰。说明虚析构函数的目的在于在使用 delete 运算符删除一个对象时，能保证析构函数被正确地执行。各相关的虚析构函数不像普通相关虚函数那样必须是相同的函数原形。

使用提示：各相关的虚析构函数可以具有不同的函数原型。

【典型例题讲解】

【例1】　试分析下面的程序，如果基类析构函数前的"virtual"去掉的话，程序的输出结果为_____。

```
#include <iostream. h>
#include <string. h>
class A{
   char * ss;
public：
   A(char * str)
   {
      ss=new char[strlen(str)+1];
      strcpy(ss , str);
   }
   virtual ~A( )
   {  delete [ ]ss;
      cout<<"Deleted string ss !\n";
   }
};
class B : public A{
   char * ss2;
public :
   B(char * str1 , char * str2) : A(str2)
   {
      ss2=new char[strlen(str1)+1];
      strcpy(ss2 , str1);
   }
   ~B( )
   {
      delete [ ]ss2;
      cout<<"Deleted string ss2 !\n";
   }
};
void main( )
{
   A * p=new B("String A" , "String B");
   delete p;
}
```

分析：因为去掉关键字 virtual 后基类析构函数不再是虚函数，系统将先调用派生类的析构函数，再调用基类的析构函数。而派生类的析构函数不是虚析构函数，所以调用时只调用基类的析构函数输出"Deleted string ss!"。

答案：Deleted string ss!

【例 2】 下列程序的输出结果是_____。

```
#include <iostream. h>
class A{
public：
    virtual void d1(){cout<<"类 A 中的 d1 函数\n";}
    virtual void d2(){cout<<"类 A 中的 d2 函数\n";}
    void d3(){cout<<"类 A 中的 d3 函数\n";}
};
class B：public A{
public：
    void d1(){cout<<"类 B 中的 d1 函数\n";}
    void d2(int){cout<<"类 B 中的 d2 函数\n";}
    void d3(){cout<<"类 B 中的 d3 函数\n";}
};
void main(){
    A a1,＊p;
    B b1;
    p=&a1;
    p->d1();p->d2();p->d3();
    p=&b1;
    p->d1();p->d2();p->d3();
}
```

分析：类 A 中的函数 d1 和 d2 是虚函数，而 d3 不是虚函数。类 B 中有 6 个函数，分别是：

（1）从类 A 继承来的：

A：:d1(){cout<<"类 A 中的 d1 函数\n";}

A：:d2(){cout<<"类 A 中的 d2 函数\n";}

A：:d3(){cout<<"类 A 中的 d3 函数\n";}

（2）类 B 中新增的：

void d1(){cout<<"类 B 中的 d1 函数\n";}

void d2(int){cout<<"类 B 中的 d2 函数\n";}

void d3(){cout<<"类 B 中的 d3 函数\n";}

通常情况下，p 作为基类的指针，即使指向了派生类的对象 b1，也只能访问 b1 中从基类继承来的成员。但从基类继承来的成员是虚函数时，将访问派生类中新增加的同名同参函数。本题中，之所以没有访问派生类中新增的 d2 函数，是因为派生类中新增的 d2 函数虽然与基类派生来的 d2 函数同名，但不同参。即派生类中没有新增与基类同名同参的 d2 函数，所以只能访问从基类派生来的 d2 函数。没有访问派生类中新增的 d3 函数，是因为 d3 函数不是虚函数。

答案：类 A 中的 d1 函数

类 A 中的 d2 函数

类 A 中的 f3 函数

类 B 中的 d1 函数

类 A 中的 d2 函数

类 A 中的 f3 函数

【基础题】

1. 选择题

(1) 设有程序如下：

```
#include <iostream. h>
class A{
  public：
                                    //A
};
class B：public A{
  public：
    void show(){cout<<"I Love you!\n";}
};
void main(){
  B b;
  A * p=&b;
  p->show();
}
```

为了使程序输出"I Love you!"，A 行应为_____。

A. void show()=0;                        B. virtual void show()=0;

C. virtual void show();                   D. void show() {}

(2) 下列叙述中正确的是_____。

A. 虚函数是一个 static 类型的成员函数

B. 虚函数是一个非成员函数

C. 基类中采用 virtual 说明一个虚函数后，派生类中定义相同原型的函数时可不必加 virtual 说明

D. 派生类中的虚函数与基类中相同原型的虚函数具有不同的参数个数或类型

(3) 下面关于构造函数和析构函数的描述，错误的是_____。

A. 析构函数中调用虚函数采用静态联编

B. 对虚析构函数的调用可以采用动态联编

C. 当基类的析构函数是虚函数时，其派生类的析构函数也一定是虚函数

D. 构造函数可以声明为虚函数

(4) 在派生类中重新定义虚函数时，除了_____方面，其他方面都必须与基类中相应的虚函数保持一致。

A. 参数个数                              B. 参数类型

C. 函数名称 　　　　　　　　　　D. 函数体

2. 填空题

(1) VC++中,多态性有两种类型,函数的重载属于___(1)___多态性,虚函数通常用来实现___(2)___多态性。

(2) 构造函数不能定义为___(1)___。析构函数定义为___(2)___。

(3) 下面程序的运行结果为_____。

```cpp
#include <iostream>
using namespace std;
class A{
public:
A(){cout<<"调用 A 的构造函数"<<endl;}
~A(){cout<<"调用 A 的析构函数"<<endl;}
};
class B:public A{
public:
B(){cout<<"调用 B 的构造函数"<<endl;}
~B(){cout<<"调用 B 的析构函数"<<endl;}
};
int main(void){
A * p=new B;
delete p;
return 0;
}
```

(4) 有以下程序:

```cpp
#include <iostream>
using namespace std;
class Base
{private:
  char c;
public:
  Base(char n):c(n){}
  ~Base() {      cout<<c;    }
};
class Derived:public Base
{ private:
   char c;
   public:
   Derived(char n):Base(n+1),c(n){}
   ~Derived() {         cout<<c;        }
```

```
};
int   main()
{      Derived obj('a');   return 0;   }
```
执行后的输出结果是_____。

### (四) 纯虚函数与抽象类

【知识点梳理】

纯虚函数：

(1) 基类中将某一成员函数定义为虚函数，并不是基类本身的要求，而是考虑到派生类的需要，在基类中预留了一个函数名，具体功能留给派生类根据需要去定义。

(2) 纯虚函数的定义格式：virtual 函数类型 函数名（参数表列）=0；

使用时注意：

① 纯虚函数没有函数体；

② 最后面的"=0"并不代表函数返回值为 0，它只起形式上的作用，告诉编译系统"这是纯虚函数"；

③ 这是一个声明语句，最后应有分号。

(3) 纯虚函数的作用：在基类中为其派生类保留一个函数的名字，以便派生类根据需要对它进行定义。如果在基类中没有保留函数名字，则无法实现多态性。

(4) 定义说明：纯虚函数与普通虚函数的定义的不同在于书写形式上加了"=0"，说明在基类中不用定义该函数的函数体，它的函数体由派生类定义。

抽象类：

(1) 如果声明了一个类，一般可以用它定义对象。但在面向对象程序设计中，往往有一些类，它们不用来生成对象。定义这些类的唯一目的是用它作为基类去建立派生类。这种不用来定义对象而只作为一种基本类型用作继承的类，称为抽象类，由于它经常用作基类，通常称为抽象基类。凡是包含纯虚函数的类都是抽象类。因为纯虚函数是不能被调用的，包含纯虚函数的类是无法建立对象的。

(2) 抽象类的作用：作为一个类族的共同基类，或者说，为一个类族提供一个公共接口。

(3) 抽象类不能定义对象（或者说抽象类不能实例化），但是可以定义指向抽象类数据的指针变量。当派生类成为具体类之后，就可以用这种指针指向派生类对象，然后通过该指针调用虚函数，实现多态性的操作。

【典型例题讲解】

【例 1】 分析以下程序。

```
#include <iostream. h>
class A{
protected：
   int a;
public：
   A(int z) { a=z; }
   virtual void fun(int)=0;              //A
```

```
};
class B: public A{
   int b;
    public:
   B(int z, int y): A(y){ b=z; }
void fun(int z)                          //B
   {    cout<<a+z<<'\n';
cout<<b+z<<'\n';
   }
};
void main( )
{ A *p;                                  //C
B b1(2 , 6);
p=&b1;
p->fun(1);                               //D
}
```

分析:程序在基类 A 中将函数 void fun(int)定义为纯虚函数(A 行)。由于基类 A 含有纯虚函数,纯虚函数没有具体的实现,所以不能用它来生成对象,但可以定义一个指向该类的指针,如程序中的 C 行。

定义一个纯虚函数,本质上是将一个空指针值 0 赋给函数名,但该函数的原型必须确定。纯虚函数不同于空函数,空函数有一个空的函数体,虽然它什么都不做,但它是一个完整的函数,可以调用它。

程序中派生类 B 的成员函数 void fun(int)是类 A 中纯虚函数的实现,它的函数原型必须与上述纯虚函数相同。

主函数中先定义了一个指向基类的指针,然后根据赋值兼容性规则将其指向派生类的对象,再通过它调用了 B 类中的函数 fun,这是运行时的多态性。虽然 p 指向了派生类的对象,但其形式上还是指向类 A 的,所以在类 A 中如果没有相应函数的说明,则程序中 D 行编译时会出错,只有在运行时才确定其指向的是对象 b1。所以,A 中的函数 fun 从语法上讲是必需的,但从功能上讲又不是必不可少的,没有必要定义其函数的实现,因而将其定义为纯虚函数。

【例 2】　下面的程序中,能否在主函数中定义类 A 的对象?

```
#include <iostream. h>
class A{
protected:
   int h;
public:
   A(int x) {    h=x; }
   virtual void fun( )=0;
};
```

```
class B:public A{
protected:
    int a;
public:
    B(int x,int y) :A(y) { a=x;}
    void fun( )
    {
        cout<<"半径:"<<a<<"\t 高:"<<h<<"\t 体积:"<<3.14*a*a*h<<'\n';
    }
};
class D:public B{
    int b;
public:
    D(int x ,int y,int z) :B(x,z) {    b=y;}
    void fun( )
    {
        cout<<"长:"<<a<<"\t 宽:"<<b<<"\t 高:"<<h;
        cout <<"\t 体积:"<<a *b*h<<'\n';
    }
};
void main( )
{
    A *p;
    B b1(2,3);p=&b1;p->fun( );
    D d1(3,4,5);p=&c1;p->fun( );
}
```

分析:不能。因为纯虚函数没有实现部分(函数体),所以纯虚函数不能被调用,也不能用含纯虚函数的类来生成对象。

答案:不能

【基础题】

1. 选择题

(1) 下面关于纯虚函数的叙述不正确的是_____。

A. 不能定义纯虚函数的实现部分

B. 对于纯虚函数,在调用它时,不执行任何动作

C. 含有纯虚函数的类不能产生对象,只能作为派生类的基类

D. 可以定义指向含有纯虚函数的类的指针

(2) 下面关于抽象类的叙述不正确的是_____。

A. 不能创建抽象类的对象

B. 可以说明定义指向抽象类的指针或引用

C. 抽象类是指含有虚函数的类

D. 抽象类的唯一用途是为派生类提供基类

（3）下列关于抽象类的叙述不正确的是_____。

A. 含有纯虚函数的类称作抽象类　　　　B. 抽象类只能是基类

C. 抽象类不能被实例化　　　　　　　　D. 纯虚函数可以被继承

（4）关于抽象类和纯虚函数的描述中，错误的是_____。

A. 纯虚函数的声明以"=0;"结束

B. 有纯虚函数的类叫抽象类，它不能用来定义对象

C. 纯虚函数不能有函数体

D. 抽象类的派生类如果不实现纯虚函数，它也是抽象类

（5）有如下程序：

```
#include<iostream>
using namespace std;
class base
{
public：
virtual void f1() { cout<<"F1 Base\t"; }
virtual void f2() { cout<<"F2Base\t";}
};
class derive:public base{
void f1() { cout<<"F1Derive\t";}
void f2(int x) { cout<<"F2Derive\t"; }
};
int main(){
base obj1, * p;derive obj2;
p=&obj2;
p->f1();
p->f2();
return 0;
}
```

执行后的输出结果是_____。

A. F1Derive　F2Base　　　　　　　　B. F1Derive　F2Derive

C. F1Base　F2Base　　　　　　　　　D. F1Base　F2Derive

2. 填空题

（1）当通过__(1)__或__(2)__使用虚函数时，C++会在与对象关联的派生类中正确地选择重定义的函数，实现了__(3)__时多态，而通过__(4)__使用虚函数时，不能实现__(5)__多态。

（2）纯虚函数是一种特别的虚函数，它没有函数的__(1)__部分，也没有为函数的功能提供实现的代码，它的实现版本必须由派生类给出，因此纯虚函数不能是__(2)__。

(3) 拥有纯虚函数的类就是___(1)___类,这种类不能___(2)___,如果纯虚函数没有被重载,则派生类将继承此纯虚函数,即该派生类也是___(3)___。

(4) 执行下列程序后输出的第一行为___(1)___,第二行为___(2)___,第三行为___(3)___。

```cpp
#include <iostream>
using namespace std;
class A{
    int x,n;
int mul;
public:
    A(int a,int b){
    x=a;
n=b;
mul=10;
}
virtual int power(void){
mul=1;
for(int i=1;i<=n;i++)
mul*=x;
return mul;
}
void show(void){
cout<<x<<'\t'<<n<<'\t'<<mul<<endl;
}
};
class B:public A{
int y,m;
int p;
public:
B(int i,int j,int k,int h):A(i,j){
y=k;
m=h;
p=10;}
int power(void){
p=1;
return p;
}
void show(void){
A::show();
cout<<y<<'\t'<<m<<'\t'<<p<<endl;
```

```
}
};
void fun(A * f){
cout<<f->power()<<'\n';
}
int main()
{
A a(5,3),* p；
B b(3,4,2,5)；
p=&a；
fun(p)；
b. show()；
return 0；
}
```

（5）下面程序输出的第一行是＿＿(1)＿＿，第二行是＿＿(2)＿＿。

```
#include <iostream>
using namespace std；
class Base{
public：
virtual void set(int b) {
x=b；
}
int get(){
return x;}
private：
int x；
};
class Derived:public Base{
public：
void set(int d){
y=d；
}
int get(){
return y；
};
private：
int y；
};
int main(){
```

```
Base B_obj;
Derived D_obj;
Base  * p=&B_obj;
p->set(100);
cout<<"B_obj x="<<p->get()<<endl;
p=&D_obj;
p->set(200);
p->Base::set(300);
cout<<"B _obj x"<<p->Base::get()<<endl;
p->set(p->get()+200);
cout<<"D_obj y="<<p->get()<<endl;
return 0;
}
```

## 三、运算符重载与编译的多态性

【知识点梳理】

(1) 运算符重载的概念:对已有的函数赋予新的含义,使之通过利用重载函数定义重新赋予新的功能,因此,同一个函数名可以用来代表不同功能的函数(一名多用)。

(2) 运算符重载:

<返回类型><类名::>operator<运算符>(参数表)

　　｛函数体 ｝

运算符重载既可以通过成员函数实现,也可以通过友元函数实现。

通过成员函数重载运算符,其定义格式如下:

类型 operator 运算符(参数表){

　　函数体　　　　　　　　　　　　//运算数据成员

}

通过友元函数重载运算符,其定义格式如下:

friend 类型 operator 运算符(参数表){

　　函数体　　　　　　　　　　　　//运算数据成员

}

说明:

① <operator>:是定义运算符重载函数的关键字;

② <运算符>:是要重载的运算符的名称;

③ (参数表):给出重载运算符所需要的参数和类型。

(3) 重载运算符的规则:

① C++不允许用户自己定义新的运算符。

② 可以用作重载的运算符:

算术运算符:+,-,*,%,++,--;

位操作符:&,|,~,<<,>>,

逻辑运算符:!,&&,‖;

比较运算符:<,>,>=,<=,==,!=;

赋值运算符:=,+=,-=,/=,%=,&=,|=,^=,<<=,>>=。

③ 下列运算符不允许重载:.,*,::,?:。

④ 重载不能改变运算符运算对象(即操作数)的个数。

⑤ 重载不能改变运算符的结合性。

⑥ 重载不能改变运算符的优先级别。

⑦ 重载运算符不能有默认的参数。

⑧ 重载的运算符必须和用户定义的自定义类型的对象一起使用,其参数至少应有一个是类对象(或类对象的引用)。

⑨ 用于类对象的运算符一般必须重载,但有两个例外"="、"&"不必用户重载。

(4) 重载运算符时的注意事项:

① 运算符重载是改变已有运算符的操作数范围和操作内容,而不能创造新的运算符,也不能改变运算符的优先级、目数和结合性等基本性质。

② 有些运算符不允许重载,有些运算符只能用成员函数重载,还有些运算符通常只能用友元函数重载。见表 2-11。

表 2-11　　　　　　　　　　　　有关运算符的重载特性

| 不允许重载的运算符 | 只能用成员函数重载的运算符 | 只能用友元函数重载的运算符 |
| --- | --- | --- |
| .(成员运算符) | = | << |
| *(指针操作运算符) | [ ] | >> |
| ::(作用域运算符) | ( ) | |
| ?:(三目条件运算符) | -> | |
| sizeof()(求字节数运算符) | | |

(5) 运算符重载后,优先级和结合性:

用户重新定义运算符,不改变原运算符的优先级和结合性。这就是说,对运算符重载不改变运算符的优先级和结合性,并且运算符重载后,也不改变运算符的语法结构,即单目运算符只能重载为单目运算符,双目运算符只能重载为双目运算符。

(6) 运算符重载形式:

① 利用类的成员函数来实现:

a. 一元运算符的重载形式:

<返回类型><类名::>operator<运算符>( )

　　　{　　　函数体　　　}

b. ++、--后置重载:

<返回类型><类名::>operator<运算符>( int )

　　　{　　　函数体　　　}

c. ++、--前置重载:

<返回类型><类名::>operator<运算符>( )

〔　　函数体　　〕

d. 二元运算符的重载形式：

<返回类型><类名∷>operator<运算符>（参数1）

〔　　函数体　　〕

e. 使用时注意：

——第 b 式中参数表中的 int 不参与程序的执行。

——第 d 式中参数表中的参数只能有一个，并且运算符的左边操作数一定是成员函数所在类的对象。成员函数的 this 指针指向该对象。运算符的右边操作数作为函数的参数，可是对象、对象的引用或其他类型数据。

——双目运算符重载时有显式和隐式两种调用方法：

显式调用：对象名.operator 运算符号（参数）；如：aa. operator+（bb）；

隐式调用：对象名 重载的运算符号 对象名；如 aa+bb；

② 利用友元函数来实现：

a. 一元运算符的重载形式：

friend<返回类型>operator<运算符>（A　　&a）

〔　　函数体　　〕

b. ++、--前置重载：

friend <返回类型>operator<运算符>（类名 &）

〔　　函数体　　〕

c. ++、--后置重载：

friend<返回类型>operator<运算符>（类名 &,int）　　〔 函数体 〕

d. 二元运算符的重载形式：

friend<返回类型>operator<运算符>（参数1，参数2）〔 函数体 〕

e. 使用时注意：

——第 c 式中参数表中的 int 只是起到一个标识作用，不参与程序的执行。

——友无函数不是类的成员函数，因此，不是使用 this 指针来访问数据。

——双目运算符重载为友元函数后也有显式和隐式两种调用方法：

显式调用：operator 运算符号（参数1，参数2）；如：operator+（aa,bb）；

隐式调用：对象名 重载的运算符号 对象名；如 aa+bb；

（7）一元运算符的重载：

一元运算符用成员函数重载时，通常没有参数；而用友元函数重载时通常有一个对象类型的参数。

++和--运算符有前置与后置之分，后置比前置多一个整型标志参数。

（8）强制类型转换（转换函数）：

强制类型转换（转换函数）是把对象转化成其他类型的数据，如基本类型数据、另外一个类的对象等。

转换函数的语法定义格式为：

operator 要转换成的类型（）

〔 函数体 〕

转换函数只能通过成员函数重载的方式实现,并且不能指定其返回值类型,其返回值类型与关键字 operator 一起构成了函数名,同时,转换函数没有参数。

(9) 赋值运算符重载:

赋值运算符一般情况下不需要重载,因为 VC++系统预先进行了重载,以实现同类对象的直接赋值。当类中含有指针类型的数据成员,并且为其申请了动态内存空间时,一定要重载赋值运算符,并且其参数形式应为对象的引用。因为如果不重载赋值运算符,则同类型对象之间赋值会造成不同对象的指针成员指向相同的内存空间,从而导致析构函数中释放动态内存时内存引用错误。同时,由于普通对象作为函数的参数时,是值传递,它同样要调用类的隐含拷贝构造函数来传递函数实参的值,而引起内存引用错误。

设把对象 b 赋给对象 a,a 和 b 皆可以是当前对象,即在程序中不显式出现,而通过 this 指针隐含使用,重载赋值运算符的基本步骤是:

① 用 delete 运算符释放 a 中指针成员的动态内存。

② 用 new 运算符重新为 a 中的指针成员分配动态内存,其大小与 b 中对应成员的大小一致。

③ 把 b 中指针成员所指的内存空间的值赋给 a 相应指针成员所指的内存空间。

特别提示:

① 赋值运算符重载中是对指针所指的内存空间赋值,而不是对指针赋值。

② 通常情况下,缺省的赋值运算符函数就可完成赋值任务,但在某些特殊情况下,比如类中有指针类形式,使用缺省的赋值运算符函数就会产生指针悬挂的错误,必须显式地定义一个赋值运算符重载函数,使参与赋值的两个对象有各自的存储空间,以解决这个问题。

③ 赋值运算符只能重载为成员运算符函数,不能重载为友元运算符函数。

④ 赋值运算符重载后不能被继承。

(10) 含字符串类的运算符重载:

指重载相关的运算符,如 =、+、-、<、>、==等,通过对象的运算来处理字符串。在函数体中对数据成员的运算通常是用字符串处理函数完成的。

【典型例题讲解】

【例1】　下列程序重载了自增运算符"++"和赋值运算符"=",请完善程序。

```
#include <iostream. h>
class A{
int s[2];
public:
  A(int x=0,int y=0){s[0]=x;s[1]=y;}
  ___(1)___ {                        //A,定义赋值运算符重载函数
    s[0]=t. s[0];s[1]=t. s[1];
    return * this;
  }
  A operator++(){                    //定义前置自增运算符重载函数
    ++s[0];++s[1];
    return    * this;                //B
```

```
    }
    __(2)__ {                        //C,定义后置自增运算符重载函数
    A t= * this;++( * this);
    return __(3)__ ;                 //D
    }
    void print(){cout<<s[0]<<'\t'<<s[1]<<'\n';}
};
void main(){
    A a1,a2,a3(10,20);
    a1=a2=a3++;                      //E,也可以用 a1=a2=a3. operator++(1);
    a1. print();a2. print();a3. print();
}
```

分析:本题中,重载函数使用了 this 指针,所以 A 和 C 处都只能为成员函数重载。E 行表示赋值运算符能用于连续赋值,这就要求 A 行重载赋值运算符函数的返回值类型与参数皆为引用类型对象,但由于本程序中不涉及指针成员和动态内存,可为 A 类型对象。B 行要求前置自增函数返回自增后的对象,可用 this 指针表示。C 行是后置自增,与前置自增相比,应增加一个整型标志参数;D 行应返回自增前的对象 t。

答案:(1) A&operator=(A&t) 或 A operator=(A t)

(2) A operator++(int)

(3) t

【例2】 关于运算符重载函数的参数和返回值,下列说法正确的是_____。

A. 运算符重载函数的返回值肯定是一个对象

B. 连续赋值时,赋值运算符重载函数的返回值是对象的引用

C. 运算符重载函数的参数一定是对象

D. 运算符重载函数的参数一定是某一个对象的引用

分析:运算符重载函数的参数和返回值由运算符要实现的功能决定,与重载方式和实现过程有关。如两个对象相加的结果通常是一个对象,所以"+"运算符重载函数的返回值通常是一个对象;而对于"+="运算符,相加的结果通常被保存在参与运算的对象中,并通过该对象(引用或指针类型参数)把运算结果带回,所以"+="运算符重载函数可以没有返回值,但并不是说"+="运算符重载函数一定没有返回值,可以在函数体内定义一个临时对象用于保存运算结果,并返回该临时对象,这样的定义可用于连续的"+="运算。同样,只有赋值运算符重载函数的返回值是一个对象时,才可以把赋值运算的结果作为对象继续参与赋值运算,即连续赋值。

运算符重载函数可以没有参数;若重载后的运算符用以实现对象与基本类型数据的运算,则参数中应包含基本类型的参数。

特别提示:当类中含有指针成员,并动态分配空间时,其返回值必须是对象的引用。

答案:B

【例3】 下列关于运算符重载的描述中,_____是正确的。

A. 运算符重载可以改变操作数的个数

B. 运算符重载可以改变优先级

C. 运算符重载可以改变结合性

D. 运算符重载不可以改变语法结构

分析:运算符重载不能改变操作数的个数、运算符的优先级、运算符的结合性和运算过程中的语法结构。

答案:D

【基础题】

1. 选择题

(1)下列哪种运算符的重载函数至少有一个参数_____。

A. =　　　　　　　　　　　　　　　B. 类型转换运算符

C. ++或--　　　　　　　　　　　　D. !

(2)关于运算符重载,下列说法正确的是_____。

A. 运算符重载可以扩展运算符的操作数类型

B. 运算符重载可以改变运算符的结合性

C. 运算符重载可以改变运算符的优先级

D. 运算符重载可以改变运算符的目数

(3)下列运算符中全都可以被友元函数重载的是_____。

A. =、+、-、\　　　　　　　　　　　B. [ ]、+、()、new

C. ->、+、*、>>　　　　　　　　　　D. <<、>>、+、*

(4)当运算符重载为友元函数和成员函数所实现的功能一样时,则_____。

A. 两种重载方式参数一样,函数体实现过程不一样

B. 两种重载方式在程序中使用时编译器所作的解释是一样的

C. 两种重载方式在使用时表达式的形式不一样

D. 重载为友元函数要比重载为成员函数多一个参数

(5)设有运算符重载原型,这是一类定义,其中说明了“+”。这是一个友元函数,在类外语句 a=b+c;访问这个友元函数时,C++编译器把语句 a=b+c;解释为:

operator ＋(b,c)

其中:_____。

A. a,b,c 都必须是 com 的对象　　　B. a,b 都必须是 com 的对象

C. a,c 都必须是 com 的对象　　　　D. b,c 都必须是 com 的对象

```
      class Com
{…
      Friend Com  operator +(…);
}
```

(6)以下类中分别说明了“+=”和“++”运算符重载函数的原型。如果主函数中有定义 fun a,b,c;那么,执行语句 b=a++时;编译器把 a++解释为_____。

A. b. operator++(a);　　　　　　　B. operator++(a);

C. b. operator++(a);　　　　　　　D. b. operator++(b);

2. 填空题

(1) 利用成员函数对双目运算符重载,其操作数为 ＿＿(1)＿＿,右操作数为 ＿(2)＿ 。

(2) 为了满足运算符"+"的交换性,必须将其重载为＿＿＿＿＿＿。

(3) 在 C++中,运算符的重载有两种实现方法,一种是通过成员函数实现,另一种则通过＿＿＿＿＿＿来实现。

(4) 当用成员函数重载双目运算符时,运算符的操作数必定是＿＿＿＿＿＿。

(5) 为满足运算符"+"的可交换性,必须将其重载为成员函数,重载的函数名是关键字＿＿＿＿＿＿加上运算符"+"。

(6) 具有相同函数名但具有不同参数表的函数称为＿＿＿＿＿＿。

(7) 下列程序定义了一实部为 mal,虚部为 imag 的复数类 complex,并在类中重载了复数的+,-操作。请将程序补充完整。

```
class Complex{
public：
    Complex (double r=0.0,double i=0.0){real=r;imag=i;};
    Complex operator +(Complex);
friend Complex operator-(Complex,Complex);
private：
double real,image;
};
Complex Complex：：operator +(Complex c){
    ＿(1)＿
return ＊this;
};
＿(2)＿ operator -(Complex c1,Complex c2){
return Complex(＿(3)＿);
}
```

(8) 运算符重载是对已有的运算符赋予 ＿(1)＿ 含义,使同一个运算符在作用于 ＿(2)＿ 对象时导致不同的行为。运算符重载的实质是 ＿(3)＿,是类的 ＿(4)＿ 特征。

## 四、章节测试题

1. 选择题

(1) 用成员函数和友元函数重载运算符时＿＿＿＿＿＿。

A. 都可以使用 this 指针或当前对象

B. 为了在类体外使用,都必须声明为公有的

C. 参数可能是相同的

D. 用成员函数重载的运算符不一定能用友元函数重载

(2) 下列关于运算符重载的说法中正确的是＿＿＿＿＿＿。

A. 运算符重载函数的使用必须通过类的对象来调用

B. 运算符重载函数的使用必定涉及类的对象

C. 运算符重载是通过类的成员函数来实现的

D. 运算符重载是通过类的友元函数来实现的

（3）用成员函数重载－－和＋时，对象表达式－－x＋y 应理解为_____。

A. y. operator+(x. operator--(0))　　　　B. y. operator+(x. operator--())

C. (x. operator--()). operator+(y)　　　D. (x. operator+(y)). operator--()

（4）重载某运算符时，有一个参数，则该运算符不可能是_____。

A. 一元成员运算符　　　　　　　　B. 二元成员运算符

C. 一元友元运算符　　　　　　　　D. 二元友元运算符

（5）_____是一个在基类中说明的虚函数，它在该基类中没有定义，但要求任何派生类都必须定义自己的版本。

A. 虚析构函数　　　　　　　　　　B. 虚构造函数

C. 纯虚函数　　　　　　　　　　　D. 静态成员函数

（6）在派生类中，重载一个虚函数时，要求函数名，参数的个数，参数的类型，参数的顺序和函数的返回值_____。

A. 相同　　　　　　B. 不同　　　　　　C. 相容　　　　　　D. 部分相同

（7）以下基类中的成员函数，_____表示纯虚函数。

A. virtual void vfun()=0;　　　　　B. virtual void vfun(int);

C. void vfun()=0;　　　　　　　　D. virtual void vfun(int){};

（8）下列描述中，_____是抽象类的特性。

A. 可以说明虚函数　　　　　　　　B. 可以进行构造函数重载

C. 可以定义友元函数　　　　　　　D. 不能定义其对象

（9）当一个类的某个函数被说明为 virtual 时，该函数在该类的所有派生类中_____。

A. 都是虚函数

B. 只有被重新说明时才是虚函数

C. 只有被重新说明为 virtual 时才是虚函数

D. 都不是虚函数

（10）下面程序的执行结果是_____。

```
#include<iostream>
using namespace std;
class A{
public：
    virtual ~A(){cout<<'A';}
};
class B:public A{
public：
    ~B(){cout<<'B';}
};
int main(){
    A a;
```

```
    B b;
    return 0;
}
```

A. BA B. ABA C. BAA D. AAB

(11) 下面程序的执行结果是_____。

```
#include<iostream>
using namespace std;
class A{
public:
virtual void disp(int m){cout<<"A::m="<<m<<endl; }
};
class B : public A{
public:
void disp(float m){cout<<"B::m="<<m<<endl; }
};
void fun(A &a){a.disp(5.10);}
int main(){
    B b;
    fun(b);
    return 0;
}
```

A. A::i=5 B. A::i=5.10

C. B::i=5 D. B::i=5.10

(12) 设有类的定义如下：

```
class B{
  public:
    friend void operator+=();
};
```

则在类体外定义的运算符重载函数没有语法错误的是_____。

A. friend void operator+=(){} B. friend void B::operator+=(){}

C. void B:: operator+=(){} D. void operator+=(){}

(13) 关于运算符重载,下列说法正确的是_____。

A. 双目运算符重载为友元函数,则重载函数的第 1 个参数必为类的对象

B. 双目运算符重载为成员函数,则重载函数的参数中必有类的对象

C. 下标运算符重载函数的参数必定有一个不是类的对象

D. 类型转换运算符重载函数可以没有参数

(14) 设有类的定义如下：

```
class A{
    int a;
```

```
public：
    A operator+(A);
};
```

则在类体外定义的运算符重载函数正确的是_____。

A. A A∷operator+(As){ s. a+=a；return this；}

B. A A∷operator+( As){ s. a+=a；return ＊this；}

C. A A∷operator+( As){ s. a+=a；return s；}

D. A A∷operator+( As){return ＊this+s；}

(15) 下列关于虚函数的说明中，正确的是_____。

A. 从虚基类继承的函数都是虚函数　　　　B. 虚函数不得是静态成员函数

C. 只能通过指针或引用调用虚函数　　　　D. 抽象类中的成员函数都是虚函数

(16) 运算符中，VC++中不可以重载的是_____。

A. ->　　　　　　　　　　　　　　　　B. 成员指针操作符　＊

C. new　　　　　　　　　　　　　　　D. ％

2. 填空题

(1) 在编译时才确定的函数调用称为___(1)___，通过使用___(2)___等实现。

(2) 在运行时才确定的函数调用称为___(1)___，它通过___(2)___来实现。

(3) 类的构造函数___(1)___(可以/不可以)是虚函数，类的析构函数___(2)___(可以/不可以)是虚函数。当类中存在动态内存分配时经常将类的___(3)___函数声明成___(4)___。

(4) 虚函数的声明方法是在函数_____。

(5) 有如下程序：

```
#include<iostream>
using namespace std；
class A{
public：
    float a；
    A(float m){a=m；}
};
class B{
public：
int b；
B(){}
B(A m){b=m. a；}
operator float(){return (float)b；}
};
class C{
public：
char c；
C(char m){c=m；}
```

```
operator B(){B t(c);return t;}
C&operator =(B&t){c=t. b;return  * this;}
};
int main( ){
A a1(3.5);cout<<a1. a<<'\t';
B b1=a1;cout<<b1. b<<'\t';              //A
C c1('A');cout<<c1. c<<'\t';
b1=c1;cout<<b1. b<<'\t';                //B
c1=b1;cout<<c1. c<<'\t';                //C
A a2=b1;cout<<a2. a<<'\t';              //D
cout<<'\n';
return 0;
}
```

后置自增运算符重载为类 B 的成员函数时,其函数原型为　(1)　;重载为类 B 的友元函数时,其原型为　(2)　。

(6) 下面程序的执行结果是_____。

```
#include<iostream>
using namespace std;
class CForm{
public：
    void display_form();
    virtual void header(){cout<<"This is a cat. \n";}
    virtual void body(){cout<<"This is a fish. \n";}
    void footer(){cout<<"This is a mouse. \n";}
};
void CForm：：display_form(){
    header();body();footer();
}
class CMyForm：public CForm {
    void body(){cout<<"This is the new fish. \n";}
    void footer(){cout<<"This is the new mouse. \n";}
};
int main(){
    CForm * first_form=new CMyForm;
    first_form->display_form();
    delete first_form;return 0;
}
```

(7) 下面程序的执行结果是_____。

```
#include<iostream>
```

```
using namespace std；
class A{
public：
    virtual void show(){cout<<"Day Day Up !\n";}
};
class B：public A{
public：
    void show(){cout<<"good study !\n";}
};
int main(){
    A a1,* p;
    B b1;
    p=&b1;
    a1=b1;
    p->show();
    a1. show();
    return 0;
}
```

## 五、上机实践

1. 上机实践要求

(1) 熟练掌握用成员函数和友元函数重载运算符的基本方法；

(2) 进一步理解成员函数和友元函数重载运算符的区别；

(3) 能较熟练地运用运算符重载解决程序设计中对象的运算。

2. 上机实践内容

[改错]

要求：改错时，可以修改语句中的一部分内容，调整语句次序，增加少量的变量说明、函数原型说明或编译预处理命令，但不能增加其他语句，也不能删除整条语句。

下列程序为求两个集合的交集。程序中定义了一个集合类 Program(含一维整型数组的类)，在主函数中定义了 2 个对象 a 和 b,a 含有集合{1,2,3,4,5,6},b 含有集合{1,3,5,7,9,11,13,15}。Set 类中重载了"&&"运算符,用于求两个集合的交集。程序正确的运行结果是：

```
集合 a3,4,6,8,11,13,
集合 b1,2,3,11,13,15,16,18
交集 c3,11,13
#include<iostream. h>
class Program{
    int * s,len;
    public：
```

```
        Program(int * t,int n);
        friend int * operator &&(Programt p1, Program p2);
        void print();
        ~Program();
    };
    Program(int * t,int n){
        len=n;
        s=new int[len];
        for(int i=0;i<len;i++)
        s[i]=t[i];
    }
    friend int * operator &&(Program p1, Program p2){
        for(int i=0,k=0;i<p1.len;i++)
            for(int j=0;j<p2.len;j++)
                if(p1.s[i]==p2.s[j])k++;
        int * t=new int[k];
        for(i=0,k=0;i<p1.len;i++)
            for(int j=0;j<p2.len;j++)
                if(p1.s[i]==p2.s[j])cout<<p1.s[i]<<',';
        cout<<'\n';
        return * t;
    }
    void Program::print(){
        for(int i=0;i<len;i++)cout<<s[i]<<',';
        cout<<'\n';
    }
    Program::~Program(){if(s)delete[]s;}
    void main(){
        int t1[]={3,4,6,8,11,13},t2[]={1,2,3,11,13,15,16,18},* c;
        Program a(t1,6),b(t2,8);
        cout<<"集合 a:\t";a.print();
        cout<<"集合 b:\t";b.print();
        cout<<"交集 c:\t"; c=a&&b;
        delete []t;
    }
```

[编程]

(1) 定义一个矩阵类,用运算符重载的方法实现矩阵的相加减及其输出。

(2) 定义一个字符串类,实现字符串的拼接。通过重载运算符"+=",实现类中数据成员(字符串)的拼接。如有必要,可定义其他辅助函数,如赋值运算符重载函数。具体要求如下：

① 私有数据成员：

char ＊s；　　　　　　　　　　　　　　//数据成员,存放字符串

② 公有成员函数：

STR(char ＊p=0)：构造函数,以形参初始化数据成员；

friend STR &operator+=( STR &str1,STR &str2)：重载函数,实现类中字符串的拼接；

void print()：输出数据成员；

～STR()：析构函数,释放动态内存。

③ 对所定义的类进行测试。以"eder"和"7891"为测试数据,实现它们的拼接,并把拼接后的字符串对象赋给新的对象。

(3) 定义一个数组类 Array,通过成员函数重载"+="运算符,通过友元函数重载"+="运算符,实现数组的加等,减等运算。具体要求如下：

① 私有数据成员：

float ＊pa　　　　　　　　　　　　//表示一维数组

int n；　　　　　　　　　　　　　//数组的大小

② 公有成员函数：

Array(float ＊p,int x)：构造函数,以形参初始化数据成员；

void operator+=(Array &t)：实现数组对象的加等运算；

friend void operator-=(Array &t1,Array &t2)：实现数组对象的减等运算；

void print()：以每行 5 个元素的格式输出数组；

～Array()：析构函数,释放动态内存。

③ 对所定义的类进行测试。

# 第十节　流类和文件

知识点
  - 基本流类体系
    - 基本流类体系(理解)
    - 流的格式控制(掌握)
    - 运算符"<<"和"<<"的重载(熟练掌握)
  - 文件流——文件流(理解)
  - 文件的打开和关闭
    - 文件的打开和关闭(重点)
    - 文本文件的读、写操作(重点)
  - 文件的读、写操作
    - 二进制文件的读、写操作(熟练掌握)
    - 随机访问文件的函数(掌握)

## 一、基本知识

1. 基本流类体系

(1) 基本的流类体系

在程序设计中,数据的输入/输出(I/O)操作是必不可少的,VC++语言的数据输入/输出操作是通过 I/O 流类库来实现的。VC++中把数据之间的传输操作称为流,流既可以表

示数据从内存传送到某个载体或设备中,即输出流;也可以表示数据从某个载体或设备传送到内存缓冲区变量中,即输入流。在进行 I/O 操作时,首先是打开操作,使流和文件发生联系,建立联系后的文件才允许数据流入或流出,输入或输出结束后,使用关闭操作使文件与流断开联系。

在 VC++的输入/输出流类库中定义了 4 个流:cin、cout、cerr 和 clog,如表 2-12 所示。

**表 2-12**       **iostream. h 文件中定义的 4 种流对象**

| 对象 | 含义 | 对应设备 | 对应的类 |
| --- | --- | --- | --- |
| cin | 标准输入流 | 键盘(缺省状态) | istream_withassign |
| cout | 标准输出流 | 显示器(缺省状态) | ostream_withassign |
| cerr | 标准输出流 | 显示器(缺省状态) | ostream_withassign |
| clog | 标准输出流 | 显示器(缺省状态) | ostream_withassign |

（2）流的格式控制

VC++中 I/O 流类库提供了可供用户修改的某些格式,每种流的格式化信息是由一系列的标志位组成的,通过调用各种流类的成员函数能够设置这些标志位,进而达到控制输入和输出格式的目的。

① 将插入运算符作用在流对象 cout 上,可输出显示预定义格式控制的整型数、浮点数、字符和字符串。

② 将提取运算符作用在流对象 cin 上,可输入预定义格式控制的整型数、浮点数、字符和字符串。

③ 用流对象的成员函数控制输出格式,即 precision(n)、width(n)、fill(c)、setf()、unsetf()。

④ 使用 I/O 成员函数。用 get 函数读入一个字符,用成员函数 getline 读入一行字符,用流成员函数 put 输出字符。

（3）提取运算符和插入运算符的重载

提取符">>"和插入符"<<"的重载也与其他运算符重载一样,只是它们必须用类的友元函数进行重载,因为操作符的左边是对象流而不是被操作的对象。

提取运算符重载函数的一般形式:

istream &operator >>(istream & 函数的流,类名 & 对象名){

…            //函数代码

  return 函数的流;

}

在提取运算符重载函数中,用 istream 类型的对象依次提取所定义类对象的各个成员,并返回 istream 类型的对象引用。这是为了在 cin 中可以连续使用">>" 运算符。

插入运算符重载函数的一般形式:

ostream &operator <<(ostream & 函数的流,类名 & 对象名){

…            //函数代码

  return 函数的流;

}

在插入运算符重载函数中,用 ostream 类型的对象依次插入所定义类对象的各个成员,并返回 ostream 类型的对象的引用。这是为了在 cin 中可以连续使用"<<"运算符。

提取运算符重载函数的第 2 个参数为用户自定义的类的引用,即"类名 & 对象名",不能使用"类名 对象名"。插入运算符重载函数的第 2 个参数可以为用户自定义的类的引用,即"类名 & 对象名",也可以是类的对象,即"类名 对象名"。

2. 文件的概述

文件是一组有序的数据集合。文件通常保存在硬盘上。在 VC++语言中,根据组成文件内容的数据格式,可将文件分为文本文件和二进制文件。

3. 文件流

文件流是以外存文件为输入输出对象的数据流。输出文件流是从内存流向外存文件的数据,输入文件流是从外存文件流向内存的数据。对文件的操作是由文件流完成的。VC++中与文件处理相关的类及说明见如图 2-20 和图 2-21 所示。

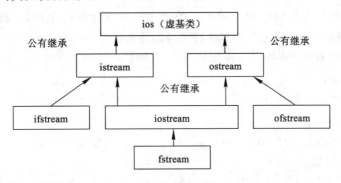

图 2-20　与文件处理相关的类及其继承关系结构图

| 类名 | | |
|---|---|---|
| ios | 流基类,抽象类 | ostream.h |
| istream | 适用于输入流类和其他输入流类的基类 | iostream.h |
| ifstream | 输入文件流类 | fstream.h |
| ostream | 适用于输出流类和其他输入流类的基类 | iostream.h |
| ofstream | 输出文件流类 | fstream.h |
| iostream | 通用 I/O 流类和其他 I/O 流的基类 | iostream.h |
| fstream | I/O 文件流类 | fstream.h |

图 2-21　常用的 I/O 流类库及说明

4. 文件的打开与关闭

(1) 文件的打开

打开文件的操作包括建立文件流对象、与外部文件关联、指定文件打开方式。打开文件有两种方法:

① 先建立流对象,然后调用函数 open 连接外部文件。

流类　对象名;

对象名.open(文件名,方式);

如:打开一个已有文件 datafile.dat,准备读的方法为:

```
istream infile;                              //建立输入文件流对象 infile
infile. open("datafile. dat",ios∷in);        //连接文件,指定打开方式为"读方式"
```

打开(创建)一个文件 newfile. dat,准备写的方法为:

```
ofstream outfile;                            //建立输出文件流对象
outfile. open("d:\\newfile. dat",ios∷out);   //连接文件,指定打开方式为"写方式"
```

② 调用流类带参数的构造函数,建立对象的同时连接外部文件。

流类　对象名(文件名,方式);

例如:调用 fstream 带参数构造函数,在建立流对象的同时,用参数形式连接外部文件和指定打开方式。

```
ifstream infile("datafile. dat",ios∷in);         //连接文件,以读方式打开文件
ofstream outfile("d:\\newfile. dat",ios∷out);     //连接文件,以写方式打开文件
fstream rwfile("myfile. dat",ios∷in|ios∷out);     //连接文件,以读/写方式打开文件
```

（2）文件的关闭

当一个文件操作完毕后应及时关闭。关闭文件操作包括把缓冲区数据完整地写入文件,添加文件结束标志,切断流对象和外部文件的连接。

关闭文件使用 fstream 的成员函数 close()。例如:

```
ifstream infile;
infile. open("file1. txt",ios∷in);          //读文件
infile close();                             //关闭 file. txt
infile. open("file2. txt",ios∷in);          //重用流对象
```

5. 文件的读写操作

打开文件后就可以对文件进行读写操作了。从一个文件中读出数据,可以使用 iostream 类的 get、getline、read 成员函数以及提取运算符">>";向一个文件写入数据,可以使用 put、write 函数以及插入运算符"<<"。

（1）文本文件

文本文件用文本文件流进行读/写操作。文本文件是顺序存取的文件,具有分行结构,即其数据由若干行字符所构成,而每一行又由若干字符组成,且以行结束符作为最后一个字符。显然,这样的一行字符视为一个字符串。它的主要操作有:建立文件、浏览文件、编辑文件和复制文件等。可以用各种现成的字处理工具或在操作系统下完成,但如果把文本文件看成有结构的数据文件,进行条件检索、统计等,就必须借助应用程序。程序要十分清楚文件的组织格式,并且不能让用户随意打开、修改文本文件,否则将引起错误。

（2）二进制文件

二进制文件的读写操作是通过成员函数 read()和 write()来实现的。在流类 istream 和 ostream 中分别重载了这两个函数:

```
istream & istream∷read(char * ,int);
istream & istream∷read(unsigend char * ,int);
istream & istream∷read(sigend char * ,int);
```

这3个函数的功能基本是相同的,即将由第2个参数所指定的字节数读到由第1个字符型指针所指的存储单元中。

ostream & istream∷wirte(char ＊,int);

ostream & istream∷wirte(unsigend char ＊,int);

ostream & istream∷wirte(sigend char ＊,int);

这 3 个函数的功能也是基本相同的,即第 1 个参数指出要写到文件中字节串的起始地址,第 2 个参数指出要写入的字节数。

(3) 随机访问文件的函数

在 VC++中允许从文件的任何位置开始进行读或写数据,这种读写称为文件的随机访问。在文件流类的基类中定义了几个支持文件随机访问的成员函数,如下:

istream & istream∷seekg(streampos);　　　　//将输入文件中指针移动到指定的位置

istream & istream∷seekg(streamoff(位移量),ios∷seek_dir(参照位置));

　　　　　　　　　　　　　　　　　　　//以参照位置为基础移动若干字节

streampos & istream∷tellg();　　　　　　　//返回输入文件指针的当前位置

ostream & ostream∷seekp(streampos);　　　 //将输出文件中指针移动到指定的位置

ostream & ostream∷seekp(streamoff(位移量),ios∷seek_dir(参照位置));

　　　　　　　　　　　　　　　　　　　//以参照位置为基础移动若干字节

streampos ostream∷tellp();　　　　　　　　//返回输出文件指针的当前位置

其中,参照位置为:

ios∷beg　　　　　　　　　　　　　　　　//文件开头,这是默认的

ios∷cur　　　　　　　　　　　　　　　　//指针当前位置(cur 是 current 的缩写)

ios∷end　　　　　　　　　　　　　　　　//文件末尾

【典型例题】

【例 1】　关于 read()函数的下列描述中,正确的是_____。

A. 该函数只能从键盘输入中获取字符串

B. 该函数所获取的字符多少是不受限制的

C. 该函数只能用于文本文件的操作中

D. 该函数只能按规定读取所指定的字符数

分析:read 函数不仅可以从键盘输入中读取字符,也可以从任意输入流中获取信息,而且 read 函数不仅可以用于文本文件,也可以用于二进制文件。read 函数的使用格式是:read(char ＊ buf,int size);其中,buf 用来存放读取到的字符指针或字符数组,size 用来指定从输入流中读取字符的个数。

答案:D

【例 2】　下列表达式错误的是_____。

A. cout<<setw(5)　　　　　　　　　　 B. cout<<fill('＃')

C. cout.setf(ios∷upprecase)　　　　　 D. cout.fill('＃')

分析:VC++中对输入/输出的格式控制可以通过下述 3 种方式实现:

(1) 使用成员函数设置标志字。例如:cout.setf(ios∷upprecase);

(2) 使用格式输出函数。例如:cout.fill('＃');

(3) 使用流类库定义的操作函数。例如:cout<<setw(5);

答案:B

【例3】 流插入运算符的参数是 ___(1)___ ,返回 ___(2)___ 。

答案：(1) 对 ostream 对象的引用和对自定义类型对象的引用

    (2) 对 ostream 对象的引用

【例4】 下面的程序用于统计文件 text、txt 中的字符个数，请完善程序。

```
#include <iostream. h>
#include <fstream. h>
#include <stdlib. h>
void main(){
    fstream file;
    file. open("D:\\cpp\\test. txt",ios::in);
    if( (1) ){
        cout<<"test. txt cannot open!\n";
        abort();
    }
    char ch;
    int i=0;
    while(!file. eof()){
        (2) ;
        (3) ;
    }
    cout<<"文件字符个数： "<<i<<endl;
    (4) ;
}
```

分析：该程序首先建立一个输入/输出文件流类的对象 file，并通过该对象调用 open() 成员函数打开文本文件 test. txt，程序中的 if 语句对文件打开成功与否进行验证，即条件 !file 是否成立，而 while 语句是具体对文件中的字符进行逐个统计。在程序最后，还要关闭该文件。

答案：(1) !file  (2) file. get(ch)  (3) i++  (4) file. close()

【例5】 编写一个程序，采用"<<"运算符重载函数的设计方法显示一个数组(3×4)中的元素值。

分析：在"<<"运算符重载函数中，可以使用标准"<<"运算符将数组的各个元素直接显示在屏幕上。

编程实现：

```
#include <iostream. h>
#include <iomanip. h>
const int S=4;
const int K=3;
class Array{
    int A[S][K];
```

```
public：
    Array(int b[S][K]){
      for(int i=0;i<S;i++)
        for(int j=0;j<K;j++)
          A[i][j]=b[i][j];
    }
    friend ostream & operator <<(ostream &out,Array &a);
};
ostream & operator <<(ostream &out,Array &a){
    out<<"输出结果:\n";
    for(int i=0;i<S;i++){
        for(int j=0;j<K;j++)
            out<<setw(6)<<a. A[i][j];
        out<< '\n';
    }
    return out;
}
void main(){
    int a[S][K]={1,3,5,9,11,13,15,17,19,21,23,25};
    Array A(a);
    cout<<A;
}
```

调试与运行结果：

```
1     3     5
9     11    13
15    17    19
21    23    25
```

## 二、章节测试题

1. 选择题

(1) 下面关于 ios 类的叙述中,正确的是_____。

A. 它是 istream 类和 ostream 类的虚基类

B. 它只是 istream 类的虚基类

C. 它只是 ostream 类的虚基类

D. 它只是 iostream 类的虚基类

(2) VC++风格的源程序文件包含的输入/输出头文件为_____。

A. stdio. h                      B. stdafx. h

C. iostream                      D. stream. h

(3) VC++语言本身没有定义 I/O 操作,但 I/O 操作包含在 VC++实现中,VC++标准库 iostream 提供了基本的 I/O 类,I/O 操作分别由两个类 istream 和 ___(1)___ 提供,由它们派生出一个类 ___(2)___,提供双向 I/O 操作。

  A. stream    B. iostream    C. ostream    D. cin

  (4) cout 是 I/O 流库预定义的_____。

  A. 类    B. 对象    C. 包含文件    D. 常量

  (5) cin 是 ___(1)___ 的一个对象,处理标准输入;cout. cerr 和 clog 是 ___(2)___ 的对象,cout 处理标准输出,cerr 和 clog 都处理标准出错信息,只是 ___(3)___ 输出不带缓冲, ___(4)___ 输出带缓冲。

  A. istream    B. ostream    C. cerr    D. clog

  (6) 下列输出字符'A'的方法中,错误的是_____。

  A. cout<<put('A');        B. cout<< 'A';

  C. cout. put('A');        D. char A='A';cout<<A;

  (7) 若已知 char str[20];有语句 cin>>str;当输入为:This is a program 时,所得结果是 str=_____。

  A. This is a program       B. This

  C. This is          D. This is a

  (8) 关于 getline()函数的下列描述中,错误的是_____。

  A. 该函数可以用来从键盘上读取字符串

  B. 该函数读取的字符串长度是受限制的

  C. 该函数读取字符时,遇到终止符时便停止

  D. 该函数中所使用的终止符只能是换行符

  (9) 在 ios 中提供格式控制的标志中,_____是转换为十六进制形式的标志位。

  A. hex    B. oct    C. dec    D. left

  (10) 控制格式输入/输出的操作算子(对象)中,_____是设置域宽的。

  A. ws    B. oct    C. setfile(int)    D. setw(int)

  (11) 在下面格式化命令的解释中,错误的是_____。

  A. ios::skipws         跳过输入中的空白字符

  B. ios::showpow        标明浮点数的小数点和后面的零

  C. ios::fill()         读当前填充字符(缺省值为空)

  D. ios::precision()       读当前浮点数精度(缺省值为 6)

  (12) 在 VC++中,打开一个文件,就是将这个文件与一个_____建立关联,关闭一个文件,就是取消这种关联。

  A. 类    B. 流    C. 对象    D. 结构

  (13) 文件的 I/O 由 ___(1)___、___(2)___ 和 ___(3)___ 3 个类提供,___(4)___ 是 istream 的派生类,处理文件输入;___(5)___ 是 ostream 的派生类,处理文件输出;___(6)___ 是 iostream 的派生类,可以同时处理文件的输入和输出。

  A. ifstream    B. ofstream    C. fstream    D. fstream. h

  (14) 磁盘文件操作中,打开磁盘文件的访问方式常量中,_____是以追加方式打开文件的。

A. in　　　　　　　　B. out　　　　　　　　C. app　　　　　　　　D. ate

（15）下列函数中，_____是对文件进行写操作的。

A. get　　　　　　　　B. read　　　　　　　　C. seekg　　　　　　　　D. put

（16）当使用 ifstream 流类定义一个对象并打开一个磁盘文件时，文件隐含打开方式为_____。

A. ios::in

B. ios::out

C. ios::in|ios::out

D. ios::binary

（17）若 C 盘不存在文件 b.dat，则下列程序的运行结果是_____。

```
#include <fstream.h>
void f(){
    ofstream myfile("c:\b.dat");
    if(!myfile)cout<<"no";
    else myfile<<"my file";
}
void main(){f();}
```

A. no　　　　　　　　B. my file　　　　　　　　C. 不确定　　　　　　　　D. 有语法错误

（18）下列选项中，用于清除基数格式位设置以十六进制输出的语句是_____。

A. cout<<setf(ios::dec,ios::basefield);

B. cout<<setf(ios::hex,ios::basefield);

C. cout<<setf(ios::oct,ios::basefield);

D. cin>>setf(ios::hex,ios::basefield);

（19）要求打开文件 D:\file.dat，可写入数据，正确的语句是_____。

A. ifstream infile("D:\file.dat",ios::in);

B. ifstream infile("D:\\file.dat",ios::in);

C. ofstream infile("D:\file.dat",ios::out);

D. fstream infile("D:\\file.dat",ios::in|ios::out);

（20）假定已定义浮点型变量 data，以二进制方式把 data 的值写入输出文件流对象 outfile 中去，正确的语句是_____。

A. outfile.write((float * )&data,sizeof(float));

B. outfile.write((float * )&data,data);

C. outfile.write((char * )&data,sizeof(float));

D. outfile.write((char * )&data,data);

2. 填空题

（1）在 VC++流类库中，根基类为_____。

（2）大多数 VC++程序都要包含_____头文件，该文件中包含了所有输入/输出流操作所需要的基本信息。

（3）类__(1)__支持输入操作，类__(2)__支持输出操作。

（4）与系统中标准设备对应的 4 个对象是__(1)__、__(2)__、__(3)__和__(4)__。

（5）标准错误流的输出发送给流对象__(1)__和__(2)__，它们的区别在于__(3)__。

(6) 流插入运算符是__(1)__,流提取运算符是__(2)__。

(7) 类 ostream 的成员函数__(1)__用于执行无格式输出,成员函数__(2)__用于输出单个字符。

(8) 重载运算符函数 operator>>的一般格式为_____。

(9) 能够设置的格式对齐位包括__(1)__、__(2)__和__(3)__。

(10) 流操作算子(对象)__(1)__、__(2)__和__(3)__分别指定整数按八进制、十六进制和十进制格式显示。

(11) 文件操作的 3 个步骤为先__(1)__,然后__(2)__,最后还必须__(3)__。

(12) 在 VC++中要进行读文件操作,则在程序中应包含文件__(1)__或__(2)__;如果要进行写文件操作,则在程序中应包含文件__(3)__或__(4)__。

(13) 在 VC++中进行磁盘文件处理时,缺省打开的文件类型为_____。

(14) 按注释提示完成文件复制的程序,写出__(1)__和__(2)__处的代码。

```java
//FileStream 源代码如下:
import java.io. * ;
class FileStream {
public static void main(String args []) {
try {
File inFile =new File("file1. txt");        //指定源文件
File outFile =new File("file2. txt");       //指定目标文件
FileInputStream fis =  (1)  ;
FileOutputStream fos =new FileOutputStream(outFile);
int c;
                                //逐字节从源文件中输入,再输出到 fos 流
while ((c =fis. read ())!=-1)
  (2)  ;
Fis. close();
Fos. close();
}
catch (Exception e) {
System. out. println("FileStreamsTest:"+e);
}
}
}
```

(15) 下面的程序创建了一个文件输出流对象,用来向文件 test. txt 中输出数据,假设程序当前目录下不存在文件 test. txt,编译下面的程序 Test. java 后,将该程序运行 3 次,则文件 test. txt 的内容是_____。

```java
import java.io. * ;
public class Test {
public static void main(String args[]) {
```

```
try {
String s="ABCDE";
byte b[]=s.getBytes();
FileOutputStream file=new FileOutputStream("test.txt",true);
File.write(b);
File.close();
}
catch(IOException e) {
System.out.println(e.toString());
  }
    }
}
```

(16) 将下列程序补充完整。

```
#include <iostream.h>
#include <fstream.h>
#include   (1)
  (2)   amount=80;
void main(){
  char buff[amount];
  ifstream in("D:\\cpp\\test.txt");
  if(   (3)   ){
    cout<<"Can't open the file test.txt."<<endl;
    abort();
  }
  int i=1;
  while(in.getline(   (4)   )){
    cout<<i<<" : "<<buff<<endl;
    i++;
  }
}
```

如果文件 test.txt 的内容为：

Good Morning!

Good Night!

Good Lunky!

则程序的运行结果是   (5)   。

(17) 下列程序将一个结构体数组内容写入二进制文件后再读出并在屏幕输出。请将程序补充完整。

```
#include<iostream.h>
#include<fstream.h>
```

```
#include<stdlib. h>
struct student {
  char name[12];
  char sex[4];
  floatpoint;
};
void main(){
student stu[3]={"zhang","男",90,5,"li","男",99,5,"feng","女",92,5};
fstream infile,outfile;
outfile. open("file. dat",ios::out|ios::binary);
for(int I=0;I<3;I++)outfile. write((char * )&st[I],sizeof(st[I]));
    (1)   ;
infile. open("file. dat",ios::in|ios::binary);
for(I=0;I<3;I++){
    infile. read((char * )&st[I],sizeof(st[I]));
    cout<<st[I]. name<< '\t'<<st[I]. sex<< '\t'<<st[I]. score<< '\n';
}
    (2)   ;
}
```

(18) 阅读下面的程序,并回答问题。

```
import java. io. * ;
public class Test {
public static void main(String args[]) throws IOException {
    BufferedReader buf=new BufferedReader(
        new InputStreamReader(System. in));
while(true) {
    String   str=buf. readLine();
if(str. equals("quit"))
    break;
    int x=Integer. parseInt(str);
System. out. println(x * x);
}
}
}
```

编译运行上面的程序:

从键盘输入 5,回车后输出的结果如何?

从键盘输入 quit,回车后程序执行情况如何?

### 三、上机实践

1. 上机实践要求

（1）掌握流的格式控制形式；

（2）熟练掌握文件的打开、读/写和关闭操作。

2. 上机实践内容

[编程]

（1）将一个结构体数组内容写入二进制文件后再读出并屏幕输出。

（2）设 d 盘上文本文件 abc. dat 中保存有 0～100 之间所有奇数，请设计一个程序，将全部数据及其和输出至屏幕上。

（3）请编写程序，程序的功能是从键盘输入 8 个整数至数组 s[8]中，然后再把该数组中的元素输出到 d 盘的 ch9. txt 文件中。

# 第三章 基础算法设计

**【算法一】**：数据交换。

**【代码】**：

```cpp
#include <iostream.h>
void    sw(int &a,int &b)
{
    int    t=a;
    a=b;
    b=t;
}
```

**【算法二】**：求两个数的最大公约数和最小公倍数。

**【代码】**：

```cpp
#include <iostream.h>
int max(int x,int y)                        //定义方法求最大公约数
{
int t;
do{
t=x%y;
x=y;
y=t;
}
while(t!=0);
return x;
}
int min(int x,int y){                       //定义一个函数求最小公倍数
return x*y/max(x,y);
}
void main()
{
int m,n;
cout<<"请输入两个整数:"<<endl;
cin>>m>>n;
cout<<m<<"和 "<<n<<" 的最大公约数为:"<<max(m,n)<<endl;
```

```
cout<<m<<"和 "<<n<<" 的最小公倍数为:"<<min(m,n)<<endl;
}
```

【说明】:

(1) 无须判断 x,y 的大小,因为在 gys 方法中循环时,会自动交换数据。

(2) max()函数循环结束后,x 的值即为最大公约数。

(3) 最小公倍数是:x * y/max()。

【实践】:

编写一个程序求分数相减,要求其结果为最简形式,如 1/2-3/14=2/7。

【算法三】:判断一个三位数是不是水仙花数。水仙花数是指一个 n 位数(n≥3),它的每位上的数字的 n 次幂之和等于它本身(例如:1^3 +5^3+3^3 =153)。

【代码】:

```cpp
#include <iostream>
#include <cmath>
using namespace std;
int main(){
int x,a,b,c;
cout<<"请输入一个三位数"<<endl;
cin>>x;
a=x/100;
b=(x-a*100)/10;
c=x%10;
if (x==pow(a,3)+pow(b,3)+pow(c,3))
{
cout<<x<<"是水仙花数!"<<endl;
}
else
{
cout<<x<<"不是水仙花数!"<<endl;
}
}
```

【说明】:

(1) 先通过取整和求余取到三个数的个、十、百三个数字。

(2) 通过 pow()函数判断是否满足条件。

【实践】:

试求出 100~999 中的所有水仙花数。

【算法四】:累加法计算:1+2+3+…+99 的值。

【代码】:

```
#include <iostream.h>
void main(){
{
    int i=1,s=0;
    while(i<=100)
    {
        s+=i;
        i++;
    }
cout<<"1+2+3+…+99="<<s<<endl;
    }
}
```

**【说明】：**

运用循环语句进行累加。

**【实践】：**

题目要求不变，用 for 循环和 do…while 循环求和。

**【算法五】：** 判断一个整数 m 是不是完数。

**【代码】：**

```
#include <iostream.h>
void main(){
    int s,i,m;
    cout<<"请输入一个整数："<<endl;
    cin>>m;
    for(s=1,i=2;i<=m/2;i++)
    {
        if(m%i==0)
            s+=i;
    }
if(s==i)
    cout<<i<<"是完数"<<endl;
else
    cout<<i<<"不是完数"<<endl;
}
```

**【说明】：**

通过是否被整除求出 m 所有的因数，然后再累加进行判断是否为完数。

**【实践】：**

通过次方法求出 1000 内的所有完数。

**【算法六】**：交换实数 a 和 b。

**【代码】**：

```
void swap(float a,float b)
{
    float t=a;
a=b;
b=t;
}
```

**【说明】**：

通过引入一个新的变量来实现两个数的交换。

**【实践】**：

试着在不引入新的变量的前提下，实现两个数的交换。

**【算法七】**：求一个整数的各位数之和。

**【代码】**：

```
#include <iostream>
using namespace std;
    int sum(int m)
    {
        int s=0;
        for(int i=1;m>0;i++)
        {
            s+=(m%10);
            m=m/10;
}
        return s;
}
int main()
{
    int n,A;
    cout<<"输入一个整数:";
    cin>>n;
    A=sum(n);
    cout<<"该整数的各位数之和为:"<<A<<endl;
}
```

**【说明】**：

通过 m 对 10 的求余，来求得末位数，然后再通过 m 对 10 的取整来赋值给新的 m。通过 for 循环实现对 m 的连续求余。

**【实践】**：

试编程输出一个整数中各位数最大的一个数。例,1364,输出的应是 6。

【算法八】:判断同构数。同构数为该数本身出现在它的平方数的右边,如 5 是 25 右边的数,25 是 625 右边的数。

【代码】:

```
#include<iostream>
int main()
{
    for(int i=1,s;i<100;i++)
    {
s=i*i;
if(s<10&&i==s)
    cout<<i<<"是同构数,"<<i<<"^2="<<s<<endl;
    else if(s<100&&i==s%10)
        cout<<i<<"是同构数,"<<i<<"^2="<<s<<endl;
        else if(s<1000&&i==s%100)
            cout<<i<<"是同构数"<<i<<"^2="<<s<<endl;
}
}
```

【说明】:

先根据 i 求出 s,然后再判断 s 的值。

【实践】:

试写出 1~1000 之间的回文数。设 n 是一任意自然数,若将 n 的各位数字反向排列所得自然数 n1 与 n 相等,则称 n 为一回文数。例如,n=1234321。

【算法九】:判断降序数。降序数是指自然数的低位数字不大于高位数字的数。例,321,55,91…

【代码】:

```
#include <iostream.h>
int drop(int n)
{
    int m=n%10,p;
    while(n>=10)
    {
    n/=10;
    p=n%10;
if(p>=m)
    m=p;
    else return 0;
```

```
    }
  return 1;
}
int main(void)
{
    int n;
    cout<<"请输入一个自然数:";
    cin>>n;
    if(drop(n))
        cout<<n<<"是降序数!\n";
    else
        cout<<n<<"不是降序数!\n";
}
```

【说明】:

运用求余和整除来求出自然数的各位数。

【实践】:

利用次方法,试判断一个数是否为升序数。


【算法十】:判断是否为素数。素数:又称质数,在大于 1 的自然数中除了 1 和它本身意外不再有其他的因数。

【代码】:

```
#include<iostream.h>
#include<math.h>
void main(void)
{
    int m,i,j;
    cout<<"请输入一个大于 1 的正整数";
    cin>>x;
    for(i=2,j=(int)sprt(m);i<=j;j++)
      if(m%i==0)
        break;
      if(i>j)
        cout<<m<<"是素数!\n";
      else
        cout<<m<<"不是素数!\n";
}
```

【说明】:

用 sprt 开方函数,可以减少循环的次数。

【实践】:

试求出 1000 以内的所有素数并输出。

**【算法十一】**：求 1!+2!+3!+…+100!的值。

**【说明】**：

通过循环 i++实现阶乘,再把阶乘的值赋给 m 然后叠加传给 j。

**【实践】**：

计算：1!+2!-3!+4!-…+100! 的值。

**【算法十二】**：递归法计算 1+2+3+…+100 的值。

**【代码】**：

```cpp
#include<iostream. h>
long  int  a(long  i)
{
  if(i==1)
  {
    return  1;
  }
else
{
  return i+a(i-1) ;
}
}
int   main()
{
  long   int   num=0;
  int i;
  cin>>i;
  num=a(i);
  cout<<num<<endl;
  return 0;
}
```

**【说明】**：

写好递归的注意点：

(1) 元素和相邻元素的关系,即 N 和 N-1 之间的表达式。

(2) 边缘的条件。递归总有个点,例如当 n 等于 1 的时候,结果为 1。

(3) 条件判断。判断是否到达边缘条件,如果到达,直接返回边缘条件的值,否则返回关系表达式。

**【实践】**：

试用递归计算 1!+2!+…+100!的值。

**【算法十三】**:求 f(x)=x^4-x-1 在(0.5,2)内的一个实根,使误差不超过 0.005。

**【代码】**:

```cpp
#include<iostream>
#include<cmath>
using namespace std;
float   f(float   x)
{
   return   x*x*x*x-x-1;
}
int main()
{
   float a,b,c,x;
   cin>>a>>b>>c;
   while(fabs(b-a)>=c)                    //fabs 是绝对值函数
   {
   x=(a+b)/2;
   if(f(a)*f(x)<0)
   {
      b=x;
   }
else
{
   a=x;
}
}
cout<<"满足要求的值是:"<<x<<endl;
}
```

**【说明】**:

(1)a 和 b 是区间两端点的值,c 是误差。

(2)通过二分法一步步地接近值。

**【实践】**:

用二分法求 f(x)=x^3-2x-5 在区间(1,5)之间的根。

**【算法十四】**:求一个自然数的素数因子(质因子)。例:126=2*3*3*7。

**【代码】**:

```cpp
#include<iostream.h>
void f(int k){
   cout<<k<<"=";
   int i=2,n=0;
```

```
    while(k!=1)
      {
      if(k%i==0)
      {
      n++;
      if(n>1)
      {
cout<<" * ";
cout<<i;
k/=i;
}
else {
  i++;
}
}
}
}
int main()
{
  int   k;
  cout<<"请输入一个自然数：";
  cin>>k;
  f(k);
}
```

【说明】：

通过循环中的自加，逐一找出所有的因子并输出。

【算法十五】：斐波那契数列。

【代码】：

```
#include<iostream. h>
void main()
{
    int fib[20]={0,1};
    for(int i=2;i<20;i++)
    fib[i]=fib[i-1]+fib[i-2];
    int i=0;
    for(i=0;i<20;i++)
    {
    cout<<fib[i]<<"   ";
```

```
        }
    }
```

【说明】：

在数学上，斐波纳契数列被以递归的方法定义：$F(0)=0$，$F(1)=1$，$F(n)=F(n-1)+F(n-2)(n>=2,n\in N*)$。所以，先把前两项的值给出；然后通过循环，依次求出每一项。

【算法十六】：给定一维数组 s[]=｛1.0,2.0,4.5,3.1,3.5,5.8.7,7.1,5.9,9.0｝，求数组的最大值和最小值。

【代码】：

```
#include<iostream. h>
void main()
{
double    s[]={1,2,4,3,3.5,5.8,7.1,5.9,9},
        max=s[0],
        min=s[0];
int    length=sizeof(s)/sizeof(double);    //计算出数列的长度
for(int i=1;i<length;i++)
{
   if(s[i]>max)
     max=s[i];
   else if(s[i]<min)
     min=s[i];
}
cout<<"最大数为："<<max<<"    "<<"最小数为："<<min<<endl;
}
```

【说明】：

通过计算出来数组的长度，来循环比较 s[i] 和 max,min 的大小。

【实践】：

计算数列的各元素之和。

【算法十七】：给定数组 a[3][3]=｛1,2,3,4,5,6,7,8,9｝。请正序和倒序输出该输出。

【代码】：

```
#include<iostream. h>
void dx(int a[][3],int n)                //交换数组的各元素
{
    for(int   i=0;i<n;i++)
    for(int   j=i;j<3;j++)
    {
      int t=a[i][j];
```

```
        a[i][j]=a[j][i];
        a[j][i]=t;
    }
}
void main()
{
    int a[3][3]={1,2,3,4,5,6,7,8,9},i,j;
    cout<<"数组 a:\n";
    for(i=0;i<3;i++)
    cout<<'\n';
                for(j=0;j<3;j++)
                  cout<<a[i][j]<<'\t';
                dx(a,3);
                cout<<"交换后的数组 a:\n";
                for(i=0;i<3;i++,cout<<'\n')
                for(j=0;j<3;j++)
                  cout<<a[i][j]<<'\t';
}
```

【说明】:

数组无论是一维还是二维的,都是通过这种循环来取值、查找的。

【实践】:

计算该二维数组的平均值。


【算法十八】:手动输入一数组并对该数组进行升序排列。

【代码】:

```
#include<iostream. h>
void px(int arr[],int s)
{
    int   min,t;
    for(int i=0;i<s-1;i++)
    {
    min=i;
    for(int j=i+1;j<s;j++)
      if(arr[j]<arr[min])
      min=j;
      if(min!=i)
      {
      t=arr[i];
      arr[i]=arr[min];
```

```
        arr[min]=t;
    }
  }
}
void main()
{
  int a[10];
  cout<<"请输入十个整数:\n";
  int i;
  for(i=0;i<10;i++)
  cin>>a[i];
  px(a,10);
  for(i=0;i<10;i++)
  cout<<a[i]<<"   ";
}
```

【说明】：

通过循环比较，如果 arr[j]<arr[min]，就交换两个值。

【实践】：

输入任意十个整数，按降序排序，再输入一个整数插入至此数列，使数列保持降序。


【算法十九】：冒泡排序法。

【代码】：

```
void BS(int *a,int Count)
{
    int temp;
    for(int i=1;i<Count;i++)
      for(int j=Count-1;j>i;j--)
      {
    temp=a[j];
    a[j]=a[j-1];
    a[j-1]=temp;
  }
}
```

【说明】：

通过两层 for 循环，外层循环每循环一次，最小的值就会移动到最前面。

【实践】：

试用冒泡法对给定数组 arr[8]={3,1,4,6,2,7,9,5}降序输出。


【算法二十】：交换排序法。

【代码】：

```
void   ecs(int * a,int Count)
{
    int temp；
    for(int   i=0;i<Count-1;i++)
      for(int   j=i+1;j<Count;j++)
         {
if(a[j]<a[i])
{
temp=a[j];
a[j]=a[i];
a[i]=temp;
}
}
}
```

【说明】：

也是通过两层循环,但比较的是 a[i]和 a[j]的大小。

【实践】：

试用交换排序法对给定数组 arr[8]={3,1,4,6,2,7,9,5}降序输出。

【算法二十一】：选择排序法。

【代码】：

```
void   sts(int   * a,int   Count)
{
int   temp;
int   p;
for(int   i=0;i<Count;i++)
{
temp=a[i];
p=i;
for(int j=i+1;j<Count;j++)
if(a[j]<temp)
{
temp=a[j];
p=j;
}
    a[p]=a[i];
    a[i]=temp;
}
```

```
}
```

【说明】:

temp 用来存储值,p 用来存储下标。选择排序法就是用第一个元素和最小的元素交换。下标交换赋值,记录当前最小元素的下标位置。

【实践】:

试用选择排序法对给定数组 arr[8]={3,1,4,6,2,7,9,5}降序输出。

## 【算法二十二】:插入排序法。

【代码】:

```
void   ins(int * a,int Count)
{
int temp;
int   p;
for(int i=1;i<Count;i++)                //执行插入的次数
{
temp=a[i];                              //要插入的元素
p=i-1;
while(p>=0&&temp<a[p])
{
a[p+1]=a[p];                            //将前一元素后移一位
p--;
}
    a[p+1]=temp;
}
}
```

【说明】:

通过 for 循环控制插入的次数,然后 while 循环来实现插入。

【实践】:

试用插入排序法对给定数组 arr[8]={3,1,4,6,2,7,9,5}降序输出。

## 【算法二十三】:希尔排序法。

【代码】:

```
void   sls(int   arr[],int   n)          //此时的 n 为数组的个数
{
int   temp;
int   p;
int   d=n;                               //增量初值
do
{
```

```
    d=d/3+1;
    for(int   i=d;i<n;i++)
{
    temp=arr[i];
    p=i-d;
    while(p>=0 && temp<arr[p])         //实现增量为 d 的插入排序
    {
    arr[p+d]=arr[p];
    p-=d;
}
arr[p+d]=temp;
}
}
while(d>1);
}
```

【说明】：

希尔排序法和插入排序有点类似,希尔排序是将原数组分成几个子序列分别插入排序。

【实践】：

试用希尔排序法对给定数组 arr[8]={3,1,4,6,2,7,9,5}降序输出。

【算法二十四】：求 $Sn=a+aa+aaa+\cdots+aa\cdots a$,其中 a 是数字。例如:$2+22+222+\cdots+22\cdots2$

当 n=5 时,输出 Sn,此时的 n 手动输入。

【代码】：

```
#include<iostream. h>
void main()
    {
    double   a,Sn=0.0,s=0.0;
    int n,i;
    cout<<"请输入一个自然数";
    cin>>a;
    cout<<"请输入一个自然数";
    cin>>n;
    Sn=a;
    s=a;
    for(i=2;i<n;i++)
    {
    s=s*10+a;
    Sn+=s;
```

```
}
cout<<"Sn="<<Sn<<endl；
}
```

【说明】：

主要是考察对循环与累加的总和应用。

【实践】：

一皮球从 200 米高空自由下落,每次落地弹起的高度是原高度的一半,再下落。求它在第十次落地时,共经过了多少米? 第十次反弹多高?

【算法二十五】:给出年月日,计算该日是该年的第几天。

【代码】：

```
#include<iostream. h>
int   lead(int)；
int main()
{
  int   ly,year,month,date,i,s=0；
  cout<<"请分别输入年月日"；
  cin>>year>>month>>date；
  int   a[12]={31,0,31,30,31,30,31,31,30,31,30,31}；
  ly=lead(year)；
  if(ly==1)
    a[1]=29；                    //闰年
  else
    a[1]=28；
  for(i=0;i<month-1;i++)
  s+=a[i]；
  s+=date；
  cout<<"你输入的日期是当年的第"<<s<<"天"<<endl；
}
int   lead(int y)                //判断是否为闰年
{
  if((y%4==0&&y%100!=0)||(y%400==0))

    return   1；
  else
    return   0；
}
```

【说明】：

数组,累加和循环的综合应用。

【实践】：

编写程序，通过实参传来一字符串，统计此字符串中的字母、数字、空格和其他字符串的个数，并在主函数中输入字符串以及输出结果。

**【算法二十六】**：写一函数，将两个字符串连接。

**【代码】**：

```
#include<iostream. h>
#include<string. h>
void main(){
const    int    s=100;
char    a[s],b[s];
cout<<"请输入两个字符串"<<endl;
cin. getline(a,s);
cin. getline(b,s);
string(a,b);
cout<<"a="<<a<<endl;
}
```

**【说明】**：

运用函数 strcat()直接将两个字符串链接在一起。

**【实践】**：

写一函数，将一歌字符串的元音字母复制到另一个字符串，然后输出。

**【算法二十七】**：编写一程序，将两字符串连接起来，不要用 strcat 函数。

**【代码】**：

```
#include<iostream. h>
#include<string>
void scat(char * ,char * );
void main() {
    const    int    s=100;
    char    a[s]="Love";
    char    b[s]="Shut";
    cout<<"a="<<a<<" b="<<b<<endl;
    scat(a,b);
    cout<<"a="<<a<<"after link a and b"<<endl;
}
void scat(char * p,char * q)
{
    while( * p!='\0')                    //确定数组 a 的插入位置
    {
```

```
        p++;
}

    while( * q!= '\0')
    {
     * p= * q;
        p++;
        q++;
    }
}
```

【说明】：

确定 a 的位置，然后 p+1 来存储 b，之后依次循环存储。

【实践】：

打印"魔方阵"。所谓魔方阵是指它的每一行、每一列和对角线之和均相等。例如：三阶魔方阵：

```
8  1  6
3  5  7
4  9  2
```

# 第四章　计算机信息技术复习习题

## 第一节　信息技术概论

（1）下列有关信息系统的叙述中，错误的是＿＿＿＿＿＿＿。

A. 电话是一种双向的、点对点的、以信息交互为主要目的的系统

B. 网络聊天是一种双向的、以信息交互为目的的系统

C. 广播是一种双向的、点到多的信息交互系统

D. Internet 是一种跨越全球的多功能信息系统

（2）信息技术指的是用来扩展人的信息器官、协助人们进行信息处理的一类技术。在下列基本信息技术中，用于扩展人的效应器官功能的是＿＿＿＿＿＿＿。

A. 感测与识别技术　　　　　　　　　B. 计算与处理技术

C. 通信与存储技术　　　　　　　　　D. 控制与显示技术

（3）集成电路是微电子技术的核心。它的分类标准有很多种，其中数字集成电路和模拟集成电路是按照＿＿＿＿＿＿＿来分类的。

A. 晶体管结构、电路和工艺　　　　　B. 信号的形式

C. 集成电路的功能　　　　　　　　　D. 集成电路的用途

（4）下列关于集成电路的叙述错误的是＿＿＿＿＿＿＿。

A. 微电子技术以集成电路为核心

B. 现代集成电路使用的半导体材料通常是硅或砷化镓

C. 集成电路根据它所包含的晶体管数目可分为小规模、中规模、大规模、超大规模和极大规模集成电路

D. 集成电路使用的材料都是半导体硅材料

（5）微电子技术是以集成电路为核心的电子技术。下列关于集成电路（IC）的叙述中，正确的是＿＿＿＿＿＿＿。

A. 集成电路的发展导致了晶体管的发明

B. 现代计算机的 CPU 均是超大规模集成电路

C. 小规模集成电路通常以功能部件、子系统为集成对象

D. 所有的集成电路均为数字集成电路

（6）微电子技术是现代信息技术的基础之一，而微电子技术又以集成电路为核心。下列关于集成电路（IC）的叙述中，错误的是＿＿＿＿＿＿＿。

A. 集成电路是 20 世纪 50 年代出现的

B. 集成电路的工作速度主要取决于组成逻辑门电路的晶体管的尺寸

C. 集成电路将永远遵循 Moore 定律

D. 现代 PC 机所使用的电子元件都是超大规模和极大规模集成电路

（7）集成电路的主要制造流程是_____。

A. 硅抛光片—晶圆—芯片—成品测试—集成电路

B. 晶圆—硅抛光片—成品测试—芯片—集成电路

C. 硅抛光片—芯片—晶圆—成品测试—集成电路

D. 硅抛光片—芯片—成品测试—晶圆—集成电路

（8）无线电波有四种，分别是中波、短波、超短波和微波。其中关于短波的叙述正确的是_____。

A. 沿地面传播，绕射能力强，适用于广播和海上通信

B. 和超短波一样绕射能力很好，但不可作为视距或超视距中继通信

C. 具有极高频率的电磁波，波长很短，主要是直线传播，也可以从物体上反射

D. 具有较强的电离层反射能力，适用于环球通信

（9）下列_____不属于通信三要素。

A. 信源　　　　　　B. 信宿　　　　　　C. 信道　　　　　　D. 电信

（10）移动通信系统中关于基站的叙述正确的是_____。

A. 基站是移动的通信终端，它是无线信号的接收机，包括手机、呼机、无绳电话等

B. 固定收发机，负责与一个特定区域的所有移动台进行通信

C. 在整个移动通信系统中作用不大，因此可以省略

D. 多个基站相互分割，彼此各不相干

（11）关于 GSM 和 CDMA，下列说法错误的是_____。

A. GSM 和 CDMA 各有其优缺点

B. CDMA 可以与模拟网互相漫游

C. GSM 容量比 CDMA 大

D. 新推出的"世纪风"，可以在 GSM 和 CDMA 之间自动切换，实现真正的全球漫游

（12）通信技术的发展促进了信息的传播。下列有关通信与通信技术的叙述中，错误的是_____。

A. 通信系统必有"三要素"，即信源、信号与信宿

B. 现代通信指的是使用电（光）波传递信息的技术

C. 数据通信指的是计算机等数字设备之间的通信

D. 调制技术主要分为三种，即调幅、调频和调相

（13）多路复用技术和交换技术的发展极大地提高了通信线路的利用率。下列的一些叙述中，错误的是_____。

A. 数字传输技术采用的多路复用技术是时分多路复用技术

B. 目前有线电视采用频分多路复用技术在同一电缆上传输多套电视节目

C. 交换技术主要有两种类型，即电路交换和分组交换

D. 采用分组交换技术传递信息的速度比采用电路交换技术快

（14）下面关于时分多路复用的叙述错误的是_____。

A. 同步时分多路复用为每个终端分配一个固定时间片，虽然简单，但效率不高

B. 多路数据传输合用一条传输线，提高了传输线路的利用率

C. 异步时分多路复用给有数据要发送的终端分配时间片

D. 同步时分多路复用时必须附加上发送地址和目的地地址

(15) 下面对于交换技术的说法中，正确的是_____。

A. 交换技术只有电路交换和分组交换两种

B. 分组交换适合远距离成批数据传输

C. 电路交换采用存储转发方式传输数据

D. 目前广域网中普遍采用的交换技术是分组交换

(16) 计算机技术对人类社会进步与发展产生了巨大的影响，其作用不包括_____。

A. 可以互联互通，进行信息交流与共享等

B. 提供了人类创造文化的新工具

C. 增添了人类发展科学技术的新手段

D. 计算机的出现开拓了人类认识自然、改造自然的新资源

(17) 电子计算机工作最重要的特征是_____。

A. 高速度                            B. 高精度

C. 存储程序自动控制                  D. 记忆力强

(18) 计算机中组成二进制信息的最小单位是_____。

A. 比特            B. 字节            C. 字            D. 位组

(19) 关于定点数与浮点数的叙述中错误的是_____。

A. 不带符号的整数一定是正整数

B. 整数是实数的特例，也可以用浮点数表示

C. 带符号的整数一定是负整数

D. 相同长度的浮点数和定点数，前者可表示的数的范围要比后者大得多

(20) 英文字母"C"的十进制 ASCII 码值为 67，则英文字母"G"的十六进制 ASCII 码值为_____。

A. (01111000)                       B. (01000111)

C. (01011000)                       D. (01000011)

(21) 下列有关"权值"的表述正确的是_____。

A. 权值是指某一数字符号在数的不同位置所表示的值的大小

B. 二进制的权值是"二"，十进制的权值是"十"

C. 权值就是一个数的数值

D. 只有正数才有权值

(22) 下列有关计算机中数值信息表示的叙述中，错误的是_____。

A. 正整数无论是采用原码表示还是补码表示，其编码都是相同的

B. 相同位数的二进制补码和原码，它们能表示的数的个数也是相同的

C. 在实数的浮点表示中，阶码是一个整数

D. 从精度上看，Pentium 处理器支持多种类型的浮点数

(23) 在计算机中，数值为负的整数一般不采用"原码"表示，而是采用"补码"方式表示。若某带符号整数的 8 位补码表示为 1000 0001，则该整数为_____。

A. 129            B. −1            C. −127            D. 127

(24) 有一个数值 311，与十六进制 C9 相等，则该数值是＿＿＿＿＿＿＿数。

A．二进制　　　　　B．八进制　　　　　C．五进制　　　　　D．十六进制

(25) 在计算机科学中，常常要用二进制、八进制、十六进制等表示的数据。对于表达式 1023－377Q＋100H，其运算的结果是＿＿＿＿＿＿＿。

A．1024　　　　　　B．746H　　　　　　C．746Q　　　　　　D．1023

(26) 集成电路可以根据它包含晶体管的数目进行分类，其中中规模集成电路集成度在＿＿＿＿＿＿＿个电子元件。

A．＜100

B．100～3000

C．3000～10 万

D．10 万～100 万

(27) 下面关于集成电路(IC)的叙述中正确的是＿＿＿＿＿＿＿。

A．集成电路是 20 世纪 60 年代出现的

B．集成电路的许多制造工序必须在恒温、恒湿、超洁净的无尘厂房内完成

C．现代微电子技术已经用砷化镓取代了硅

D．集成电路的工作速度与组成逻辑门电路的晶体管尺寸有密切关系，按用途可分为通用和专用两大类。微处理器和存储器芯片都属于专用集成电路

(28) 卫星通信是利用人造地球卫星作为中继站来转发无线电信号、实现地球站之间的通信的。下面关于它的叙述正确的是＿＿＿＿＿＿＿。

A．卫星通信具有弱点，但是随着计算机、微电子技术和小型微型机技术的发展，这些问题将有可能得到解决

B．卫星通信造价比较低，技术也不复杂，可以推广使用

C．卫星通信具有通信距离远、频带宽、容量很大、信号受到的干扰较小、通信稳定、造价低等优点

D．它有两种运行轨道，一种是中轨道，另一种是同步定点轨道

(29) 下列关于有线载波通信的描述中错误的是＿＿＿＿＿＿＿。

A．同轴电缆的信道容量比光纤通信高很多

B．同轴电缆具有良好的传输特性及屏蔽特性

C．传统有线通信系统使用的是电载波通信

D．有线载波通信系统的信源和信宿之间由物理的线路连接

(30) 关于第三代移动通信系统，下列＿＿＿＿＿＿＿不是它的目标。

A．全球漫游

B．提供高质量的多媒体业务

C．具有高保密性

D．不再使用基站、移动电话交换中心和通信卫星

(31) 调制解调器用于电话网上传输数字信号，下列叙述正确的是＿＿＿＿＿＿＿。

(1) 在发送端，将数字信号调制成模拟信号

(2) 在发送端，将模拟信号调制成数字信号

(3) 在接收端，将数字信号解调成模拟型号

(4) 在接收端，将模拟信号解调成数字信号

A．(1)(3)　　　　　B．(2)(4)　　　　　C．(1)(4)　　　　　D．(2)(3)

（32）"计算机辅助设计"的英文缩写是_____。

A. CAD B. CAM C. CAE D. CAT

（33）下列_____不属于计算机信息处理的特点。

A. 极高的处理速度 B. 友善的人机界面

C. 方便而迅速的数据通信 D. 免费提供软硬件

（34）计算机的应用领域可大致分为三个方面,下列答案中正确的是_____。

A. 计算机辅助教学、专家系统、人工智能

B. 工程计算、数据结构、文字处理

C. 实时控制、科学计算、数据处理

C. 数值计算、人工智能、操作系统

（35）与十进制数 254.625 等值的二进制数是_____。

A. 11111110.101 B. 11101111.011

C. 11111011.101 D. 10111110.100

（36）下列四个选项中,按照 ASCII 码值从大到小排列的是_____。

A. 数字、英文大写字母、英文小写字母

B. 数字、英文小写字母、英文大写字母

C. 英文大写字母、英文小写字母、数字

D. 英文小写字母、英文大写字母、数字

（37）计算机中数据的表示形式是_____。

A. 八进制 B. 十进制 C. 二进制 D. 十六进制

（38）下列四条叙述中,正确的一条是_____。

A. 字节通常用英文单词"bit"来表示

B. 目前广泛使用的 Pentium 机其字长为 5 个字节

C. 计算机存储器中将 8 个相邻的二进制位作为一个单位,这种单位称为字节

D. 微型计算机的字长并不一定是字节的倍数

（39）计算机中,一个浮点数由两部分组成,它们是_____。

A. 阶码和尾数 B. 基数和尾数 C. 阶码和基数 D. 整数和小数

（40）$(1.5)_{10}$ 用 Pentium 机的 32 位浮点格式表示,下列_____最为接近。

A. 符号位为 0,偏移阶码为 $(7F)_{16}$,尾数为 $(400000)_{16}$

B. 符号位为 0,偏移阶码为 $(7F)_{16}$,尾数为 $(500000)_{16}$

C. 符号位为 0,偏移阶码为 $(00)_{16}$,尾数为 $(400000)_{16}$

D. 符号位为 0,偏移阶码为 $(00)_{16}$,尾数为 $(500000)_{16}$

# 第二节　计算机组成原理

（1）计算机的存储单元中存储的内容_____。

A. 只能是数据 B. 只能是程序

C. 可以是数据和指令 D. 只能是指令

（2）下面有关计算机的叙述中,正确的是_____。

A. 计算机的主机只包括 CPU

B. 计算机程序必须装载到内存中才能执行

C. 计算机必须具有硬盘才能工作

D. 计算机键盘上字母键的排列方式是随机的

（3）下列叙述中错误的是_____。

A. 内存容量是指微型计算机硬盘所能容纳信息的字节数

B. 微处理器的主要性能指标是字长和主频

C. 微型计算机应避免强磁场的干扰

D. 微型计算机机房湿度不宜过大

（4）在电脑控制的家用电器中，有一块用于控制家用电器工作流程的大规模集成电路芯片，它把处理器、存储器、输入/输出接口电路等都集成在一起，这块芯片是_____。

A. 微处理器　　　　B. 内存条　　　　C. 微控制器　　　　D. ROM

（5）对计算机的性能进行测评时，经常会用 MIPS 来描述计算机的_____。

A. 平均无故障时间　　　　　　　　B. 硬盘的等待时间

C. 平均故障修复时间　　　　　　　D. CPU 的运算速度

（6）CPU 执行每一条指令都需分成若干步，每一步完成一个操作，下面指令执行步骤正确的是_____。

A. 指令译码、预取指令、执行运算、计算地址、回送结果

B. 预取指令、执行运算、指令译码、计算地址、回送结果

C. 预取指令、计算地址、指令译码、执行运算、回送结果

D. 预取指令、指令译码、计算地址、执行运算、回送结果

（7）CPU 正在运行的程序和需要立即处理的数据存放在_____中。

A. 磁盘　　　　　　B. 硬盘　　　　　　C. 内存　　　　　　D. 光盘

（8）在下列有关 CPU（中央处理器）与 Pentium 微处理器的叙述中，错误的是_____。

A. CPU 除包含运算器和控制器以外，一般还包含若干个寄存器

B. CPU 所能执行的全部指令的集合，称为该 CPU 的指令系统

C. Pentium 系列处理器在其发展过程中，其指令系统越来越丰富

D. Pentium 处理器与 Power PC 处理器虽然产自不同的厂商，但其指令系统相互兼容

（9）CPU 是构成微型计算机的最重要部件，下列关于 Pentium 4 的叙述中，错误的是_____。

A. Pentium 4 除运算器、控制器和寄存器之外，还包括 Cache

B. Pentium 4 运算器中有多个 ALU

C. 每一种 CPU 都有它自己独特的一组指令

D. Pentium 4 的主频速度提高 1 倍，PC 机执行程序的速度也相应提高 1 倍

（10）在下列有关 PC 机及 CPU 芯片的叙述中，正确的是_____。

A. 目前 PC 机所用 CPU 芯片均为 Intel 公司生产

B. PC 机只能安装 Windows 操作系统

C. PC 机主板型号与 CPU 型号是一一对应的，不同的主板对应不同的 CPU

D. Pentium MMX 中的"MMX"是"多媒体扩展指令集"的英文缩写

(11) RAM 具有的特点是_____。

A. 海量存储

B. 存储在其中的信息可以永久保存

C. 一旦断电,存储在其上的信息全部消失且无法恢复

D. 存储在其中的数据不能改写

(12) 正在编辑的 Word 文件因断电而丢失信息,原因是_____。

A. 半导体 RAM 中信息因断电而丢失

B. 存储器容量太小

C. 没有执行 Windows 系统的关机操作

D. ROM 中的信息因断电而丢失

(13) 下面关于 BIOS 的叙述中不正确的是_____。

A. BIOS 系统由 POST、自举程序、CMOS 设置程序和基本外围设备大驱动程序组成

B. BIOS 是存放于 ROM 中的一组高级语言程序

C. BIOS 中含有机器工作时部分驱动程序

D. 没有 BIOS 的 PC 机器将不能正常工作

(14) CPU 和存储器芯片分别通过 CPU 插座和存储器插座安装在主板上,一般插在 PC 机主板的总线插槽中的小电路板称为_____。

A. 网卡                      B. 扩展板卡或扩充卡

C. 主板                      D. 内存条

(15) 在 PC 机中,音响通过声卡插在主板的_____中。

A. PCI 总线插槽            B. I/O 端口

C. USB 口                 D. SIMM 插槽

(16) PC 机的机箱外常有很多接口用来与外围设备进行连接,但_____接口不在机箱外面。

A. USB        B. 红外线        C. IDE        D. RS-232E

(17) 在使用 ISA 总线的微型计算机中,CPU 访问主存通过_____进行。

A. ISA 总线             B. CPU 存储器总线

C. PCI 总线             D. VESA 总线

(18) 有关 Intel 的微处理器和其外部数据线数目说法正确的是_____。

A. 80486,16            B. Pentium,32

C. PentiumPo,64       D. Pentium,128

(19) 下列的 I/O 接口中,使用并行传输方式的是_____。

A. IDE        B. SCSI        C. PS/2        D. A 和 B

(20) I/O 操作的任务是将输入设备输入的信息送入主机,或者将主机中的内容送到输出设备。下面有关 I/O 操作的叙述中正确的是_____。

A. PC 机中 CPU 通过执行输入指令和输出指令向 I/O 控制器发出启动 I/O 操作的命令,并负责对 I/O 设备进行全程控制

B. 同一时刻只能有一个 I/O 设备进行工作

C. 当进行 I/O 操作时,CPU 是闲置的

D. I/O 设备的种类多,性能相差很大,与计算机主机的连接方法也各不相同

(21) 根据存储芯片的功能及物理特性,目前通常用作高速缓冲存储器(Cache)的是_____。

A. SRAM　　　　　B. DRAM　　　　　C. SDRAM　　　　　D. FlashROM

(22) I/O 接口指的是计算机中用于连接 I/O 设备的各种插头/插座,以及相应的通信规程和电气特性。在目前的 PC 机中,IDE 接口主要用于_____与主机的连接。

A. 键盘　　　　　B. 显示器　　　　　C. 硬盘　　　　　D. 打印机

(23) 根据存储芯片的功能及物理特性,目前用作优盘存储芯片的是_____。

A. SRAM　　　　　B. DRAM　　　　　C. SDRAM　　　　　D. FlashROM

(24) I/O 接口指的是计算机中用于连接 I/O 设备的各种插头/插座,以及相应的通信规程和电气特性。下列有关 I/O 总线与 I/O 接口的叙述中,错误的是_____。

A. PC 机系统总线一般分为处理器总线和主板总线

B. PCI 总线属于 I/O 总线

C. PC 机的 I/O 接口可分为独占式和总线式

D. USB 是以并行方式工作的 I/O 接口

(25) 关于主机主板上的 CMOS 芯片,下面说法中正确的是_____。

A. CMOS 芯片是用来存储计算机系统中配置参数的,它是只读存储器

B. CMOS 芯片是用来存储 BIOS 的,是易失性的

C. CMOS 芯片是用来存储加电自检程序的

D. CMOS 芯片需要一个电池为它供电,否则其中的信息会因主机断电而丢失

(26) 一台计算机中存储器可以有"寄存器—快存(Cache)—主存—辅存—后缓存储器"等五个不同层次,其中_____的存取周期目前是毫秒级的。

A. 快存　　　　　　　　　　　　B. 主存

C. 辅存　　　　　　　　　　　　D. 后缓(海量)存储器

(27) 高速缓存(Cache)是计算机中很重要的存储器之一,目前的 Pentium 系列计算机中的 Cache 通常分为两级。其中一级 Cache 位于_____中。

A. CPU 芯片　　　　B. RAM 芯片　　　　C. 硬盘　　　　　D. 主板

(28) 下列是 PC 机中所采用的一些总线标准,其中_____的数据线宽度仅有 16 位。

A. ISA　　　　　　B. EISA　　　　　C. MCA　　　　　D. PCI

(29) 台式机内置软盘驱动器和主板之间通过_____接口互相连接。

A. IEEE1394　　　B. SCSI　　　　　C. USB　　　　　D. IDE

(30) 下列有关 USB 接口的叙述中,错误的是_____。

A. USB 是一种高速的串行接口

B. USB 符合即插即用规范,连接的设备可以带电插拔

C. 一个 USB 接口通过扩展可以连接多个设备

D. 鼠标器这样的慢速设备,不能使用 USB 接口

(31) 与 CPU 执行的算术逻辑操作相比,I/O 操作有许多不同的特点,下面有关 I/O 操作的叙述中正确的是_____。

A. I/O 设备工作速度比 CPU 要快

B. 当进行 I/O 操作时，CPU 是闲置的

C. I/O 设备虽然种类繁多，但是与计算机主机的连接方式却基本是一致的

D. 多个 I/O 设备必须能同时进行工作

（32）下列选项中不属于输入设备的是_____。

A. 扫描仪　　　　　B. 键盘　　　　　C. 条形码阅读器　　D. 投影仪

（33）下面关于"手写笔"的说法中正确的是_____。

A. 目前使用的手写笔主要采用光电感应原理

B. 手写笔一般由基板和笔组成，写的时候笔一定要完全接触到基板

C. 手写笔可以用来输入汉字，也可以用来代替鼠标进行操作

D. 通过笔输入设备，不需要专门的软件就可以完成汉字的输入

（34）输入设备用于向计算机输入命令和数据，它们是计算机系统必不可少的重要组成部分。在下列有关常见输入设备的叙述中，错误的是_____。

A. 目前数码相机的成像芯片仅有一种，即 CCD 成像芯片

B. 扫描仪的主要性能指标包括分辨率、色彩位数和扫描幅面

C. 目前台式 PC 机普遍采用的键盘可直接产生一百多个按键编码

D. 鼠标器一般通过 PS/2 接口或 USB 接口与 PC 机相连

（35）下列关于打印机的叙述，正确的是_____。

A. 虽然打印机的种类有很多，但所有打印机的工作原理都是一样的，它们的生产厂家、时间、工艺不一样，因而产生了众多打印机类型

B. 所有打印机的打印成本都差不多，但打印质量差异较大

C. 所有打印机使用的打印纸的幅面都一样，都是 A4 型号

D. 使用打印机要安装打印驱动程序，一般驱动程序由操作系统自带，或购买打印机时由生产厂家提供

（36）我们都知道，显示器必须配置显卡来控制显示屏幕上字符与图形的输出，下列不属于显卡类型的是_____。

A. MDA　　　　　B. AGP　　　　　C. CGA　　　　　D. VGA

（37）下列有关打印机的叙述，错误的是_____。

A. 喷墨打印机按打印头的工作方式可以分为压电喷墨技术和热喷墨技术两大类

B. 激光打印机多半使用串行接口和 USB 接口，有些高速激光打印机则使用 SCSI 接口

C. 针式打印机属于击打式打印机，由于打印质量不高，噪声大，现已逐渐退出市场，但其独特的平推式进纸技术，在打印存折和票据方面具有不可替代的优势

D. 喷墨打印机属于非击打式打印机，它的优点是能输出彩色图像、经济、低噪声、打印效果好等

（38）目前广泛使用的打印机有针式打印机、激光打印机和喷墨打印机。在下列有关这些打印机的叙述中，错误的是_____。

A. 9 针的针式打印机指打印头由 9 根钢针组成

B. 激光打印机的主要消耗材料之一是炭粉/硒鼓

C. 喷墨打印机与激光打印机的打印速度均用每分钟打印页数来衡量

D. 目前激光打印机和喷墨打印机均有黑白打印和彩色打印之分

（39）显示器的作用是将数字信息转换为光信息，最终将文字和图形/图像显示出来。下列有关 PC 机显示器的叙述中，错误的是_____。

A. 目前出厂的台式 PC 机大多数使用 AGP 接口连接显示卡

B. 彩色显示器上的每个像素由 RGB 三种基色组成

C. 与 CRT 显示器相比，LCD 的工作电压高、功耗小

D. 从显示器的分辨率来看，水平分辨率与垂直分辨率之比一般为 4：3

（40）下列关于打印机的叙述，错误的是_____。

A. SCSI 接口可作为激光打印机的接口

B. 目前激光打印机均为黑白打印机，而喷墨打印机均为彩色打印机

C. 喷墨打印机的速度单位是每分钟打印多少页

D. 针式打印机是一种击打式打印机，打印头安装了若干根钢针

（41）显示器是 PC 机不可缺少的输出设备，它通过显示控制卡（显卡）与 PC 机相连。下面有关 PC 机显卡的叙述中，错误的是_____。

A. 显示存储器大多做在显卡中，在物理上独立于系统内存

B. 显示屏上显示的信息预先都被保存在显卡的显示存储器中，通过显卡中的显示控制器送到屏幕上

C. 目前显卡用于显示存储器和系统内存之间交换数据的接口大多数是 AGP 接口

D. 目前 PC 机上使用的显卡其分辨率大多达到 $1024 \times 768$，但可显示的颜色数目一般不超过 65536 种

（42）CD-ROM 光盘_____。

A. 只能读不能写　　　　　　　　　B. 能读能写

C. 只能写不能读　　　　　　　　　D. 不能读不能写

（43）关于移动硬盘，下列说法正确的是_____。

A. 容量不大　　　　　　　　　　　B. 兼容性好，即插即用

C. 速度较慢　　　　　　　　　　　D. 价格便宜

（44）数据传输速率是指_____。

A. 主机从（向）硬盘缓存读出（写入）数据的速度

B. 磁盘每秒钟旋转的周数

C. 磁头从启动到读出（或写入）数据时间内，平均每秒钟读出的字节数

D. 磁头找到地址后，每秒钟读出和写入磁盘的字节数

（45）CD 光盘驱动器的倍速越大，表示_____。

A. 播放时间越短　　　　　　　　　B. 数据传输速度越快

C. 光盘存储容量越大　　　　　　　D. 播放 VCD 效果越好

（46）下面几种说法中正确的是_____。

A. CD-RW 为可多次读但只可写一次的光盘

B. CD-R 和 CD-ROM 类似，都只能读不能写

C. CD 盘记录数据的原理为：在盘上压制凹坑，凹坑边缘表示"0"，凹坑和非凹坑的平坦部分表示"1"

D. DVD 采用了更有效的纠错编码和信号调试方式，比 CD 可靠性高

(47) 光盘存储器具有记录密度较高、存储容量较大、信息保存长久等优点。下列有关光盘存储器的叙述中,错误的是_____。

A. CD-RW 光盘刻录机可以刻录 CD-R 和 CD-RW 盘片

B. DVD 的英文全名是 Digital Video Disc,即数字视频光盘,它仅能存储视频信息

C. DVD 光盘的容量一般为数千兆字节

D. 目前 DVD 光盘存储器所采用的激光大多为红色激光

(48) 假设某硬盘的转速为每分钟 6000 转,则硬盘的平均等待时间应为_____毫秒。

A. 5　　　　　　　B. 10　　　　　　　C. 15　　　　　　　D. 600

(49) 光盘根据其制造材料和记录信息的方式不同,一般可分为_____。

A. 只读光盘、可一次性写入光盘、可擦写光盘

B. CD、VCD、DVD、MP3

C. CD、VCD、DVD、HDVD

D. 数据盘、音频信息盘、视频信息盘

(50) 在微型计算机中,通用寄存器的位数是_____。

A. 8 位　　　　　　B. 16 位　　　　　　C. 计算机字长　　　　D. 32 位

(51) 下列不属于微型计算机主要性能指标的是_____。

A. 字长　　　　　　B. 内存容量　　　　　C. 重量　　　　　　D. 时钟脉冲

(52) 在(1) 工作频率,(2) 指令系统,(3) Cache 容量,(4) 运算器的逻辑结构中,与 CPU 的运算速度有关的是_____。

A. (1)和(2)　　　　　　　　　　　B. 只有(1)

C. (2)、(3)、(4)　　　　　　　　　　D. 全部

(53) 计算机的主存储器是指_____。

A. RAM 和 C 磁盘　　　　　　　　　B. ROM 和 C 磁盘

C. ROM 和 RAM　　　　　　　　　　D. 硬盘和控制器

(54) 主存主要采用 DRAM 半导体芯片,Cache 存储器一般采用_____半导体芯片。

A. ROM　　　　　　B. PROM　　　　　　C. SRAM　　　　　　D. DRAM

(55) 在 PC 机中,主存储器的基本编址单元是_____。

A. 字　　　　　　　B. 字节　　　　　　　C. 位　　　　　　　D. b

(56) 下面关于 PC 机驱动程序的说法,不正确的是_____。

A. 驱动程序是通用的,即所有设备均使用相同的驱动程序

B. 每一种外设都有自己的驱动程序,在使用非默认外设前要先安装该设备的驱动程序

C. 在 BIOS 中含有基本外围设备的驱动程序

D. 操作系统中并不含有 PC 机的所有驱动程序

(57) 从某微机广告“P4-1.7G/128M/60G/40×/15/多媒体”可看出此微机的内存为_____。

A. 1.7 G　　　　　　B. 128 MB　　　　　C. 60 GB　　　　　　D. 40 *

(58) 微型计算机的主机包括_____。

A. 运算器和显示器　　　　　　　　　B. CPU 和内存储器

C. CPU 和 UPS　　　　　　　　　　D. UPS 和内存储器

（59）内存中有一小部分用来存储系统的基本信息，CPU 对它们只读不写，这部分存储器的英文缩写是_____。

A. RAM　　　　　　B. Cache　　　　　　C. ROM　　　　　　D. DOS

（60）为了提高处理速度，Pentium 4 处理器采取了一系列措施，下列叙述中错误的是_____。

A. 增加了运算器中运算部件的个数

B. 寄存器在总线空闲时自动通过总线从主存储器中取得一条指令

C. 增加了指令预取部件

D. 增加了寄存器个数

（61）I/O 接口位于_____。

A. 总线和设备之间　　　　　　　　　B. CPU 和 I/O 设备之间

C. 主线和总线之间　　　　　　　　　D. CPU 和主存储器之间

（62）计算机字长取决于_____的宽度。

A. 数据总线　　　　B. 地址总线　　　　C. 控制总线　　　　D. 通信设备

（63）下面关于 PC 机 IDE 接口、USB 接口和 IEEE-1394 接口叙述，正确的是_____。

A. 它们均以串行的方式传送数据

B. IDE 和 USB 接口是串行方式传送数据，IEEE-1394 接口以并行方式传送数据

C. IDE 和 IEEE-1394 接口以串行方式传送数据，USB 接口以并行方式传送数据

D. IDE 以并行方式传送数据，而 USB 和 IEEE-1394 接口以串行方式传送数据

（64）下列关于外设与主机互连的叙述，正确的是_____。

A. I/O 设备一般需要通过 I/O 接口与主机互连

B. I/O 设备可以直接与主机互连

C. I/O 设备通过 MODEM 与主机互连

D. 鼠标与主机互连的接口只有串口一种

（65）下列_____属于计算机外部设备。

A. 打印机、鼠标器和硬盘　　　　　　B. 键盘、光盘和 RAM

C. RAM、硬盘和显示器　　　　　　　D. 主存储器、硬盘和显示器

（66）下列 4 种设备中，属于计算机输入设备的是_____。

A. USB　　　　　　B. 服务器　　　　　　C. 绘图仪　　　　　　D. 鼠标

（67）微型计算机键盘上的 Tab 键是_____。

A. 退格键　　　　　B. 控制键　　　　　C. 交替换档键　　　　D. 制表定位键

（68）下列一般不用作鼠标器与主机的接口的是_____。

A. IEEE-1394　　　B. USB　　　　　　C. RS-232 串口　　　D. PS/2

（69）打印机的性能指标主要包括打印精度、打印速度、打印成本和_____。

A. 色彩数目　　　　　　　　　　　　B. 打印方式

C. 打印数量　　　　　　　　　　　　D. 打印图像大小

（70）色彩显示器的色彩由 R、G、B 三种基色组成，如果 R、G、B 分别由 8 位数来表示，则可有_____种不同的颜色。

A. $2^3$      B. $2^8$      C. $2^{16}$      D. $2^{24}$

(71) 软盘加上写保护后,这时对它进行的操作是_____。

A. 不能读盘也不能写盘      B. 既可读盘也可写盘

C. 只能写盘不能读盘      D. 只能读盘不能写盘

(72) 下面关于优盘的叙述中不正确的是_____。

A. 优盘可以作为系统的启动盘使用

B. 优盘采用 Flash ROM 存储器技术,体积小,容量比软盘大

C. 优盘不具有写保护功能

D. 优盘使用串行接口与计算机连接

(73) 下列几种存储器,存取周期最短的是_____。

A. 内存储器      B. 光盘存储器

C. 硬盘存储器      D. 软盘存储器

(74) 存储器是计算机系统的重要组成部分,存储器材可以分为内存储器材和外存储器,下列存储部件中_____不属于外存储器。

A. 高速缓存(Cache)      B. 硬盘存储器

C. 光盘存储器      D. 移动硬盘

(75) 为了防止存有重要数据的软盘被病毒侵染,应该_____。

A. 将软盘存放在干燥、无菌的地方    B. 将该软盘与其他磁盘隔离存放

C. 将软盘定期格式化      D. 将软盘写保护

(76) 下列叙述中,正确的是_____。

A. 磁盘盘片的表面分成若干个同心圆,每个圆称为一个磁道,每个磁道又分为若干个扇区,每个扇区的容量一般是 512 字节

B. 硬盘上的数据地址由两个参数定位:磁道号和扇区号

C. 硬盘的盘片、磁头及驱动机构全部密封在一起,构成一个密封的组合件,因此,硬盘具有较强的抗震动能力

D. 移动硬盘容量大,速度快,体积小,但移动硬盘需要专用接口与 PC 机连接,因此,移动硬盘与 PC 机的兼容性差

(77) 目前使用的光盘存储器中,不可对写入信息进行改写的是_____。

A. CD-RW    B. DVD-RAM    C. CD-ROM    D. DVD-R

(78) CD-ROM 是一种大容量的外部存储设备,其特点是_____。

A. 只能读不能写      B. 处理速度低于软盘

C. 只能写不能读      D. 既能读又能写

# 第三节 计算机软件

(1) 下列关于计算机软件发展的说法中,正确的是_____。

A. 高级语言程序出现在计算机软件发展的初期

B. "软件危机"的出现是因为计算机硬件发展严重滞后

C. 利用"软件工程"理念与方法可以编制高效高质的软件

D. 20 世纪 70 年代为充分利用系统资源，产生了操作系统

（2）下面_____是系统软件？

A. DOS 和 MIS

B. WPS 和 UNIX

C. DOS 和 UNIX

D. UNIX 和 Word

（3）下列关于系统软件的叙述中，正确的是_____。

A. 系统软件与具体应用领域无关

B. 系统软件与具体硬件逻辑功能无关

C. 系统软件是在应用软件基础上开发的

D. 系统软件并不具体提供人机界面

（4）下列应用软件中_____属于网络通信软件。

A. Word　　　　　B. Excel　　　　　C. OutlookExpress　D. Frontpage

（5）在下列 PC 软件中，不属于文字处理软件的是_____。

A. Word

B. Adobe Acrobat

C. WPS

D. CorelDraw

（6）计算机软件（简称软件）指的是能指挥计算机完成特定任务的、以电子格式存储的程序、数据和相关的文档。下列有关软件的叙述中，错误的是_____。

A. 软件的版权所有者不一定是软件作者

B. 共享软件指的是一种无版权的软件

C. 用户购买一个软件后，仅获得了该软件的使用权，并没有获得其版权

D. 软件许可证是一种法律合同，它确定了用户对软件的使用方式

（7）以下关于计算机软件的叙述中，错误的是_____。

A. 计算机软件指的是能指示计算机完成特定任务的、以电子格式存储的程序、数据和相关的文档

B. 数据结构研究程序设计中操作对象以及它们之间的关系和运算

C. 软件一般被分为系统软件和应用软件两种

D. 任何程序设计语言的语言处理系统都是相同的

（8）下列应用软件中，_____属于网络通信软件。

A. Flash

B. Adobe Premiere 6.0

C. QQ 2006

D. Pagemaker

（9）当前微机上运行的 Windows XP 系统属于_____。

A. 网络操作系统

B. 单用户单任务操作系统

C. 多用户多任务操作系统

D. 单用户多任务操作系统

（10）操作系统的主要作用不包括_____。

A. 管理系统中的各种软硬件资源

B. 播放多媒体计算机系统中各种数字音频和视频文件

C. 为用户提供友善的人机界面

D. 为应用程序的开发和运行提供一个高效率的平台

（11）UNIX 操作系统是一种通用的多用户分时操作系统，下列不属于 UNIX 操作系统特点的是_____。

A. 网络通信功能强

B. 可伸缩性和可操作性强

C. 可移植性差

D. 结构简练

（12）下列关于内部命令和外部命令的说法，正确的是_____。

A. 这两种命令都是由常驻内存的那部分操作系统提供的操作

B. 一般来说，内部命令的使用频率比外部命令高

C. 内部命令和外部命令可能会有同名命令

D. 外部命令都存储在光盘上，仅当被使用时，才被装入内存

（13）Windows 操作系统具有较强的存储管理功能，当存储容量不够时系统可以自动地"扩充"，为应用程序提供一个容量比实际物理主存大得多的存储空间。这种存储管理技术称为_____。

A. 缓冲区技术              B. APOOLing 技术

C. 虚拟存储器技术         D. 进程调度技术

（14）操作系统是现代计算机必不可少的系统之一，下列有关操作系统的叙述中，错误的是_____。

A. UNIX 操作系统是一种多用户分时操作系统，可用于 PC 机

B. Linux 操作系统是由美国 Linux 公司开发的操作系统

C. 目前 Windows XP 操作系统有多个不同版本

D. 至目前为止，Windows 98 及其以后的版本均支持 FAT32 文件系统

（15）下列有关 Windows 操作系统的多任务处理功能的叙述中，正确的是_____。

A. 在多任务处理过程中，前台任务与后台任务都能得到 CPU 的响应（处理）

B. 由于 CPU 具有并行执行指令的功能，所以操作系统才能同时进行多个任务的处理

C. 如果用户只启动一个应用程序，那么该程序就可以自始至终地独占 CPU

D. Windows 操作系统采用协作方式支持多个任务的处理

（16）文件管理是操作系统的基本功能之一，在 Windows 操作系统环境下，下列有关文件管理功能的叙述中，错误的是_____。

A. 计算机中所有程序、数据、文档都组成文件存放在外存储器中

B. 磁盘上的文件分配表（FAT）有两个，且内容相同

C. 任何磁盘上的文件根目录表（FDT）仅有一个

D. 文件管理以扇区为单位分配磁盘上的存储空间

（17）和 Windows 操作系统相比，UNIX 操作系统有一个最显著特色，就是_____。

A. 开放性      B. 稳定性      C. 易用性      D. 安全性

（18）① Windows ME ② Windows Server 2003 ③ Windows XP ④ SQL Server 2005 ⑤ Access ⑥ Linux ⑦ OS/2 ⑧ MS-DOS ⑨ Unix，对于以上列出的 9 个软件_____均为操作系统软件。

A. ①②③④⑧               B. ①②③④⑥⑧⑨

C. ①②③⑤⑥⑧⑨         D. ①②③⑥⑦⑧⑨

（19）操作系统是现代计算机必不可少的系统软件之一，下列有关操作系统的叙述中，错误的是_____。

A. 计算机只有安装了操作系统之后，CPU 才能执行数据的存取和处理操作

B. 最早的计算机并无操作系统

C. 通常称已经运行了操作系统的计算机为"虚计算机"

D. 操作系统可以为用户提供友善的人机界面

（20）下列关于 Windows 操作系统任务管理的说法，正确的是_____。

A. Windows 操作系统支持多用户任务操作

B. 分时处理要求有多个 CPU

C. 如果只启动一个程序，它就可以自始至终独占 CPU

D. 前台任务能得到 CPU 的及时响应，后台任务则比较慢

（21）能将高级语言源程序转换成目标程序的是_____。

    A. 编译程序        B. 解释程序        C. 调试程序        D. 编辑程序

（22）程序设计语言包括_____三个方面，它的基本成分包括数据、运算、控制、传输。

    A. 顺序、条件和重复            B. 数据、语法和控制

    C. 输入、控制和输出            D. 语法、语义和语用

（23）程序中的控制成分是提供一个基本框架，从而将数据对数据的运算组合成程序。这个框架可以用三种基本控制结构来描述，三种结构不包括_____。

    A. 多分支结构        B. 顺序结构        C. 重复结构        D. 条件选择结构

（24）下列关于高级语言翻译处理方法的说法正确的是_____。

A. 编译程序的优点是实现算法简单，效率高

B. 解释程序适合于交互方式的程序语言

C. 解释程序与编译程序均可生成目标程序

D. 编译程序不适合于大型应用程序的翻译

（25）关于高级程序语言的数据成分的说法中，正确的是_____。

A. 数据的作用域说明数据需占用存储单元的多少和存放形式

B. 数组是一组类型相同的有序数据的集合

C. 指针变量中存放的是某个数据对象的数值

D. 用户不可以自己定义新的数据类型

（26）下列有关程序设计语言及其处理程序的叙述中，错误的是_____。

A. 程序设计语言可以分为机器语言、汇编语言和高级语言

B. 机器语言与计算机硬件关系紧密，用它编写的程序可移植性较差

C. 用于辅助编写汇编语言程序的编辑软件称为汇编程序

D. 高级程序设计语言可以有解释与编译两种工作方式

（27）高级程序设计语言的基本组成成分有_____。

    A. 数据、运算、控制、传输            B. 外部、内部、转移、返回

    C. 子程序、函数、执行、注解         D. 基本、派生、定义、执行

（28）理论上已经证明了求解可计算问题的程序框架都可用_____这三种控制成分来描述。

    A. 顺序、选择、重复            B. 顺序、逆序、循环

    C. 顺序、跳转、循环            D. 顺序、循环、跳转

（29）下列关于程序设计语言和语言处理的描述中，不正确的是_____。

A. 机器语言都是二进制代码形式的，是可以被计算机直接执行的

B. 汇编语言用助记符来代替计算机指令，是一种与机器语言很近的符号语言

C. 编译程序有词法分析和语法分析的功能

D. 在一个程序中用了不同的汇编语言称为"交叉汇编"

（30）下列有关算法的叙述中，正确的是_____。

A. 算法可以没有输出量

B. 算法在执行了有穷步的运算后终止

C. 一个好的算法一定是能满足时间代价和空间代价同时为最小

D. 算法中不一定每一步都有确切的含义，如说明性语言等

（31）算法是问题求解规则的一种过程描述，在算法中要精确定义一系列规则，这些规则指定了相应的操作顺序，以便在有限的步骤内得到所求问题的解答。下列有关算法及其性质的叙述中，错误的是_____。

A. 算法与程序不同，它是问题求解规则的一种过程描述

B. 算法均必须有多个输入量，至少有一个输出量（包括参量状态的变化）

C. 算法必须具有确定性、有穷性和能行性等基本性质

D. 一个算法的好坏，需要考虑算法是否易理解，是否易调试和易测试等

（32）数据结构是研究程序设计中计算机操作对象以及它们之间关系和运算的一个专门学科。下列有关数据结构的叙述中，错误的是_____。

A. 数据结构仅研究数据的逻辑结构和存储结构，不考虑在该结构上的数据运算

B. 数据的存储结构是其逻辑结构在计算机存储器上的实现

C. 数据的逻辑结构是数据间关系的描述，它只是抽象地反映数据元素存储结构

D. 线性表和树是典型的数据逻辑结构，链接表是典型的数据存储结构

（33）操作系统是计算机系统中的_____。

A. 核心系统软件  B. 关键的硬件部件

C. 广泛使用的应用软件  D. 外部设备

（34）对计算机软件正确的认识应该是_____。

A. 计算机软件不需要维护  B. 计算机软件只要能复制就不必购买

C. 受法律保护的计算机软件不能随便复制  D. 计算机软件不必有备份

（35）在任何计算机系统的设计中，_____是首先必须考虑并予与提供的。

A. 系统软件  B. 文字处理软件

C. 人事档案管理文件  D. 应用软件

（36）WPS、Word 等文字处理软件属于_____。

A. 管理软件  B. 网络软件  C. 应用软件  D. 系统软件

（37）下列 4 种软件中，属于系统软件的是_____。

A. WPS  B. Word  C. DOS  D. Excel

（38）在各类计算机操作系统中，分时系统是一种_____。

A. 单用户批处理操作系统  B. 多用户批处理操作系统

C. 单用户交互式操作系统  D. 多用户交互式操作系统

（39）比较批处理系统和分时处理系统，说法错误的是_____。

A. 批处理系统的资源利用率高于分时处理系统

B. 分时处理系统对用户响应要比批处理系统及时

C. 分时处理系统和批处理系统都允许多个用户同时联机使用计算机

D. 计算机系统可以同时采用分时处理系统和批处理系统

（40）操作系统是一种软件系统，它有许多种类，UNIX 是一种_____操作系统。

A. 单用户多任务　　　　　　　　　　　B. 单用户单任务

C. 多用户多任务　　　　　　　　　　　D. 多用户多任务

（41）在_____操作系统下，计算机能在严格的时间约束范围内完成相应的任务并且能对外部事物作出反应。

A. 实时　　　　　　B. 批处理　　　　　　C. 网络　　　　　　D. 分时

（42）虚拟存储器是_____。

A. 可提高计算机的运算速度的设备

B. 容量扩大了的主存

C. 容量等于主存加上缓存的存储器

D. 可以容纳总和超过主存容量的地址空间

（43）将高级语言编写的程序翻译成机器语言程序，采用的两种翻译方式是_____。

A. 编译和解释　　　　　　　　　　　B. 编译和汇编

C. 编译和链接　　　　　　　　　　　D. 解释和汇编

（44）下列几种高级语言中，被称为第一个结构化程序设计语言的是_____。

A. C 语言　　　　　B. PASCAL　　　　　C. LISP　　　　　D. Fortran

（45）下列关于程序设计语言的说法错误的是_____。

A. FORTAN 语言是一种面向过程的程序设计语言

B. Java 是面向对象的程序设计语言

C. C 语言与运行支撑环境分离，可移植性好

D. C++是面向过程的语言，VC 是面向对象的

（46）在 C 语言中，if（I>J）　Flag=0，属于高级语言中的_____成分。

A. 数据　　　　　B. 控制　　　　　C. 传输　　　　　D. 运算

（47）I/O 语句"print("hello!")"属于高级语言中的_____成分。

A. 数据　　　　　B. 运算　　　　　C. 控制　　　　　D. 传输

（48）_____不是程序设计语言。

A. C　　　　　B. Flash　　　　　C. Delphi　　　　　D. Java

（49）高级语言种类繁多，但其基本成分可归纳为四种，其中用来提供一个用于组合和数据操作框架的属于高级语言中的_____成分。

A. 数据　　　　　B. 运算　　　　　C. 控制　　　　　D. 传输

（50）用户用计算机高级语言编写的程序，通常称为_____。

A. 汇编程序　　　　　　　　　　　B. 目标程序

C. 源程序　　　　　　　　　　　D. 二进制代码程序

（51）分析某个算法的好坏，从需要占用的计算机资源角度出发，应考虑的两个方面是_____。

A. 可读性和开放性　　　　　　　　　B. 正确性和简明性

C. 空间代价和时间代价　　　　　　　D. 数据复杂性和程序复杂性

# 第四节　计算机网络

（1）计算机网络把地理位置分散而功能独立的多个计算机通过有线或无线的_____连接起来。

A. 通信线路　　　　B. 传输介质　　　　C. 信道　　　　D. 特殊物质

（2）_____是为了确保计算机之间能进行互连并尽可能少地发生信息交换错误而制定的一组规则或标准。

A. 通信模式　　　　B. 通信方式　　　　C. 通信协议　　　　D. 通信线路

（3）在计算机网络中通信子网负责数据通信，它由_____组成。

A. 通信媒介和中继器　　　　　　　　B. 传输介质和路由器

C. 通信链路和路由器　　　　　　　　D. 通信链路和节点交换机

（4）数据传输速率指实际进行数据传输时单位时间内传送的二进位数目，下面_____一般不用作它的计量单位。

A. Kb/s　　　　B. Mb/s　　　　C. KB/s　　　　D. Kbps

（5）多路复用常用的有两种技术，即时分多路复用和_____。

A. 相分多路复用　　　　　　　　　　B. 频分多路复用

C. 幅分多路复用　　　　　　　　　　D. 波分多路复用

（6）下列不属于无线通信线路的是_____。

A. 微波　　　　B. 光纤　　　　C. 无线电　　　　D. 激光

（7）光纤分布式数字接口网 FDDI 使用光纤作为传输介质，以下关于 FDDI 的说法错误的是_____。

A. 使用光纤作为传输介质，它的传输速率为 100 Mb/s，可用于长距离通信

B. 采用双环，可靠性高

C. 与其他局域网互连时，无须网桥或路由器，可直接互连

D. 采用环形拓扑结构

（8）安装在服务器上的操作系统，一般不选用_____。

A. Unix　　　　B. Windows 98　　　　C. Linux　　　　D. Netware

（9）在计算机网络的传输介质中，目前不使用中继设备时，传输距离最远的为_____。

A. 双绞线　　　　B. 光缆　　　　C. 红外线　　　　D. 同轴电缆

（10）交换式局域网和总线式局域网的最大区别在于_____。

A. 前者采用星形拓扑结构，而后者采用总线形拓扑结构

B. 前者传输介质是光纤，而后者是同轴电缆

C. 前者每一个节点独享一定的带宽，而后者是所有节点共享一定的带宽

D. 它们的信息帧格式不同

（11）将一个部门中的多台计算机组建成局域网可以实现资源共享，在下列有关局域网的叙述中，错误的是_____。

A. 局域网必须采用 TCP/IP 协议进行通信

B. 局域网一般采用专用的通信线路

C. 局域网可以采用的工作模式主要有对等模式和客户/服务器模式

D. 构件以太(局域)网时,需使用集线器或交换器等网络设备,一般不需要路由器

(12) 下列有关常见局域网、网络设备以及相关技术的叙述中,错误的是_____。

A. 以太网是最常用的一种局域网,它采用总路线结构

B. 每个以太网网卡的介质访问地址(MAC 地址)是全球唯一的

C. 无线局域网一般采用无线电波或红外线进行数据通信

D. "蓝牙"是一种近距离无线通信的技术标准,适用于山区住户组建局域网

(13) 目前较为流行的局域网都是采用双绞线和集线器组成的网。从逻辑上来看,这种网络的拓扑结构属于_____。

A. 星形网　　　　　B. 树形网　　　　　C. 总线网　　　　　D. 环状网

(14) 下面_____不是计算机局域网的主要特点。

A. 地理范围有限　　　　　　　　B. 数据传输速率高

C. 通信延迟时间较低,可靠性较好　　　D. 构建比较复杂

(15) 包交换机每收到一个包时,必须选择一条路径来转发这个包,所以网络中每台交换机都必须有一张表,用来给出目的地址与输出端口的关系,这张表是_____。

A. 交换表　　　　　B. 数据表　　　　　C. 地址表　　　　　D. 路由表

(16) 用有线电视网和电缆调制解调器技术接入互联网有许多优点,下面说法中错误的是_____。

A. 无须拨号上网　　　　　　　　B. 不占用电话线

C. 数据传输速率高而且稳定　　　　D. 可永久连接

(17) 分组交换也称为包交换,这种交换方式有许多优点,下面说法中错误的是_____。

A. 线路利用率高

B. 可以给数据包建立优先级,使得一些重要的数据包能优先传递

C. 收发双方不需同时工作

D. 反应较快,适合用于实时或交互通信方式的应用

(18) ATM 在数据传输时传送的单位称为_____,每一个的大小是_____。

A. 像素,10 字节　　　　　　　　B. 信元,53 字节

C. 单元,48 字节　　　　　　　　D. 字节,16 字节

(19) 用户在家庭中通过拨号上网浏览电子邮件前,必须要做的准备工作中不包括_____。

A. 申请一个电子邮箱

B. 正确设置 Windows 中的网络连接以便进行拨号

C. 连接和设置好"锚"

D. 准备好网卡

(20) 将以太网和交换式局域网互联起来,应使用的网络设备是_____。

A. 中继器　　　　　B. 路由器　　　　　C. 网卡　　　　　D. 网桥

(21) 接入 Internet 的方式不同,则所需设备和上网性能也有所不同。在下列几种

Internet 接入方式中,从现有技术来看,上网速度最快的是_____。

    A. ISDN                          B. ADSL

    C. FTTx+ETTH                     D. Cable MODEM 技术

(22) 在建立网络时,会使用到多种网络设备。要将多个独立的子网互连,如广域网与局域网互连,应当使用的设备是_____。

    A. 交换机        B. 路由器        C. 调制解调器        D. 集线器

(23) 广域网是一种跨越很大地域范围的计算机网络,下面说法正确的是_____。

    A. 广域网是一种公用计算机网,所有计算机都可无条件地接入

    B. 广域网能连接任意多的计算机,也能将相距任意远的计算机连接起来

    C. 广域网像很多局域网一样按广播方式进行通信

    D. 广域网使用专用的通信线路,数据传输速率很高

(24) 下面关于广域网接入技术说法中,错误的是_____。

    A. 电话拨号接入是传输速率最低的接入技术

    B. 目前条件下,光纤上网的速度是最快的

    C. ADSL 的不对称是指下行数据流的传输速率大于上行数据流的传输速率

    D. Cable MODEM 上网时与其他用户共享带宽使数据传输速率不够稳定

(25) Internet 中使用最广泛的协议是_____。

    A. S+MTP 协议                    B. SDH/SONET 协议

    C. OSI/RM 协议                    D. TCP/IP 协议

(26) 若某用户 E-mail 地址为 xiaoli@163.com.cn,那么邮件服务器的域是_____。

    A. xiaoli        B. 163        C. 163.com.cn        D. com.cn

(27) Fun 中国公司网站上提供了 Fun 公司全球子公司的链接网址,其中 WWW.FUN.COM.CN 表示 Fun 公司_____的子公司网站。

    A. 美国        B. 日本        C. 中国        D. 英国

(28) 下面对 IP 数据报的叙述中,错误的是_____。

    A. IP 数据报是独立于各种物理网的数据包的格式

    B. 头部的信息主要是为了确定在网络中进行数据传输的路由

    C. 数据部分的长度可以改变,最大为 56 KB

    D. IP 数据报只由头部和数据区两部分组成

(29) WWW 与 E-mail 是目前 Internet 上使用最为广泛的服务。在下列有关 WWW 与 E-mail 服务的叙述中,错误的是_____。

    A. WWW 由遍布在 Internet 上的 Web 服务器和安装 WWW 浏览器的客户机组成,它采用客户/服务器工作模式

    B. 目前网页(即 Web 页)描述语言主要采用 HTML,HTML 文档均包含头部、正文和尾部三个部分

    C. 每个电子邮箱都对应唯一的邮箱地址,且该地址有固定的格式,例如任何电子邮件地址均包含字符"@"

    D. 使用 MIME 协议后,邮件正文可以包含有 ASCII 字符、汉字和图像等多种类型的数据

（30）随着 Internet 的飞速发展，其提供的服务越来越多。下列有关 Internet 服务及相关协议的叙述中，错误的是_____。

A. 电子邮件是 Internet 最早的服务之一，主要使用 SMTP/POP3 协议

B. WWW 是目前 Internet 上使用最广泛的一种服务，常使用的协议是 HTTP

C. 文件传输协议（FTP）主要用于在 Internet 上浏览网页时控制网页文件的传输

D. 远程登录也是 Internet 提供的服务之一，它采用的协议称为 Telnet

（31）TCP/IP 协议与 OSI/RM 协议有不少的差异，如 OSI/RM 分为七个层次，而 TCP/IP 分为三个层次。其中 TCP/IP 中的 IP 层相当于 OSI 中的_____。

A. 应用层　　　　　B. 网络层　　　　　C. 传输层　　　　　D. 物理层

（32）下列关于 IP 地址和域名的说法错误的是_____。

A. 一台主机只能一个 IP 地址，相对应的域名也只能有一个

B. 除美国以外，其他国家一般采用国家代码作为最高域名

C. 域名必须以字母或数字开头并结尾，总长不得超过 255 个字节

D. 主机地址全为 0 的 IP 地址，称为网络地址

（33）在 TCP/IP 协议中，远程登录使用的是_____协议。

A. Telnet　　　　　B. Ftp　　　　　C. Http　　　　　D. Udp

（34）在下列 4 项中，非法的 IP 地址是_____。

A. 160.11.201.10　　　　　　　　　B. 211.110.59.260

C. 221.45.67.09　　　　　　　　　　D. 137.57.0.111

（35）关于计算机病毒的叙述错误的是_____。

A. 凡软件能用到的计算机资源（程序、数据、硬件）均能受病毒破坏

B. 计算机病毒是一些人蓄意编制的一种具有寄生性的计算机程序

C. 计算机病毒是人为制造的，可以由制造者控制住

D. 大多数病毒隐藏在可执行程序或数据文件中，不容易被发现

（36）目前，许多用户在计算机中安装了防（杀）病毒软件来预防计算机病毒。以下有关计算机病毒及防（杀）病毒软件的叙述中，错误的是_____。

A. 任何防（杀）病毒软件应该经常地更新（升级）

B. 用户在上网浏览 WWW 信息时，计算机也可能被计算机病毒感染

C. 任何防病毒软件都只能预防已知的病毒，但只要能查出的病毒均能完全地清除

D. 计算机病毒主要是通过可移动的存储介质或网络来进行传播的

（37）计算机网络按照其分布范围的大小可以分为_____。

A. 广域网、局域网和企业网　　　　　B. 广域网、局域网和校园网

C. 广域网、局域网和城域网　　　　　D. ATM 网、校园网和企业网

（38）下列不属于光纤优点的是_____。

A. 数据传输率高　　　　　　　　　　B. 损耗低、频带宽

C. 价格便宜　　　　　　　　　　　　D. 抗电磁干扰强

（39）FDDI 使用_____作为传输介质，其传输速率为_____。

A. 同轴电缆，100 Mb/s　　　　　　　B. 光纤，100 Mb/s

C. 双绞线，100 Mb/s　　　　　　　　D. 光纤，100 Mb/s

(40) 发送节点在发送信息之前必须侦听，判断总线是否处于空闲状态，如果总线空闲就发送，如果总线忙，则等待一段时间后重试。这种技术是_____。

A. 状态监测　　　　B. 总线监测　　　　C. 载波侦听　　　　D. 广播侦听

(41) 调制解调器的主要功能是_____。

A. 模拟信号的放大　　　　　　　　B. 模拟信号与数字信号的转换

C. 数字信号的放大　　　　　　　　D. 以上都不对

(42) MAN 是_____的英文缩写。

A. 城域网　　　　B. 广域网　　　　C. 校园网　　　　D. 局域网

(43) 有线电视采用的传输介质是_____。

A. 微波和光纤　　　　　　　　　　B. 光纤和同轴电缆

C. 无线电和双绞线　　　　　　　　D. 卫星和同轴电缆

(44) 计算机网络的主干线是一条高速大容量的数字通行线路，目前主要采用_____。

A. 光纤高速传输干线　　　　　　　B. 卫星通信

C. 无线电线路　　　　　　　　　　D. 数字电话线路

(45) HTTP 和 HTML 的中文名称是_____。

A. 传输控制协议和网际协议　　　　B. 超文本传输协议和超文本标记语言

C. 网络传输协议和超文本标记语言　D. 以上都不对

(46) X.25 网使用公共电话网以_____方式进行数据传输。

A. 电路交换　　　　B. 分组交换　　　　C. 报文交换　　　　D. 异步交换

(47) IP 地址分为 A、B、C、D、E 五类，其中 B 类地址用_____位二进制表示网络地址。

A. 8　　　　B. 7　　　　C. 14　　　　D. 15

(48) 计算机网络中_____规定了怎样与各种网络进行接口。

A. 应用表现层　　　　　　　　　　B. 资源管理层

C. 传输层　　　　　　　　　　　　D. 网络接口和硬件层

(49) 因特网用户的电子邮件地址格式应是_____。

A. 用户名@单位网络名　　　　　　B. 单位网络名@用户名

C. 邮件服务器名@用户名　　　　　D. 用户名@邮件服务器名

(50) 计算机病毒是_____。

A. 一类具有破坏性的文档　　　　　B. 一种寄生在计算机箱内的微生物

C. 一种计算机系统设计漏洞问题　　D. 一种具有破坏性的程序

(51) 下列选项中，不是病毒的是_____。

A. 震荡波　　　　B. 千年虫　　　　C. 木马　　　　D. 蠕虫

(52) 为了实现网络中计算机相互通信，必须给每一台入网的计算机一个唯一的_____。

A. 域名　　　　B. 账号　　　　C. IP 地址　　　　D. 网卡

(53) 把个人和单位的计算机接入广域网的方法中，速度最慢的是_____。

A. 电话拨号接入　　　　　　　　　B. 综合业务数字网

C. ADSL                                         D. Cable MODEM 技术

（54）下面关于 Web 的说法中，不正确的是_____。

A. Web 服务器指的是具有特殊功能的计算机

B. Web 按客户/服务器模式工作

C. 工作站运行的服务请求程序是"客户"，服务器运行的接收请求程序是"服务器"

D. 浏览器与服务器都遵循超文本传输协议 HTTP

（55）ADSL 是一种广域网接入技术，下面说法中错误的是_____。

A. 能在电话线上得到三个信息通道：一个电话服务的通道，一个上行通道，一个高速下行通道

B. 在线路两端加装 ADSL MODEM 即可实现

C. 可同时使用电话和上网，互相没有影响

D. 比拨号上网的速度快，但是电话费却便宜很多，可节省费用

（56）计算机局域网的硬件包括网络工作站、网络服务器、网络打印机、网络接口卡、_____、网络互连设备等。

A. 传输介质          B. 通信协议          C. 路由器          D. 网关

# 第五节　数字媒体及应用

（1）英文字母"C"的十进制 ASCII 码值为 67，则英文字母"G"的十六进制 ASCII 码值为_____。

A. (01111000)$_2$                           B. (01000111)$_2$

C. (01011000)$_2$                           D. (01000011)$_2$

（2）对于汉字的编码，下列说法中正确的是_____。

① 国标码，又称汉字交换码

② GB 2312 汉字编码为每个字符规定了标准代码

③ GB 2312 国际字符集由三部分组成，第一部分是字母、数字和各种符号；第二部分为一级用汉字；第三部分为繁体字和很多生僻的汉字

④ 高位均为 1 的双字节（16 位）汉字编码就称为 GB 2312 汉字的"机内码"，又称内码

⑤ GBK 编码标准包含繁体字和很多生僻的汉字

⑥ GB 18030 编码标准所包含的汉字数目超过 3 万

A. ①②③④⑤                              B. ①②④⑤

C. ①④⑤                                   D. ③④⑤

（3）文本编辑的目的是使文本正确、清晰、美观，下列_____操作不属于文本处理而属于文本编辑功能。

A. 定义超链          B. 词语错误检测          C. 关键词提取          D. 词性标注

（4）下列文件类型中不属于丰富格式文本的文件类型是_____。

A. XLS 文件          B. TXT 文件          C. PPT 文件          D. HTML 文件

（5）汉字的键盘输入编码方案有几百种之多，基于汉语拼音的编码方法，简单易学，适合于非专业人员的编码是_____。

A. 数字编码        B. 字音编码

C. 字形编码        D. 音形结合编码

(6) 汉字"啊"的国标码区位码是"1601",它的十六进制值是_____。

A. 1021H    B. 3621H    C. 3021H    D. 2021H

(7) Web 文档有三种基本形式:静态文档、动态文档和主动文档,对于这三种文档的说法中错误的是_____。

A. 静态文档的优点在于它简单、可靠、访问速度快

B. 动态文档的内容是变化的,它能显示变化的信息,不会过时

C. 主动文档的主要缺点是创建和运行比较复杂,同时缺少安全性

D. 动态文档的创建者需要使用脚本语言

(8) 下列字符编码标准中,包含字数量最多的是_____。

A. GB 2312        B. GBK

C. GB 18030       D. UCS-2

(9) 字符编码标准规定了字种及其编码,在下列有关汉字编码标准的叙述中,错误的是_____。

A. 我国颁布的第一个汉字编码标准是 GB 2312—80,它包含常用汉字 6000 多个

B. GB 2312—80 和 GBK 标准均采用双字节编码

C. GB 18030—2000 标准使用 3 字节和 4 字节编码,与 GB 2312—80 和 GBK 兼容

D. UCB-2 是双字节编码,它包含拉丁字母文字、音节文字和常用汉字等

(10) 以下关于汉字信息编码标准的描述中,错误的是_____。

A. BIG5(大五码)是繁体汉字字符集

B. GB 2312—80 共收录了 6 千多个汉字

C. 在 GBK 中共收录了两万多个汉字

D. UCB-2 编码与 GB 2312、GBK 编码是兼容的

(11) 数据传输速率指实际进行数据传输时单位时间内传送的二进制数目,下面_____一般不用作它的计量单位。

A. Kb/s    B. Mb/s    C. KB/s    D. Kbps

(12) 对于西文字符标准 ASCII 编码,下列叙述中不正确的是_____。

A. 其中少数字符是不可以打印(显示)的

B. 大小写英文字母的编码只有 1 位不同,其他位都相同

C. 每个字符在 PC 机键盘上都有唯一的一个键与之对应

D. 每个字符使用二进制编码,而以一个字节来进行存储

(13) 计算机中使用的最为广泛的西文字符编码集是 ASCII 编码集,在 ASCII 码表中,包括_____个可以打印的字符。

A. 32    B. 85    C. 96    D. 125

(14) 已知"江苏"两字的区位码"2913"和"4353",则机内码是_____。

A. BDAD、CBD5       B. 3A2D、4B88

C. 2913、535A        D. 6156、4353

(15) 汉字信息在计算机内大部分都是用双字节编码来表示的。在下列采用十六进制

表示的两个字节的编码中,可能是汉字"大"的机内码的是_____。

A. 63F4H
B. B4F3H
C. 3423H
D. B483H

(16) 目前在市场上有一种称为"手写笔"的设备,用户使用笔在基板上书写或绘画,计算机就可获得相应信息。"手写笔"是一种_____。

A. 随机存储器
B. 输入设备
C. 输出设备
D. 通信设备

(17) 下列文件类型中,不属于丰富格式文本的文件类型是_____。

A. DOC 文件
B. TXT 文件
C. PDF 文件
D. HTML 文件

(18) 下列说法中正确的是_____。

A. GIF 图像常用于数码相机
B. TIF 格式图像常用于扫描仪
C. BMP 格式图像常用于桌面出版
D. JPEG 格式图像常用于因特网

(19) 彩色图像所使用的颜色描述方法称为颜色模型,显示器使用的颜色模型为 RGB 三基色模型,PAL 制式的电视系统在传输图像时所使用的颜色模型为_____。

A. YUV
B. HSV
C. CMYK
D. RGB

(20) 下列对数字图像处理的目的的描述错误的是_____。

A. 对图像进行亮度色彩调整,以改善图像质量

B. 对图像进行校正,消除退化的影响,使用多个一维投影重建图像

C. 提取图像中的某些特征或特殊信息,从而为图像的处理创造条件

D. 图像数据的变换、编码和数据压缩是为了更好地理解图像的构成

(21) 下列关于图形和图像的说法中,错误的是_____。

A. 取样图像又称为点阵图像

B. 从现实世界中通过描述仪、数码相机等设备获取的图像,称为取样图像

C. 按照其组成和结构的不同,计算机的数字图像可分成图形和图像两类

D. 计算机合成的图像称作矢量图形,简称图形

(22) 下列说法中,_____是错误的。

A. 组成图像的基本单位是像素
B. 像素深度是指图像的像素总和
C. 颜色空间的类型,也叫颜色模型
D. 黑白图像只有一个位平面

(23) 小王新买一台数码相机,一次可以连续拍摄 65536 色的 1024×768 的照片 60 张,则他使用的 Flash 存储器容量是_____。

A. 90 MB
B. 900 MB
C. 180 MB
D. 720 MB

(24) 成像芯片的像素数目是数码相机的重要性能指标,它与可拍摄的图像分辨率直接相关。DSC-P71 数码相机的像素约 320 万,它所拍摄的图像的最高分辨率为_____。

A. 1280×960
B. 1600×1200
C. 2048×1536
D. 2560×1920

(25) 下列有关数字图像与图形的叙述中,错误的是_____。

A. 取样图像的数字化过程一般分为扫描、分色、取样和量化等处理步骤

B. 为了使网页传输的图像数据可能少,常用的 GIF 格式图像文件采用了有损压缩

C. 矢量图形(简称图形)是指使用计算机技术合成的图像

D. 计算机辅助设计和计算机动画是计算机合成图像的典型应用

(26) 不同格式的图像文件,其数据编码方式有所不同,通常对应于不同的应用,下列几组图像文件格式中,制作网页时用得最多的是_____。

A. GIF 与 JPEG
B. GIF 与 BMP
C. JPEG 与 BMP
D. GIF 与 TIF

(27) 显示器是计算机中常用的基本输出设备,它用红、绿、蓝三种基色的组合来显示出彩色,使用_____个二进制位表示一个像素称为真彩色。

A. 32
B. 24
C. 16
D. 3

(28) 下面关于图像的说法中,不正确的是_____。

A. 图像的数字化过程大体可分为三步:扫描、分色、取样、量化

B. 像素是构成图像的基本单位

C. 尺寸大的彩色图片数字化后,其数据量必定大于尺寸小的图片的数据量

D. 黑白图像或灰度图像只有一个位平面

(29) 图像的压缩方法很多,_____不是评价压缩编码方法优劣的主要指标。

A. 压缩倍数的大小
B. 压缩算法的复杂程度
C. 重建图像的质量
D. 图像的分辨率

(30) 声卡是获取数字声音的重要设备,下列有关声卡的叙述中,正确的是_____。

① 声卡既参与声音的获取也负责声音的重建和播放

② 声卡既负责 MIDI 声音的输入,也负责 MIDI 音乐的合成

③ 声卡将声波转换成电信号,再进行数字化

④ 因为声卡非常复杂,所以它们都做成独立的 PCI 插卡形式

⑤ 声卡中的数字信号处理器(DSP)在完成数字声音编码、解码及编辑操作中起着重要的作用

⑥ 声卡不仅能获取单声道声音,而且能获取双声道(立体声)的声音

A. ①②③④⑤
B. ①②⑤
C. ①②④⑤
D. ①②⑤⑥

(31) 采样频率为 8 kHz,量化精度为 8 位,数据压缩倍数为 8 倍,持续时间为 2 分钟的双声道声音,压缩后的数据量为_____。

A. 120 KB
B. 480 KB
C. 240 KB
D. 1920 KB

(32) 为了保证对频谱很宽的音乐信号采样时不失真,其取样频率应在_____以上。

A. 40 MHz
B. 20 MHz
C. 8 kHz
D. 12 kHz

(33) 计算机中处理的声音分为波形声音和合成声音两类。下列有关波形声音的叙述中,错误的是_____。

A. 波形声音的获取过程就是把模拟声音信号转换为数字形式,包括取样、量化和编码等步骤

B. 声音信号的数字化主要由声卡来完成,其核心是数字信号处理

C. MP3 采用 MPEG-3 标准对声音进行压缩编码

D. 波形声音的主要参数包括取样频率、量化位数和声道数目等

(34) 假设 PC 机声卡的采样频率为 44 kHz,A/D 转换精度为 16 位,如果连续采集了 2 分钟的声音信息,则在不进行压缩的情况下保存这段声音,存储需要_____。

A. 88 KB B. 176 KB C. 11 MB D. 83 MB

（35）下列有关多媒体信息处理的叙述中，错误的是_____。

A. 数码相机保存的图片文件是经过数据压缩处理的

B. MP3 音乐中的"MP3"指音频信息的编码格式

C. 不同类型的图片文件通常可以使用某种工具软件进行格式转换

D. GIF 图像文件紧凑、能支持动画，常用于因特网

（36）VCD 盘上的视频和音频信号都是采用_____国际标准进行压缩编码的，它们是按规定的格式交错地存放在光盘上的，并且是在播放时需要进行解压缩处理的。

A. MPEG-1 B. MPEG-2

C. MPEG-3 D. MPEG-4

（37）所谓"多媒体技术"中的媒体，强调的是_____。

A. 表现媒体 B. 传输媒体 C. 存储媒体 D. 感觉媒体

（38）在下列有关光盘存储器的叙述中，不正确的是_____。

A. CD-ROM 光盘上信息记录在一条由里向外连续的螺旋形的光道上

B. Video CD 是由 JVC 等公司联合制定的一种数字电视盘的技术规格，它规定了一片 VCD 光盘中可以存放 74 分钟的电视节目

C. CD 光盘最早应用在存储数字化的高保真立体音乐上，所制定的标准称为 CD-ROM

D. DVD-Video 光盘采用的是 MPEG-2 的标准，每张 DVD 光盘可存放 2 小时以上的高清晰度影视节目

（39）以下关于超媒体的叙述中，不正确的是_____。

A. 超媒体信息是可以被存储在多台计算机中的

B. 超媒体可以包含动态初步视频、声音和图画等信息

C. 超媒体可用于建立应用程序的"帮助"系统

D. 超媒体是以一种线形的结构来组织信息的

（40）汉字的键盘输入编码有几百种之多，对于其特点的说法中错误的是_____。

A. 易学习、易记忆 B. 可输入的汉字字数多

C. 效率高 D. 使用汉字专用的键盘

（41）一分钟，单声道，8 位量化位数的声音，未压缩时数据量是 2.3 MB，则此声音的采样频率是_____。

A. 5 kHz B. 320 kHz C. 40 kHz D. 20 kHz

（42）下列说法中，正确的是_____。

A. 一个汉字国标码的值为它的内码值加上 8080H

B. 一个汉字的机内码与它的国标码值相同

C. 同一汉字用不同的输入法输入时，其机内码是不同的

D. 不同汉字的机内码值可能相同

（43）图像的数字化过程包括_____。

A. 扫描、取样、量化、压缩 B. 扫描、分色、量化、压缩

C. 扫描、分色、取样、量化 D. 扫描、取样、量化、编码

（44）计算机合成图像是发明摄影技术和电影电视技术之后最重要的一种生成图像的

方法。下面有关计算机图形的叙述中,错误的是_____。

A. 计算机只能生成实际存在的具体景物的图像

B. 计算机合成图像可以应用在计算机辅助设计和辅助制造、军事训练、计算机动画等很多方面

C. 计算机合成图像也称为矢量图形,以区别于通常的取样图像

D. 计算机合成图像在电子出版、数据处理、工业控制等许多方面也有着很好的应用

(45) 远程教育(distance education),就是利用计算机及计算机网络进行教学,使得学生和教师可以异地完成教学活动的一种教学模式,远程教学采用的压缩编码标准是_____。

A. MPEG-1      B. MPEG-2      C. MPEG-3      D. MPEG-4

(46) 以下软件中,不能用来播放 DVD 的是_____。

A. 豪杰超级解霸          B. POWER DVD

C. Windows Media Player      D. Authorware

(47) 为了得到较高的数据压缩比,数字图像压缩方式不能采用的是_____。

A. 交换编码     B. 有损压缩     C. 矢量编码     D. 无损压缩

(48) 在下列汉字编码标准中不支持繁体汉字的是_____。

A. GB 2312—80    B. GBK     C. BIG 5     D. GB 18030

(49) 电子文本的输出过程包括许多步骤,_____不是步骤之一。

A. 对文本的格式描述并进行解释     B. 生成文字和图表的映像

C. 传送到显示器或打印机输出     D. 对文字进行编码处理

(50) 下面关于音乐合成的说法中正确的是_____。

① 音乐合成器就是音源,一般的 PC 机上都会带有

② 音乐合成器有两种:一种是调频合成器;另一种是波表合成器

③ 在计算机描述乐谱时使用的描述语言是 MIDI

④ MIDI 只规定了乐谱的数字表示方法

⑤ 同一 MIDI 文件,使用不同的声卡播放时,音乐的质量完全不同

⑥ MIDI 文件是音乐文件,可以由媒体播放器之类的软件进行播放

A. ①②③⑤            B. ①②⑥

C. ①②④⑤            D. ①②③⑥

(51) 使用不同的输入编码方法向计算机输入同一个汉字,它们的_____是相同的。

A. 内码     B. 交换码     C. 字型码     D. ASC 码

(52) 计算机中数据的表示形式是_____。

A. 八进制     B. 十进制     C. 二进制     D. 十六进制

(53) 下列 4 条叙述中,正确的一条是_____。

A. 字节通常用英文单词"bit"来表示

B. 目前广泛使用的 Pentium 机其字长为 5 个字节

C. 计算机存储器中将 8 个相邻的二进制位作为一个单位,这种单位称为字节

D. 微型计算机的字长并不一定是字节的倍数

(54) 计算机中,一个浮点由两部分组成,它们是_____。

A. 阶码和尾数　　　　　　　　　　B. 基数和尾数

C. 阶码和基数　　　　　　　　　　D. 整数和小数

(55) 若"a"的 ASC 码为 97,则"H"的 ASC 码为_____。

A. 72　　　　　　B. 136　　　　　　C. 73　　　　　　D. 137

# 第六节　计算机信息系统和数据库

(1) 计算机信息系统一般可分为四个层次,其中能通过人机交互等方式,将业务逻辑和资源紧密结合在一起,并以多媒体等丰富的形式向用户展现信息处理结果的是_____。

A. 基础设施层　　　　　　　　　　B. 资源管理层

C. 业务逻辑层　　　　　　　　　　D. 应用表现层

(2) 数据库系统中,数据的逻辑独立性是指_____。

A. 应用程序与数据库中的数据相互独立

B. 数据库中的数据与其逻辑结构相互独立

C. 应用程序与数据库的逻辑结构相互独立

D. 系统的逻辑结构与数据存储结构相互独立

(3) 下列实体集的联系中,属于一对多联系的是_____。

A. 学生和课程的联系　　　　　　　B. 学号与学生的联系

C. 学生与教室座位的联系　　　　　D. 教研室和老师的联系

(4) 已知关系 R 如下表所示,可以作为 R 主键的属性组是_____。

A. (A,B,C)　　　　　　　　　　　B. (A,B,D)

C. (A,C,D)　　　　　　　　　　　D. (B,C,D)

| A | B | C | D |
|---|---|---|---|
| 1 | 2 | 3 | 4 |
| 3 | 3 | 6 | 5 |
| 2 | 1 | 4 | 7 |
| 3 | 5 | 6 | 5 |
| 2 | 1 | 5 | 7 |
| 1 | 2 | 3 | 5 |

(5) 数据模型是在数据库领域中定义数据及其操作的一种抽象表示,下面关于数据模型的说法,错误的是_____。

A. 数据模型是直接面向计算机系统(即数据库)中数据的逻辑结构

B. 通常要求一个数据模型包括静态的特性和数据的动态特性

C. 数据模型由三部分组成,即实体及实体间联系的数据结构描述、对数据的操作以及数据中完整性约束条件

D. 根据实体集之间的不同结构,常把数据模型分为层次模型、关系模型、概念模型和面向对象模型

（6）在关系数据模型中，对关系有很多限制。关系中每一属性不可以是_____。

A. 整数　　　　　　B. 数组　　　　　　C. 字符串　　　　　　D. 原子数据

（7）根据如下图示中 E-R 图进行逻辑结构设计，至少应得到_____个关系式（m,n,p,q,r 均大于1）。

A. 11　　　　　　　B. 6　　　　　　　C. 2m+2n+p+2q+r　　D. 4

（8）设关系 R 和 S 的属性个数分别为 3 和 4，元组个数分别是 4 和 5，T 为 R 与 S 广义笛卡尔积，则 T 的属性个数和元组个数分别为_____。

A. 7 和 9　　　　　B. 7 和 20　　　　　C. 12 和 9　　　　　D. 12 和 20

（9）从关系中选择满足条件的元组组成一个新关系的操作称为_____操作。

A. 投影　　　　　　B. 选择　　　　　　C. 连接　　　　　　D. 除

（10）下面关于视图的说法，错误的是_____。

A. 视图和基本表一样都是关系

B. 视图在数据字典中存储要用到的数据

C. 视图是 DBMS 所提供的一种以用户模式观察数据库中数据的重要机制

D. 用户可以在视图上再定义视图

（11）下列关系模式：

学生 S(学号 SNO,姓名 SNAME,系别 DEPART)

课程 C(课程 CNO,课程名 CNME,开课时间 SEMESTER)

学生选课 SC(学生 SNO,课程号 CNO,成绩 GRADE)

要检索选修课程号为'CS-101'的学生学号与姓名，需要涉及的关系有_____。

A. S,C,SC　　　　　B. S,C　　　　　　C. S,SC　　　　　　D. SC,C

（12）安全性保护数据库以防止不合法的使用所造成的数据泄露、修改或破坏，下列不属于安全性措施的是_____。

A. 视图的保护　　　B. 并发控制　　　　C. 审计功能　　　　D. 访问控制

（13）对于功能要求不断发展的大型信息系统，一般采用_____的设计方法。

A. 面向过程　　　　B. 面向用户　　　　C. 面向对象　　　　D. 面向数据

（14）在概念结构设计中，由局部概念模式集成为全局概念模式时，必须合理地消除各局部 E-R 图合并发生的冲突，包括_____。

A. 属性冲突、结构冲突、命名冲突　　　　　B. 属性冲突、命名冲突、关系冲突

C. 结构冲突、命名冲突、关系冲洗　　　　　D. 属性冲突、关系冲突、结构冲突

（15）系统的实施阶段要按软件结构设计提出的模块要求进行程序编码、编译、连接以及测试,其中测试包括_____。

A. 数据库测试、系统测试和验收测试
B. 模块测试、系统测试和验收测试
C. 模块测试、系统测试和关系测试
D. 模块测试、关系测试和验收测试

（16）技术信息系统的分类包括计算机辅助设计（CAD）、计算机辅助工艺规划（CAPP）、_____、计算机数字控制（CNC）、计算机辅助质量控制（CAQC）。

A. 计算机辅助教学（CAI）
B. 计算机辅助测试（CAT）
C. 计算机辅助设计（CAM）
D. 企业资源计划（ERP）

（17）对 E-R 概念模型的有关术语的说法中,正确的是_____。

A. 实体主键只能是能唯一标识实体的单一属性

B. 一个实体中,可能有多个可以作为实体主键的属性或属性组

C. 实体的特征称为属性,联系是没有属性的

D. 一个实体中,可以指定多个实体主键

（18）用二维表结构表示实体集以及实体集之间联系的数据模型是_____。

A. 网状模型　　　B. 关系模型　　　C. 表状模型　　　D. 层次模型

（19）有 3 个关系如下,其中主键用下列标识表示：

学生 S(学号 SNO,姓名 SNAME,系别 DEPART,年龄 AGE)

课程 C(课程号 CNO,课程名 CNAME,学时 LHOUR)

选修 SC(学号 SNO,课程号 CNO,成绩 GRADE)

查询选修了课程号为"C001"的学生学号和成绩,使用的关系表达式为_____。

A. $\prod_{SNO, GRADE}(\sigma_{CNO='C001'}(SC))$
B. $\sigma_{SNO, GRADE}(\prod_{CNO='C001'}(SC))$

C. $\sigma_{SNO, GRADE}(\sigma_{CNO='C001'}(SC))$
D. $\prod_{SNO, GRADE}(\prod_{CNO='C001'}(SC))$

（20）在如下所示的 2 个数据库的表中,若员工信息表 EMP 的主键是雇员号,部门信息表 DEPT 的主键是部门号,对于下列操作,不能执行的是_____。

EMP

| 员工号 | 姓名 | 部门号 | 工资 |
|---|---|---|---|
| E001 | 高松 | B002 | 3000 |
| E010 | 张豪生 | B001 | 4000 |
| E025 | 张虹 | B002 | 2900 |
| E103 | 赵林 | B004 | 4600 |

DEPT

| 部门号 | 部门名 | 主管 |
|---|---|---|
| B001 | 网络部 | 王维 |
| B002 | 人事部 | 李力 |
| B003 | 财务部 | 张红 |
| B004 | 销售部 | 刘力伟 |

A. 从员工信息表 EMP 中删除行（'E001','高松','B002','3000'）

B. 向员工信息表 EMP 中插入行（'E104','高松','B001','5000'）

C. 将员工信息表 EMP 中员工号='E001'的工资改为 3500 元

D. 将员工信息表 EMP 中员工号='E010'的部门号改为'B005'

（21）为了使数据库中的数据安全可靠、正确有效,以保证整个数据库系统的正常运转,数据库控制通过四个方面的技术来实现,即_____。

A. 安全性控制、访问控制、数据库的恢复和完整性控制

B. 安全性控制、并发控制、数据库的重组和重构及完整性控制

C. 安全性控制、并发控制、数据库的恢复和完整性控制

D. 安全性控制、并发控制、数据库的恢复和数据加密保护

（22）数据库管理系统是对数据进行管理的软件系统，必备的基本功能有_____。

A. 数据定义功能、数据查询功能、数据库管理功能

B. 数据定义功能、数据存取功能、程序数据语言功能

C. 数据定义功能、数据查询功能、数据库管理功能

D. 数据定义功能、数据存取功能、数据库管理功能

（23）计算机信息系统（简称"信息系统"）是一类以提供信息服务为主要目的的数据密集型、人机交互的计算机应用系统，下列有关信息系统的叙述中，错误的是_____。

A. 在信息系统中，绝大多数数据是持久的，不随程序运行的结束而失效

B. 信息系统开发方法有多种，例如生命周期法、原型法等

C. 专家系统属于信息处理系统

D. MRP 和 ERP 是面向电子商务的信息系统

（24）下列有关数据库技术的叙述中，错误的是_____。

A. 关系模型是目前在数据库管理系统中使用最为广泛的数据模型之一

B. 从组成上看，数据库系统由数据库及其应用程序组成，它不包含 DBMS 及用户

C. SQL 语言不限于数据查询，还包括数据操作、定义、控制和管理等多方面的功能

D. Access 数据库管理系统是 Office 软件包中的软件之一

（25）软件测试是软件开发过程中的一个重要工作环节。一个软件产品在交付前要经历三种不同的测试，在这三种测试中不包括_____。

A. 维护测试　　　　B. 模块测试　　　　C. 验收测试　　　　D. 集成测试

（26）软件工程中的文档资料是软件产品的一个重要部分。软件文档可以分为三类，即_____。

A. 用户文档、开发文档和管理文档　　　　B. 用户文档、使用文档和开发文档

C. 管理文档、开发文档和设计文档　　　　D. 用户文档、维护文档和管理文档

（27）信息系统中，分散的用户不但可以共享包括数据在内的各种计算机资源，而且还可以在系统的支持下，合作完成某一工作，例如共同拟订计划、共同设计产品等。这已成为信息系统发展的一个趋势，称为_____。

A. 结构分布化　　　　　　　　　　B. 功能智能化

C. 系统集成化　　　　　　　　　　D. 信息多媒体化

（28）计算机信息系统（简称"信息系统"）是一类以提供信息服务为主要目的的数据密集型、人机交互的计算机应用系统，下列有关信息系统的叙述中，错误的是_____。

A. 信息系统开发方法有多种，例如生命周期法、原型法等

B. 信息系统中绝大部分数据是随程序运行的结束而消失

C. 信息系统中的数据为多个应用程序所共享

D. 目前信息系统的软件体系结构包括客户机/服务器和浏览器/服务器两种主流模式

（29）计算机集成制造系统（CIMS）一般由_____两部分组成。

A. 专业信息系统和销售信息系统　　　　B. 技术信息系统和信息分析系统

C. 技术信息系统和管理信息系统　　　　D. 决策支持系统和管理信息系统

(30) ERP、MRPII 与 CIMS 都属于_____。

A. 地理信息系统　　　　　　　　　　B. 电子政务系统

C. 电子商务系统　　　　　　　　　　D. 制造业信息系统

(31) 下列信息系统中,属于业务信息系统的一组是_____。

① CAPP　　　　　　　　　　② 决策支持系统

③ 医疗诊断系统　　　　　　　④ 图书管理系统

⑤ 语音识别系统　　　　　　　⑥ 经理支持系统

⑦ 民航售票系统　　　　　　　⑧ 电信计费系统

⑨ 中国学位论文数据库　　　　⑩ OA 系统

A. ①④⑦⑧⑩　　　　　　　　　　　B. ③⑤

C. ④⑨　　　　　　　　　　　　　　D. ②⑥

(32) 信息分析系统是一种高层次的信息系统,为管理决策人员掌握企事业单位运行规律和趋势、制订规划、进行决策的辅助系统,可分为_____。

A. 信息处理系统　　　　　　　　　　B. 决策支持系统

C. 学生信息系统　　　　　　　　　　D. 图书管理系统

(33) 与文件系统相比,数据库系统具有很多优点,下列说法错误的是_____。

A. 具有良好的用户接口

B. 数据结构化

C. 数据共享性高,可完全消除数据冗余

D. 数据与程序相互独立

(34) 在大型数据库系统设计和运行中,负责对数据库的设计、管理、控制和维护的机构(或人员)叫_____。

A. 系统分析设计员　　　　　　　　　B. 系统程序程序员

C. 项目经理　　　　　　　　　　　　D. 数据库管理员

(35) 20 世纪 80 年代人们提出一种可扩充的数据模型是_____。

A. 面向过程数据模型　　　　　　　　B. 面向对象数据模型

C. 关系数据模型　　　　　　　　　　D. 概念数据模型

(36) 在下列对关系的叙述中,错误的是_____。

A. 行的次序可以任意交换　　　　　　B. 不允许出现相同的行

C. 允许出现相同的属性名　　　　　　D. 列的顺序可以任意交换

(37) 自然连接是一种特殊的等值连接,它要求两个关系中进行比较的属性必须是相同的_____。

A. 结构　　　　　B. 元组　　　　　C. 属性列　　　　　D. 大小

(38) 下列对数据模型和模式的说法中,错误的是_____。

A. 数据模式是用一组概念和定义

B. 关系模式是以关系数据模型为基础抽象而得到的逻辑结构

C. 关系模式反映了二维表的静态结构,是相对稳定的

D. 关系是关系模式在某一时刻的状态,是随时间动态变化的

(39) _____等操作称为基本操作,它们可以组成关系代数的完备操作集。其他操作

均可以用他们来表达。

    A. 并、差、交、广义笛卡尔积

    B. 并、差、交、投影和选择

    C. 并、差、广义笛卡尔积、投影和选择

    D. 并、差、广义笛卡尔积和选择

(40) 设有一关系数据模式 R(A1,A2,A3,A4) 有 3 个元组,若对其进行行或列的位置交换操作,则可以生成_____个新关系。

    A. 12          B. $4^3$          C. $3^4$          D. 0

(41) 根据关系模式定义所需的基本表为_____。

    A. CREATE        B. UPDATE        C. SELECT        D. INSERT

(42) 设下列关系模型:

学生 S(学号 SNO,姓名 SNAME,系别 DEPART)

课程 C(课程号 CNO,课程名 CNME,开课成绩 SEMESTER)

学生选课 SC(学生 SNO,课程号 CNO,成绩 GRADE)

下面是一个 SQL 查询语句:

SELECT SNO, SNAME FROM S WHERE DEPART = '计算机' AND SN IN (SELECT SNO FROM SC WHERE CNO='CS-101')

该语句实现的功能是_____。

    A. 查询选修'CS-101'课程的计算机学生学号和姓名

    B. 查询没有选修'CS-101'的计算机系名学号与姓名

    C. 查询计算机系学生学号与姓名

    D. 查询没有选修'CS-101'的学生学号与姓名

(43) 为数据库控制,有时也称"数据库保护",下面不属于数据库保护措施的是_____。

    A. 安全性控制     B. 并发控制     C. 完整性控制     D. 数据库的更新

(44) "软件危机"产生有很多原因,下面_____不是其主要原因。

    A. 对软件需求分析的重要性认识不够

    B. 软件开发过程进行质量管理和进度控制很难

    C. 随着问题的复杂度增加,人们开发软件的效率下降

    D. 计算机硬件发展跟不上,软件的开发也受到了限制

(45) 下列信息系统中_____属于三次信息的处理系统。

    A. 管理层业务处理系统          B. 信息分析系统

    C. 专家系统                D. 信息检索系统

(46) 系统分析即需求分析,它是研制信息系统最重要的阶段,这一阶段中,常用数据流程图和_____来对系统需求进行完整的描述。

    A. E-R 图        B. 数据字典        C. 系统功能概图     D. 模块 IPO 图

(47) 对系统规划应遵循以下原则,下面叙述中不正确的是_____。

    A. 以应用单位的发展目标和战略作为出发点

    B. 全面考虑到开发的人员、硬件、软件等条件

C. 信息系统结构要有良好的整体性便于实现

D. 要有用户参与

(48) 下面有关概念结构设计的说法中,正确的是_____。

① 将需求分析得到的用户需求抽象为概念模型

② 采用自底向上和自顶向下结合的方法

③ 用 E-R 图作为描述工具

④ 用数据字典作为描述工具

⑤ 用户模式的设计

⑥ 选取一个最合适应用要求的存取结构和存取路径

A. ①③④　　　　　B. ②④⑥　　　　　C. ①②③④　　　　　D. ②③⑤

(49) 信息系统开发周期的系统维护和运行阶段,系统维护的内容一般包括_____。

A. 纠正性维护、保护性维护和完善性维护

B. 纠正性维护、适应性维护和保护性维护

C. 纠正性维护、适应性维护和完善性维护

D. 纠正性维护、适应性维护和发展性维护

(50) 在电子商务中,按照交易的双方分类,B-C 是_____。

A. 企业内部的电子商务　　　　　　B. 企业与客户之间的电子商务

C. 企业间的电子商务　　　　　　　D. 企业与政府间的电子商务

(51) 在计算机信息系统的层次关系中,叙述错误的是_____。

A. 数据管理层一般是建立在操作系统和网络层之上的数据库管理系统

B. 应用表现层将业务逻辑和资源紧密结合在一起

C. 业务逻辑层以多媒体等丰富的形式向用户展现信息处理的结果

D. 基础设施层包括支持计算机信息系统运行的硬件、系统软件和网络

(52) 目前,计算机系统的发展趋势是_____。

① 信息多媒体化　　　　　　　　② 系统集成化

③ 功能智能化　　　　　　　　　④ 结构分步化

⑤ 结构一体化　　　　　　　　　⑥ 功能完善化

A. ①②③④　　　　　B. ①②③⑤　　　　　C. ①②④⑥　　　　　D. ②④⑥

(53) 有 3 个关系如下,其中主键用下列标识表示:

学生(学号,姓名,系别,专业号)

课程(课程号,课程名,学分)

选修(学号,课程号,成绩)

规定选修关系中的学号和课程号一定要在学生和课程关系中确实存在,这一规则属于_____。

A. 实体完整性约束　　　　　　　　B. 引用完整性约束

C. 用户定义完整性约束　　　　　　D. 主键完整性约束

(54) 在数据库系统分析中,使用直观的图形符号,描述系统业务过程、信息流和数据要求的工具是_____。

A. E-R 图　　　　B. 数据流程图　　　　C. 系统结构图　　　　D. 数据字典 DD

# 参 考 文 献

[1] 艾德才. C++程序设计简明教程[M]. 北京:中国水利水电出版社,2000.

[2] 陈光明. 实用 Visual C++编程大全[M]. 西安:西安电子科技大学出版社,2000.

[3] 陈文宇,张松梅. C++语言教程[M]. 成都:电子科技大学出版社,2004.

[4] 陈文宇. 面向对象程序设计语言 C++[M]. 北京:机械工业出版社,2004.

[5] 刁成嘉. 面向对象 C++程序设计[M]. 北京:机械工业出版社,2004.

[6] 江明德. 面向对象的程序设计[M]. 北京:电子工业出版社,1993.

[7] 李光明. Visual C++6.0 经典实例大制作[M]. 北京:中国人事出版社,2001.

[8] 李师贤. 面向对象程序设计基础[M]. 北京:高等教育出版社,1998.

[9] 廉师友. C++面向对象程序设计简明教程[M]. 西安:西安电子科技大学出版社,1998.

[10] 刘瑞新. Visual C++面向对象程序设计教程[M]. 北京:机械工业出版社,2004.

[11] 马建红,沈西挺. Visual C++程序设计与软件技术基础[M]. 北京:中国水利水电出版社,2002.

[12] 钱能. C++程序设计教程[M]. 北京:清华大学出版社,1999.

[13] 谭浩强. C++程序设计[M]. 北京:清华大学出版社,2004.

[14] 王育坚. Visual C++程序基础教程[M]. 北京:北京邮电大学出版社,2000.

[15] 于明. Visual C++程序设计教程[M]. 北京:海洋出版社,2001.

[16] 张凯. VC++程序设计[M]. 大连:大连理工大学出版社,2002.

[17] 张晓如,王芳. Visual C++程序设计解析与实训[M]. 北京:中国铁道出版社,2008.

[18] 郑人杰. 软件工程[M]. 北京:清华大学出版社,1999.

[19] [美]AI STEVENS. C++大学自学教程[M]. 林瑶,等,译. 北京:电子工业出版社,2004.

[20] [美]BECK ZARATIAN. Visual C++ 6.0 Programmer's Guide[M]. 北京:北京希望电脑公司,1998.

[21] [美]BRIAN OVERLAND. C++语言命令详解[M]. 董梁,等,译. 北京:电子工业出版社,2000.

[22] [美]DEITEL H M,DEITEL P J. C++程序设计教程——习题解答[M]. 施平安,译. 北京:清华大学出版社,2004.

[23] [美]JON BATES, TIM TONPKINS. 实用 Visual C++ 6.0 教程[M]. 何健辉,等,译. 北京:清华大学出版社,2000.

[24] [美]NELL DALE, CHIP WEEMS, MARK HEADINGTON,et al. C++程序设计(第二版,影印版)[M]. 北京:高等教育出版社,2001.

[25] [美]ROBERT L KRUSW，ALEXANDER J RYBA. C++数据结构与程序设计 [M]. 钱丽萍，译. 北京：清华大学出版社，2004.

[26] [美]WALTER SAVITCH. C++面向对象程序设计——基础、数据结构与编程思 想[M]. 周靖，译. 北京：清华大学出版社，2004.

[27] BJARNE STROUSTRUP. The C++ Programming Language[M]. BeiJing：Higher Education Press Pearson Education，2002.

[28] CLIFORD A SHAFFER. A Practical Introduction to Data Structure and Algorithm Analysis[M]. 北京：电子工业出版社，2002.